U0178719

国家自然科学基金面上项目
以时间地理学为核心的空间—行为互动理论构建及中国城市验证研究（项目批准号：41571144）

国家自然科学基金海外及港澳学者合作研究基金延续资助项目
城市居民时空间行为的中美比较与理论创新（项目批准号：41529101）

国家自然科学基金青年项目
机器学习算法辅助下城市居民多尺度移动行为决策过程与空间优化研究（项目批准号：41801158）

"十三五"国家重点图书出版规划项目

城市时空行为规划前沿研究丛书｜柴彦威主编

城 市 时 空 行 为 规 划 研 究

RESEARCH ON URBAN SPACE-TIME BEHAVIOR PLANNING

张文佳　柴彦威　等　著

东南大学出版社
SOUTHEAST UNIVERSITY PRESS

南京·2022

内容提要

本书立足国内外学术前沿，系统探讨时空行为理论与方法在时空规划、移动性规划与社会规划中的应用，具体涉及城市生活空间规划、城市生活时间规划、安全生活圈规划、建成环境规划、智慧社区规划、交通拥堵治理、通学圈规划、旅游规划、健康城市规划、老龄友好型城市规划、城市体检、应急管理等。

本书可以为城市规划、城市地理、城市管理、交通科学等研究领域的科研人员、硕博研究生，以及对城市时空行为规划研究感兴趣的读者提供理论与实践参考，也可供相关专业师生学习与参考。

图书在版编目(CIP)数据

城市时空行为规划研究 / 张文佳等著. — 南京：
东南大学出版社，2022.11
（城市时空行为规划前沿研究丛书 / 柴彦威主编）
ISBN 978-7-5641-9353-9

Ⅰ. ①城… Ⅱ. ①张… Ⅲ. ①城市规划-研究- Ⅳ.
①TU984

中国版本图书馆 CIP 数据核字(2020)第 269150 号

责任编辑：孙惠玉 李 倩　　　责任校对：子雪莲
封面设计：逸美设计　　　　　　责任印制：周荣虎

城市时空行为规划研究
Chengshi Shikong Xingwei Guihua Yanjiu

著　　者：张文佳　柴彦威　等
出版发行：东南大学出版社
社　　址：南京市四牌楼 2 号　邮编：210096　电话：025-83793330
网　　址：http://www.seupress.com
经　　销：全国各地新华书店
排　　版：南京布克文化发展有限公司
印　　刷：南京凯德印刷有限公司
开　　本：787 mm×1092 mm　1/16
印　　张：21.75
字　　数：476 千
版　　次：2022 年 11 月第 1 版
印　　次：2022 年 11 月第 1 次印刷
书　　号：ISBN 978-7-5641-9353-9
定　　价：59.00 元

本社图书若有印装质量问题，请直接与营销部调换。电话(传真)：025-83791830

    进入 21 世纪的第二个十年，人与空间互动的复杂性和多样性正在给我们的生活世界带来变革，全球化与本地化、流动性与地方性、韧性与风险性共存，并呈现出越来越明显的时空异质特征。在这样的背景下，城市空间与生活方式的动态调整成为常态，为生活质量、社会公平、可持续发展带来了全新的挑战。

    面对这些新时期的新问题，时空间行为及其与城市空间互动关系的研究日益受到学界的认可，为理解城市化、城市空间与城市社会提供了一个更加人本化、社会化、微观化以及时空整合的新范式。产生于 20 世纪 60 年代的时空间行为研究为理解人类活动和地理环境的复杂时空关系提供了独特的视角，并逐步形成了强调主观偏好和决策过程的行为论方法、强调客观制约和时空结构的时间地理学，以及强调活动—移动系统的活动分析法等多个维度。经过 50 多年的发展，时空间行为研究的理论与方法逐步走向多元化的方向，通过与社会科学理论、地理信息系统方法、时空分析技术、时空大数据挖掘、人工智能等的有效结合，时空行为探究的理论与方法创新成为国际城市研究的亮点，并有效解答了一系列人与空间互动关系的问题。

    而基于时空间行为的视角来创新中国城市研究的理论体系是当前中国城市发展转型所面临的迫切现实需求。纵观中国城市社会经济发展，我们已经进入了"以人为本"的新型城镇化发展阶段，重视社会建设、重视城市治理、重视人民福祉已经成为社会各界的共识。可以说，时代的发展需要一套正面研究人、基于人、面向人、为人服务的城市研究与规划体系。但长期以来城市研究与规划管理"见物不见人"的问题没有得到根本的解决，对居民的个性化需求缺乏深入分析与解读，难以应对城市快速扩张与空间重构所导致的城市问题。同时，中国城市快速城市化和市场化转型也为时空间行为研究理论创新和应用实践提供了宝贵的试验场。在多重力量的共同影响下，中国城市空间和人类活动更具动态性、复杂性、多样性的特点，为我们开展多主体、多尺度、动态过程、主客观相结合的时空间行为交互理论与实践研究提供了得天独厚的机遇。

    在时空间行为理论与方法引进中国的近 30 年间，学者开展了大量的理论与实践探索，并在不同地域、不同城市、不同人群中开展了大量的实证研究与验证，取得了丰富的研究成果，为应对当前我国城市发展所面临的生态环境保护、社会和谐公平与生活质量提升等问题提供了重要指导。特别是以 2003 年召开的"人文地理学学术沙龙"为标志，中国城市研究开启了正面研究时空间行为的新时代，开拓了以时空间行为与规划为核心的中国城市研究新范式；中国时空行为研究网络已经成为中国城市研究队伍中蓬勃发展的一支新生力量，并在城市研究与规划管理中崭露头角。然而，我们目前依旧没有一套能够全面系统介绍中国时空间行为研究与规划的专著。

唯有重视过往，方能洞察现实，进而启示未来。站在中国城市时空间行为研究新的起点，我们需要全方位地审视国际国内时空间行为研究的发展历程与未来方向，系统地梳理与解说时空间行为研究的理论基础、实践探索与发展方向，大胆创新中国城市研究与规划体系，打造国内外首套城市时空行为规划前沿研究丛书，为中国城市时空行为研究网络发声——这也是我们出版这套丛书的初衷。

该丛书是国内第一套也是国际上第一次将时空间行为的理论、方法与规划应用集为一体的系列著作。本套丛书共包括 5 部著作：《时间地理学》与《行为地理学》是国内第一部时空行为研究的入门书（也可以作为教材），系统解说时空间行为研究的基础理论；《城市时空行为调查方法》全面总结与详细说明各种时空行为的调查方法；《城市时空行为规划研究》与《城市社区生活圈规划研究》是实证验证并实践应用时空间行为理论于城市规划与城市管理的前沿性探索。

"城市时空行为规划前沿研究丛书"将为对时空间行为研究感兴趣的研究者和学生提供理论、方法和实践经验。希望读者不仅能学习到时空间行为研究与规划的相关知识，而且能通过"时空间行为研究"这一新的视角以文会友，结识一批立志于城市研究与城市规划的学者。

柴彦威

2020 年写于北京

　　"时空行为"或"时空间行为"研究旨在探讨特定时空棱柱下人类个体的日常行为特征、个体行为汇总所形成的群体时空结构与格局，以及人类行为与社会经济环境、建成环境和自然环境之间的互动关系、交互过程与作用机理。城市时空行为规划研究则是时空行为与城市规划两个研究领域的结合，一方面强调时空行为理论与分析在城市规划与管理领域中的应用，另一方面关注城市规划理论与实践对时空行为理论的丰富与完善。本书是"城市时空行为规划前沿研究丛书"的重要组成部分，侧重强调应用于城市规划各个领域的时空行为理论、方法与应用前沿。

　　回溯历史，虽然时空行为的理论与分析研究往往被认为是起源于20世纪60年代地理学计量革命以后的行为主义转向和时间地理学的出现，其在城市研究与城市规划领域中的应用探索则可以追溯到更早以前。19世纪末，自现代城市规划出现以来，"好"的城市形态、空间结构与社区邻里环境一直是城市规划领域所追求的目标，而"好"的定义也一直在修正与完善。其中，群体与个体的日常行为结果一直是衡量"好"城市空间的重要抓手与评估指标。以美国为例，20世纪初的城市美化运动把好的社区等同于美丽的城市设计和整洁的街道，以解决大城市拥挤所带来的日常生活秩序混乱和公共卫生问题。到了20世纪40年代，随着汽车工业的发展，低密度和功能单一的空间布局成为城市扩张的主要模式，而大片的居住社区出现在郊区，远离城市中心，逐渐形成社会构成单一的街区、汽车依赖的行为方式和无序蔓延的土地利用模式。

　　这些在当时被认为"好"的城市空间模板在20世纪60年代以后受到了越来越多的批判。简·雅各布斯在其经典名著《美国大城市的死与生》中就提及，城市美化运动所追求的单一用地模式毁掉了城市的活力，她提倡混合土地利用和构筑适于步行的环境。而到了20世纪80年代，新城市主义的兴起更是把职住均衡、混合土地利用以及对步行和公交友好的街区等重新定义为"好"的社区模板，并逐渐成为社区设计的主流理念。20世纪90年代以来，随着后现代主义、可持续发展和全球化等讨论的兴起，对"好"社区与城市空间的定义也开始变得多元化与个性化，更多开始考虑环境影响、社会公平、社区身份认同、公众参与和生活质量。而随着个体行为数据的丰富，城市空间与个体时空行为联系的研究也逐渐丰富，如何通过城市规划导则来调整建成环境规划，进而鼓励可持续的个体行为，成为城市规划学科内多个领域研究的热点。由此可见，时空行为分析在西方城市规划研究与实践中已经得到了广泛应用。

近年来，国内城市地理与城市规划领域也逐渐在推进城市时空行为规划相关研究的发展，特别是把时空行为理论与方法论应用于社区规划、生活圈规划、交通规划、智慧城市规划、旅游规划、城市空间治理等方面。然而，目前尚未有著作系统探讨时空行为研究在城市规划各个领域中的应用前沿。因此，本书立足国内外学术前沿，提供时空行为理论与方法在城市规划中的应用研究与案例分析，响应高品质城市空间的规划塑造与越来越精细化的城市空间治理等国家发展需求。

本书由 16 章构成，前三章围绕城市时空行为规划的理论与方法研究进行铺垫；第 4 章至第 8 章介绍时空行为研究在时空规划中的应用，包括城市生活空间规划、城市生活时间规划、时空行为与安全生活圈规划、时空行为与建成环境规划、时空行为与智慧社区规划等；第 9 章至第 11 章聚焦在移动性规划中的时空行为分析探索，包括时空行为与交通拥堵治理、时空行为与通学圈规划、时空行为与旅游规划等；第 12 章至第 15 章则探讨城市时空行为在社会规划中的应用，包括时空行为与健康城市规划、时空行为与老龄友好型城市规划、时空行为与城市体检以及时空行为与应急管理；第 16 章对当前时空行为规划的应用方向进行了归纳，并对未来的时空行为规划研究进行了展望。

全书由张文佳与柴彦威负责总体策划、撰改章节与统稿，参与编撰者的具体信息和所撰写的章节如下：北京大学城市规划与设计学院助理教授张文佳（第 1—3 章、第 7 章、第 9 章、第 16 章共计 6 章的部分内容）、北京大学城市与环境学院教授柴彦威（第 1—2 章、第 4 章、第 6 章、第 12 章、第 14 章、第 15 章共计 7 章的部分内容）、中山大学旅游学院副教授赵莹（第 11 章）、华东师范大学城市与区域科学学院副教授申悦（第 8 章）、辽宁师范大学海洋可持续发展研究院副教授刘天宝（第 10 章）、中山大学地理科学与规划学院副教授陈梓烽（第 5 章）、哈尔滨工业大学（深圳）建筑学院副教授周佩玲（第 13 章的部分内容）、清华大学公共管理学院博士后张雪（第 4 章的部分内容）、北京大学城市规划与设计学院教授杨家文（第 13 章的部分内容）。此外，参与编撰的硕士、博士研究生包括北京大学城市与环境学院博士研究生李春江（第 4 章的部分内容）、杨婕（第 14 章的部分内容）、许伟麟（第 15 章的部分内容）与李彦熙（第 6 章的部分内容），荷兰代尔夫特理工大学城市规划博士研究生陶印华（第 12 章的部分内容），北京大学城市规划与设计学院博士研究生鲁大铭（第 7 章、第 16 章共计 2 章的部分内容）与硕士研究生王梅梅（第 9 章的部分内容）、朱建成（第 3 章的部分内容）、季纯涵（第 3 章的部分内容）、刘程程（第 3 章、第 9 章共计 2 章的部分内容）、刘宏晋（第 3 章的部分内容）、罗雪瑶（第 7 章的部分内容）、徐可（第 13 章少的部分内容），以及哈尔滨工业大学（深圳）建筑学院硕士研究生骆岩靓（第13章的部分内容）。另外，鲁大铭、刘宏晋、罗雪瑶、刘程程参与了本书的文字校对与图表整理。

此外，在书稿的撰改过程中我们得到了很多机构与人员的帮助与关照，书稿中部分章节也在2019年北京大学深圳研究生院所承办的"第十五次空间行为与规划研究会"中得以发表。自2005年在北京大学所承办的中国地理学会综合学术年会上首次提议建立"空间行为与规划研究会"以来，中国的城市时空行为研究乃至行为学派伴随着研究会的壮大而长足发展，才得以有此书稿的诞生。在此，感谢一直以来给予我们学术指导与支持的许多同行学者，特别是同济大学建筑与城市规划学院规划系王德教授、香港浸会大学地理系王冬根教授、中国科学院地理科学与资源研究所张文忠研究员与高晓路研究员、南京大学建筑与城市规划学院甄峰教授、北京联合大学应用文理学院张景秋教授、中山大学地理科学与规划学院周素红教授、华东师范大学城市与区域科学学院孙斌栋教授、华南师范大学地理科学学院刘云刚教授、北京大学地球与空间科学学院刘瑜教授、北京大学城市与环境学院赵鹏军教授与冯健副教授、北京大学信息科学技术学院马修军副教授、香港中文大学关美宝教授、香港大学地理系卢佩莹教授、美国明尼苏达大学公共政策学院曹新宇教授等中国城市时空行为研究国际网络的各位同仁。

我们还要感谢长期合作的北京大学行为地理学研究小组的所有人员。感谢刘志林长聘副教授（清华大学公共管理学院）、张艳副教授（北京联合大学应用文理学院）、塔娜副教授（华东师范大学地理科学学院）、马静副教授（北京师范大学地理学与遥感科学学院）、肖作鹏副教授〔哈尔滨工业大学（深圳）建筑学院〕、毛子丹副教授（中山大学旅游学院）、谭一洺副教授（中山大学地理科学与规划学院）等。

最后，感谢东南大学出版社长期以来的大力支持，特别感谢徐步政与孙惠玉两位编辑的热情指导与各种帮助。

张文佳　柴彦威
2020年秋季于北京大学

目录

1 概论

伴随着人文地理学的行为转向与城市空间研究的转型，人与社会的现实问题受到广泛关注，城市时空行为研究逐渐成为理解城市发展与社会现象的重要视角（Chai et al.，2016）。区别于基于资本、功能、文化等城市研究的视角，基于行为的城市空间研究范式关注对行为主体、个体非汇总行为的决策和制约过程的解读，突出对物质实体的本体论认识，从而揭示个体与个体之间、个体与城市空间之间的交互作用（柴彦威等，2017）。在这一研究范式下，空间—行为交互是研究的核心。一方面，人类行为的认知、偏好及选择过程均受到空间的制约，时空行为是行为主体在城市空间制约下的选择结果；另一方面，行为主体的主观能动性对城市空间也起到塑造和再塑造作用。

自 20 世纪 70 年代以来，基于行为的城市空间研究理论与方法发展出行为论方法、时间地理学方法和活动分析法等（柴彦威等，2014a）。三种研究理论和方法论之间紧密关联，早期的时间地理学方法具有相对浓厚的实证主义色彩，隶属于行为主义研究方法；后期的时间地理学方法在"地理学的社会化"和"社会学的空间化"的交叉融合背景下更具人文主义研究色彩。而活动分析法则旨在理解和分析交通出行需求的产生过程，更偏重在方法论层面的研究。这些研究理论和方法论奠定了时空行为研究的基础，为理解人类活动和城市环境之间在时空上的复杂关系提供了独特的视角。

1.1 城市时空行为的理论基础研究

1.1.1 行为论方法

行为论强调分析个体思想、感觉及其对环境的认知，以及空间行为决策的形成过程和行动后果，正面研究感知空间、意象地图和想象的空间等议题，重视城市中进行日常交互活动的主体人，并将经济、政治、文化等因素作为活动的制约因素纳入考虑（Golledge et al.，1997）。行为论方法弱化对空间形态的构建，强化个人态度、认知及偏好对其空间行为所产生的影响（Olsson，2016）。

行为论方法被广泛应用于空间认知过程与行为、偏好、选择与行为决策、制约导向和社会关联的行为、日常生活空间等实证研究领域。行为论方法也在整日活动安排模拟、活动和地点类型选择、交通可达性评估、购物活动模拟与预测、基于位置的服务等应用层面表现出很好的适用性。

我国的行为论方法应用集中在城市意象和认知地图以及迁居、通勤等行为的描述上，相对缺乏对理论的深入分析与研究领域的扩展，未来的研究重点是认知和决策两大核心议题，从主观选择和客观制约等方面综合分析行为和空间的交互关系，并亟须从现实行为转向虚拟行为、从解释行为转向模拟行为、预测行为（柴彦威等，2013）。

1.1.2 时间地理学方法

时间地理学将时间和空间在微观个体层面统一起来，强调客观时空资源对个体行为所产生的制约作用。时间地理学强调时空的有机联系，强调个体在时空容器中形成连续、不可分、不可逆的行为过程，强调个体需要与其他个体或空间的交互（Hägerstrand，1970）。

时间地理学方法是一套包含数据收集、行为模式挖掘、行为模拟与预测的技术手段，不仅可以很好地描绘与认识城市空间与社会，而且可以更有效地给出城市社会可持续发展的个性化策略。时间地理学方法在个体层面可以优化居民的时空行为与结构，在城市层面可以优化城市空间移动景观与动态结构。

经过 20 多年的引进与实证研究，我国的时间地理学已经在城市规划与管理应用方面呈现出特色，城市生活圈规划、城市时空行为规划与管理等方面的探索已经显示出时间地理学在我国城市社会可持续发展应用方面的可能性。

1.1.3 活动分析法

活动分析法将居民活动行为和移动行为综合起来，将城市活动系统和城市出行系统结合起来，形成城市活动—移动系统。活动分析法被运用在基于个体或家庭的活动—移动行为研究、活动—移动行为的纵向变化研究以及活动—移动行为与建成环境的交互关系等议题上。

活动—移动行为与建成环境的交互关系体现在环境对行为的塑造与行为对环境的改造这一互动作用上。一方面，个体在城市空间中进行活动和移动，必然受到城市客观建成环境的制约或引导；另一方面，行为对环境的影响体现在人们为了获得满意的活动而不断调整活动空间，实现对城市物质和社会空间的重构（张艳等，2013；申悦等，2018）。

活动分析法强调通过改造城市空间、设施运营时间和不同属性居民的活动空间分配，有效改善交通、设施的运行状况，营造更加让人满意、更加可持续的城市社会。

1.1.4 理论拓展与创新

随着时空行为研究的日益发展，行为论方法、时间地理学方法和活动分析法等研究理论和方法论受到广泛关注。其中，行为论方法强调主体性与行为的认知，但对于决策机理和过程的研究不足，特别是涉及时空偏好与选择的研究。时间地理学方法以路径和制约为核心概念，具有明显的物质空间导向和机械主义特征，难免忽视对个体主观体验的关注。活动分析法强调活动与移动的互动联系，但并没有强调整个轨迹的序列决策过程，即行为决策过程交互。

由此可见，已建构起来的时空行为研究理论与方法多以行为论方法、时间地理学方法与活动分析法为基础理论，但是主要关注城市空间对行为的制约和影响，并透过行为特征解读城市空间，而对行为和空间的交互作用格局与机理缺乏关注。其中，最主要的难点是人、时间与空间三者的交互影响规律、时空模式与机理过程。因此，时空行为交互的基础理论和应用方法亟待构建，这也是本书探讨的重点。

1.2 城市时空行为的实践应用研究

面临新时期转变城镇建设方式、促进社会和谐公正、提高居民生活质量和保护生态环境等要求，城市地理学与城乡规划学学者在土地利用、资源配置、交通规划和公共政策等基础上，更多地考虑居民的时空行为特征及多样化需求。时空行为研究始终关注城市中的新问题、新现象，并与城市规划、社会治理、居民服务等领域结合，逐渐从理论研究扩展到对城市治理与城市规划的实践应用。

当前的时空行为研究大多被应用于城市资源优化配置、城市社会可持续治理与城市居民行为引导等方面。例如，时空行为研究通过了解居民，尤其是特定群体（女性、老年人、儿童、残障人士等）的行为制约因素及家庭内部成员的互动关系，可以进一步挖掘居民的实际需求，从而兼顾效率与公平，合理配置城市设施及各类资源的布局与开放时间，弥补现有的静态城市设施配置方法对人类日常活动考虑不足的弊端。同时，通过建立基于时空行为的社区生活圈体系，将城市社区配套设施依照社区生活圈体系的不同圈层进行分级落地，为社区规划中塑造完善的社区内部生活结构以及打造社区间的共享纽带奠定基础（孙道胜等，2017）。

此外，时空行为研究关注时间与空间，关注人的需求面，为以人为本的城市社会可持续治理提供了新方法、新途径（刘云刚等，2016）。首先，基于时空行为研究的数据采集、挖掘、分析工具能够从技术手段方面提升社会可持续治理系统，使其更加动态化、科学化、智慧化（申悦等，2014；柴彦威等，2018）。其次，对于城市特殊群体，如流动人口、残障人士等的治理方面，时空行为研究能够促使治理者在治理中切实考虑被治理对象的需求与决策，使治理更加人性化（柴彦威等，2013；但俊等，2017）。最后，通过与网格化管理服务结合，对各类城市部件、事件、案件，如废弃物、移动摊贩、车辆乱停乱放等进行时空分析，有利于对该类行为进行遏制与预警。

时空行为研究在为城市规划与社会管理提供科学依据的同时，也能够将知识反馈给居民，为居民提供个性化的服务，引导居民做出更加高效、健康、智慧的时空行为。通过对不同群体及个人行为的时空规律的把握，利用手机、计算机、全球定位系统（GPS）、发光二极管显示屏（LED 显示屏）等终端进行个性化的信息发布，并为居民提供时空制约下的次序行为选择集。在信息发布与决策支持服务的基础上对居民进行行为引导，使居民的行为更加高效、健康与环保（Chai et al.，2018）。如通过次序选择集引导居民就近活动，减少不必要的交通出行；或提供每种交通方式的能量消耗、污染物排放量等信息，引导居民采取健康、环保的出行方式。

在上述应用的基础上，本书侧重于与城市规划体系相对应的城市应用。例如，不同尺度的国土空间规划，以及时间维度的时空间规划，包括生活空间规划、生活时间规划、生活圈规划、建成环境或土地利用规划、智慧社区规划等。时空行为在移动性规划中的研究与应用也是颇有成效。区别于空间规划，移动性规划强调对移动行为或人口流动行为进行调整优化的过程，包括传统的交通规划、旅游规划、物流规划与通学圈规划等。此外，本书将探究时空行为在社会规划中的应用，包括健康城市规划、老龄友好型城市规划、城市体检以及在新冠肺炎疫情影响下备受关注的应急管理规划等。

1.3　城市时空行为的分析技术研究

个体行为时空数据的质量、精度与样本量对于时空行为研究，特别是在空间—行为交互机理研究中具有重要的意义。传统时空行为数据多来源于基于日志的问卷调查，而移动定位技术（如 GPS）与信息通信技术的快速发展和广泛应用为个体时空行为数据的采集提供了新的契机（Ahas et al.，2007；Gonzalez et al.，2008），许多研究开始采用 GPS 手持设备或手机客户端（APP）等方式来获取居民精细的移动轨迹数据，并同步或事后通过互联网、APP、问卷方式获取相应的活动信息，相对精确地还原居民某个时段的活动—移动日志（柴彦威等，2014b）。

据不完全统计，从 20 世纪 90 年代初至今，全国已开展的居民时空行为调查包括北京、上海、广州、大连、深圳、南京、西宁、乌鲁木齐、兰州、天津共计 10 个城市，囊括我国东部、中部、西部不同类型城市，且研究地区、调查人群、数据采集方法、使用设备与研究内容多种多样（表 1-1）。此类时空行为调查数据保留了日常行为的"厚数据"特性，为时空分析保证了精度与质量，且往往采集行为主体的社会经济属性，适用于深入的行为机理与时空行为交互分析，但调查成本较高，样本量较少，难以保证在较大时空尺度的时空行为应用分析。

目前，越来越多的时空行为大数据使某些学术研究成为可能，包括手机信令大数据、浮动车轨迹大数据、公交卡大数据、社交媒介签到数据等。这些大数据很好地弥补了调查数据的不足，收集成本相对较低，可用于较大时空尺度上的行为测度，近年来成为城市计算与智慧城市研究的主要数据来源（Zheng，2015；Louail et al.，2015），但其不足是往往缺乏直接的行为主体属性信息。因此，深入的时空行为研究需要更好地整合时空行为小数据与大数据，以及结合更为精细的社会与建成环境大数据［如街景图像、兴趣点（POI）、微观人口普查等大数据］。

此外，长时间维度的居民时空行为跟踪调查与深度访谈数据亦成为深入理解城市居民时空行为决策过程、时空行为在不同生活情境中的变化机理、时空间与行为结果之间的因果联系、个体与群体行为交互机理、主观满意度与感受等方面研究的重要调查与数据基础。

在分析方法上，时空行为研究已形成基于个体行为数据所特有的定量、定性与可视化方法。其中，定量方法由传统的描述统计分析、相关分析、空间分析、基于时间地理的可达性分析等发展到围绕个体与群体行为数据的模式挖掘分析、决策过程分析、时空影响机理、行为时空格局、时空行为模拟、情境预测分析等。定量技术已普遍使用时空地理信

表 1-1　中国城市居民时空行为数据库

调查年份	调查地点	有效样本量/份	调查范围	调查类型	调查人群	调查方式	主要调查人
1992	兰州	600	全市	活动日志	常住居民	纸质问卷	柴彦威
1995	大连	369	全市	活动日志	常住居民	纸质问卷	柴彦威
1996	北京	437	全市	时间利用	常住居民	纸质问卷	王琪威
1997	天津	465	全市	活动日志	常住居民	纸质问卷	柴彦威
1998	深圳	484	全市	活动日志	常住居民	纸质问卷	柴彦威
2002	北京	485	社区	活动日志	老年人口	纸质问卷、访谈	柴彦威
2002	南京	60	社区	活动日志	中低收入者	纸质问卷、访谈	刘玉亭
2007	北京	1 119	全市	活动日志	常住居民	纸质问卷	柴彦威
2007	广州	982	全市	活动日志	常住居民	纸质问卷	周素红
2007	深圳	554	全市	活动日志	常住居民	纸质问卷	柴彦威
2009	北京	758	颐和园	休闲行为	旅游人口	纸质问卷	黄潇婷
2009	乌鲁木齐	238	全市	活动日志	少数民族	纸质问卷	郑凯
2010	北京	97	社区	活动日志	常住居民	GPS、互联网调查	柴彦威
2010	北京	162	颐和园	休闲行为	旅游人口	GPS、纸质问卷	黄潇婷
2011	乌鲁木齐	536	全市	活动日志	汉族、维吾尔族居民	纸质问卷	张小雷
2012	北京	709	郊区社区	活动日志	常住居民	GPS、互联网调查	柴彦威
2013	南京	11	企业	活动日志	中产阶级	GPS、纸质问卷	甄峰
2013	西宁	2 598	全市	活动日志	汉族、回族居民	纸质问卷	柴彦威
2017	北京	1 280	全市	活动日志	常住居民	纸质问卷	柴彦威
2017	北京	114	社区	活动日志	常住居民	GPS、空气质量与噪音检测仪、纸质问卷	柴彦威
2017	北京	540	城中村	活动日志	流动人口	纸质问卷	冯健
2017	上海	1 593	郊区社区	活动日志	常住居民	纸质问卷	申悦
2018	广州	—	社区	活动日志	常住居民	纸质问卷	周素红

息系统（GIS）分析、时空统计、计量经济方法等，并逐步开始利用大数据挖掘、机器学习与深度学习等人工智能算法。而定性分析方法包括深度访谈、焦点小组、社区参与式调研等质性调查，以及利用数字化质性数据分析软件对相关调研内容进行定量分析，包括文本挖掘或自然语言处理等人工智能算法，或者通过质性概念化、指标化、结构化等定性

方法实现对复杂交互机理的深入理解。

1.3.1　时空分析技术

时空交互或时空分析是当前国内外地理学研究的热点与难点（Kwan，2015；An et al.，2015）。早期时空交互分析集中在时间地理学的分析手段，包括时空路径的可视化、描述与时空棱柱的测度及其可视化表达，发展到对时空路径的比较分析以及时空可达性的测度（Kwan，2001）。近期研究则一部分集中在时空轨迹的模式挖掘分析上，包括时空热点分析、序列比对分析、轨迹聚类分组分析等（An et al.，2015），一部分探讨人类行为与生活环境之间互动关系的时空性，特别是强调忽视时空交互所带来的分析问题，包括可塑性面积单元问题（Modifiable Areal Unit Problem，MAUP）与地理背景不确定性问题（Uncertain Geographic Context Problem，UGCoP）等（Kwan，2012；Goodchild，2018）。虽然解决这些问题的大体思路已基本清晰，即由影响行为的静态空间到动态空间、固定空间到可变空间的转变，然而关键分析技术仍需深入探索（Griffith，2018；Schwanen，2018）。

1.3.2　行为决策过程分析技术

早期行为决策过程分析多基于行为论的决策过程理论与分析方法，强调某一行为对时空选择的偏好与效用，在随机效用最大化的基础上做出行为安排，形成行为事件（Golledge et al.，1997）。行为决策过程分析的常用方法包括评定模型（Logit 模型）、概率单位模型（Probit 模型）等离散选择模型，往往把时间决策与空间决策分开考虑。而活动分析法的出现改善了相关决策模型的分析技术，其强调由单一行为时间到考虑行为发生的序列性，明确了移动是源于活动需求，开始围绕出行链或活动链进行建模分析。此时，分析手段主要是考虑整天活动安排的嵌套 Logit 模型、决策树模型、微观模拟模型等（Timmermans et al.，2002；Gan et al.，2008）。然而，大多数分析仍然忽略了时空行为决策中的序列性及长短期关联性，均为一个序列决策过程（Scheiner，2017）。它们强调行为决策是一个马尔科夫决策过程，寻求整个序列效用最大的最优策略而非单一行为决策的最优，且具有前瞻效应与滞后效应（Oakil，2013）。模拟一般序列决策过程的关键技术是动态离散选择模型与逆向强化学习算法（Fosgerau et al.，2013；Wu et al.，2017；Zhang et al.，2017b），但这些均还很少被应用在时空行为的序列决策过程分析中。

1.3.3　多主体关联的分析技术

关注多主体交互是从家庭内部不同成员之间的时空行为联系开始的，常用方法包括考虑多个主体行为关联性与内生性的结构方程模型、考虑多个成员行为决策关联的离散选择模型等（张文佳等，2008）。受限于多主体社会关系数据的难以获得性，较少研究直接探讨社区甚至整个城市层面的多主体关联性。随着社交媒介大数据与调查数据的深入，在更大时空尺度探讨多主体交互成为可能，而行动者—网络理论与社会网络分析则是潜在的关键技术。近期研究发现了复杂网络分析算法，如非负张量分解、社群发现算法等，它们对于处理复杂行为主体交互数据以及轨迹交互大数据具有高效性与灵活性（Zheng，2015）。张文佳和蒂尔（Zhang et al.，2017b）则提出一套把大量时空轨迹数据变成复杂网络的转换分析框架，利用行为的时空关系建立多主体的互动联系，用作社会分异与互动研究。

1.3.4　主客观关联的分析技术

传统时空行为研究对环境的主观认知与测度多通过认知地图与揭示性偏好调查方法，而越来越多的研究设计采用叙述性偏好，即在假定多个组合方案的前提下行为主体所反映的主观偏好。相关研究开始关注客观测度的环境及主观感知的环境因素对客观的行为结果以主观的行为感知（如幸福感、满意度等）的影响（张景秋等，2015），但在中国的城市中仍缺乏足够的实证研究。这里常用的分析技术是结构方程模型、多层模型、时空计量模型等（van Acker et al.，2010）。

综上所述，对时空行为存在的复杂交互机理进行分析，首先需要时空粒度小、大样本与具有丰富行为主体属性的时空行为数据，需要结合调查小数据与时空大数据。其次需要针对多元交互机理的关键分析技术。更重要的是，时空行为交互分析需要一个可以同时考虑复杂多元交互的分析框架，利用高效的计量模型和机器学习等人工智能算法，支撑精细的、科学的、准确的可持续政策评估。

1.4　本书框架

本书是关于时空行为研究应用的前沿著作，强调时空行为理论分析与城市规划应用基础之间的深度结合，由以城市地理与城乡规划多个领域学者为主的研究团队合著撰写，在理论、方法与实践应用上均具有前沿性。本书旨在总结近年来最新的研究进展，强调时空行为研究的多元性，重视理论突破与应用创新，构建城市时空行为规划研究体系，以及丰富中国行为学派的研究基础。

第2章面向城市社会可持续发展建立更为完整的时空行为交互理论与分析框架，旨在理论拓展与创新，同时为城市规划应用研究夯实了时空行为理论基础，最终提出基于时空行为交互的分析框架和研究议程。

第3章介绍城市时空行为规划研究的前沿方法，主要包括时空行为模式挖掘与可视化方法、时空行为交互视角的空间格局分析方法、时空行为交互机理分析方法与相应的机器学习方法等，并对时空行为研究方法的未来发展方向进行了讨论。

第4—8章围绕时空行为与时空间规划展开，第4章与第5章围绕城市生活空间规划与城市生活时间规划，尝试建立时空行为理论与分析视角。第6—8章则探讨时空行为理论与分析在安全生活圈规划、建成环境规划与智慧社区规划等方面的应用。

第9—11章强调时空行为与移动性规划之间的结合，侧重时空行为研究在交通拥堵治理、通学圈规划与旅游规划等领域的发展。

第12—15章整合时空行为、城市社会地理学、社会规划等理论与应用基础，探究时空行为视角下健康城市规划、老龄友好型城市规划、城市体检与应急管理等领域的发展。

第16章归纳了当前时空行为规划的应用方向，讨论了时空行为分析在规划应用中所特有的价值，并对未来的时空行为规划研究进行了展望。

2　面向社会可持续发展的城市时空行为交互理论研究

可持续发展是全球经济社会发展的共同追求，而城市的可持续发展则是全球可持续发展的焦点。2020年，全球将有约60%的人口集中在城市，越来越多的城市面临资源环境承载力不足、应对社会自然风险冲击的韧性不足、社会治理滞后于经济发展和区域发展不均衡不协调等问题所带来的一系列"城市病"，城市地区将成为落实可持续发展理念和发展战略的主要阵地。

可持续发展追求经济、环境、社会的可持续性，并解决经济发展、环境保护、社会公平等两两之间的矛盾冲突（Campbell，1996；杨振山等，2016；傅伯杰，2018）。然而，相比于经济与环境可持续性的研究（杨庆媛等，2007），城市社会可持续发展研究则相对更晚，相关研究较少，亟须系统探索（刘沛林等，2013）。西方城市发展历程表明，进入城市化快速发展以来，随着人口规模迅速膨胀、城市系统日趋复杂以及全球化的深入推进，城市空间与城市生活方式均处于动态调整中，生活质量、社会公平、社会韧性、环境正义等需求亟待满足（冯健等，2013；孙九霞等，2016）。此外，城市社会发展面临很多新问题，如老龄化和少子化、社会极化与贫困集中、社会隔离与分异、环境健康和满意度不高，以及新冠疫情所反映的社会韧性不足等（李志刚等，2012；高晓路等，2015；柴彦威等，2020）。因此，城市社会可持续性（Urban Social Sustainability）愈发成为影响城市可持续转型和人类城市社会和谐永续发展的重要方面，也成为发达国家城市可持续转型与和谐发展的重要目标（Dempsey et al.，2011；王承云等，2019）。

改革开放40年后，中国城市已经开始从以经济增长、土地开发为中心的增长模式转向以人为本、以社会建设为核心的新型城镇化阶段，引发了经济社会发展的全面转型（刘彦随等，2016；薛德升等，2016；李郇等，2017；方创琳，2019；浩飞龙等，2019）。从国家战略角度出发，2014年《国家新型城镇化规划（2014—2020年）》指出，过去公共服务分配的不均等引发了城市社会不可持续现象，强调未来需要进一步提升城市治理水平。国民经济"十三五规划"制定了与城市社会可持续性相关的发展目标，包括以人为核心、转变城市发展方式的新型城镇化，建设绿色、智慧、人文、创新与紧凑的和谐宜居城市，以及强调城市治理模式的精细化、动态化与空间优化。《中国落实 2030 年可持续发展议程国别自愿陈述报告》则以城市作为创新示范区，其建设的重点是推动城市社会事业的发展，解决日常生活、工作、教育、健康、社会保障等社会问题。党的"十九大"进一步明确指出，我国社会主要矛盾已经转化为人民日益增长的美好生活需要和不平衡不充分的发展之间的矛盾。而在面对突如其来的新冠肺炎疫情时，城市治理面临着重大考验。正如 2020 年习近平总书记在杭州考察时所述："城市工作要把创造优良人居环境作为中心目标，努力把城市建设成为人与人、人与自然和谐共处的美丽家园。"城市治理是城市发展的核心，绿色发展是方向，提升能力为关键，以人为本是根本。总之，进入新的发展阶段，中国城市的转型升级与创新驱动发展迫切呼吁与之相适应的城市社会可持续发展与治理模式（柴彦威，2014；金凤君，2014）。

本章首先探讨为什么中国城市社会可持续发展研究需要深入理解时空行为交互理论，进而归纳了当前应对社会可持续发展问题的时空行为研究进展，最后构建了城市时空行为交互的理论框架，并深入探讨了研究内涵与研究范式。

2.1 中国城市社会可持续性与时空行为交互理论

中国城市，尤其是大城市与特大城市面临着突出的社会可持续发展问题，并且这一问题成为影响中国城市转型升级、提升国际影响力的重要制约因素。其中，城市公共服务资源供需的时空不匹配以及社会可持续行为的引导不足是制约中国城市社会可持续发展的两大瓶颈。

第一，目前城市公共服务资源的配置仍以数量扩张和结构调整为主，缺乏从时空角度对资源供给和居民需求的匹配状况进行分析与改善。在当前社会治理能力落后于社会经济发展需要的背景下，如何通过时空资源的优化配置来保障城市运营的精细化及服务的智能化、提高城市的宜业宜居性成为关键（李雪铭等，2015；张文忠，2016；秦萧等，2017；张晓玲，2018）。

第二，人口拥挤、交通拥堵和住房紧张等大城市病与居民行为的社会不可持续性密切相关，如职住分离背景下通勤距离的持续增加、公共交通设施建设的相对滞后、小汽车依赖程度的加深、严重的交通拥堵、能源消耗和空气污染等问题。如何引导居民形成健康、低碳和智慧的行为模式和生活方式成为维持社会可持续发展的关键途径（张雷，2003；Ding et al.，2013；孙斌栋等，2015；海骏娇等，2018）。

解决这两大瓶颈背后的核心科学问题是快速城镇化过程中的人类行为与资源环境在时空上的交互机理不清。供需匹配不单是空间上、数量上静态的匹配，更应包含时间上、质量上动态的匹配。时空是有机整体，同时时空也是资源，不同行为主体在城市时空中的交互过程是理解城市系统的关键。因此，城市社会可持续发展的实现，关键取决于建设满足人类活动需求的城市资源时空配置模式，以及预测和调控人类活动对城市资源时空配置所产生的潜在影响。

以往对于人类活动与资源环境的交互机理多从制度、人口和资源承载力等视角切入，无法满足居民个性化的需求，难以解决城市快速扩张和空间重构背景下的城市融入与社会排斥、环境污染与个体健康等常态城市问题，以及流行病、自然灾害等带来的应急态社会问题（顾朝林，2011；宁越敏，2012；周春山等，2013；姚士谋等，2014；杨亮洁等，2017；龚胜生等，2020）。面对城市建设的智慧化和人本化趋势，个体的行为过程被认为是理解城市空间结构和可持续发展的核心内容（Schwanen et al.，2008a；Kwan，2012，2015）。全球范围内地理学、社会学和城乡规划学等不同领域的学者致力于应用时空行为理论与方法理解城市动态化和复杂化的发展过程，并逐步形成城市研究的行为学派。

时空行为研究方法诞生于20世纪60年代对微观个体和行为过程的关注，这为理解人类活动和地理环境复杂的时空关系提供了独特的视角，并逐步形成了强调主观偏好和决策过程的行为论方法、强调客观制约和时空利用的时间地理学方法以及强调活动—移动系统的活动分析法等多视角的研究方法。在近50年的发展过程中，时空行为研究理论与方法逐步走向多元化的发展方向，通过与地理叙事分析、地理信息系统（GIS）技术、时空统计建模、时空模拟技术、时空大数据挖掘、机器学习等人工智能算法等的有效结合，有效解答了西方城市发展过程中一系列人与环境互动关系的问题。

时空行为研究理论与方法自引进中国的近30年间，已经在不同类型的城市和人群中开展了大量的实证研究与验证，逐步形成以时空行为规划与管理为核心的中国城市研究新范式（Chai，2013），为应对当前我国城市发展所面临的生态环境保护、社会和谐公平与生活质量提升等问题提供了重要指导。国内学者对居民日常时空行为特征、生活空间结构与生活时间利用、时空行为与建成环境的互动关系等方面开展了大量实证研究，呈现出微观个体导向、影响机理分析和规划管理应用拓展的特征（王德等，2001；周素红等，2017）。然而，回顾过去30年间中国城市的时空行为与规划研究发现，这些研究更多侧重于时空行为特征分析以及验证空间对行为的影响，而弱于对行为在时空中的嵌套过程、多元交互机理的正面研究。

中国城市快速城市化和市场化转型为时空行为研究理论创新和应用实践提供了宝贵的试验场。在新旧体制的共同影响下，城市空间和人类活动系统、生活方式具有动态性、复杂性、多样性、不确定性等特点，为我们开展多主体、多尺度、动态过程、主客观相结合的时空行为交互理论创新提供了得天独厚的机遇。同时，人类时空行为大数据的逐渐丰富以及复杂网络与人工智能等算法在时空行为研究的应用，使得观测、分析与理解海量个体在不同时刻、不同空间与其他行为主体进行联系并从事不同活动与移动行为的全序列、全周期过程成为可能，为探究从个体、群体到社会整体的"行为—空间—时间"的交互演化机理提供了技术创新基础。因此，基于时空行为交互理论来创新城市研究理论，构建中国城市研究的时空行为范式，对指导中国城市人本化、智慧化、可持续的转型升级具有重要的理论、方法和现实意义。

2.2　应对社会可持续发展问题的时空行为研究进展

可持续发展不仅涉及时间维度的讨论，而且具有空间内涵。本土化行动与全球化理念之间的矛盾受到关注，在区域尺度上实现外部可持续性和空间层级平等一直都是学者所关注的议题（Kates et al.，2001；Blaschke，2006；Zuindeau，2006）。如何发挥地理学空间综合优势，在不同时间和空间维度上思考可持续发展理念及其实践则具有重要的理论与学术价值（张晓玲，2018）。

城市社会可持续性是一个多维度、动态的概念，通常与社会资本、社会融合、社会韧性等概念相关。登普西等（Dempsey et al.，2011）经过梳理与城市社会可持续性有关的要素和研究后指出，社会公平和社区可持续性是城市社会可持续性的两个核心维度（Dempsey et al.，2011）。其中，社会公平指的是城市资源的公平分配，特别是经济上、社会上、政治上没有对个体的排斥现象（Burton，2000）；社区可持续性指的是社区维持自身功能持续运转的能力，包括社区成员的社会交往、社区的稳定、社区的安全和社区的认同感等。

传统上，可持续发展的空间维度受到学者的广泛关注，可持续性的空间形态、空间影响机制以及空间规划调节策略一直都是重要的核心内容。但近年来，非空间的因素越来越受到关注，大量研究开始考察何种非空间因素是城市可持续社区实现所必需的，比如教育，代内和代际的社会公平、社会资本，安全，韧性等（Dempsey，et al.，2011）。相比可测度的空间指标，这些因素通常难以测量，也难以通过规划手段进行改变，这对可持续发展研究提出了挑战。

城市社会可持续性根据其研究对象和内涵，又可以分为可持续的人居环境、城市社会分异与融合、社区互动与韧性、城市生活质量与幸福感、公共服务资源的供需匹配与可持续行为引导五个维度。下面针对每个维度的国内外研究进展进行综述，并归纳当前中国城市社会可持续发展瓶颈问题的研究进展与不足。

2.2.1 可持续的人居环境研究

城市人居环境，包括城市空间形态、建成环境及结构等是影响城市社会可持续性的核心要素。可持续的城市形态有助于促进社区意识、地方依恋、安全感和健康，同时也有利于减少城市风险。紧凑城市、混合土地利用、鼓励非机动交通的路网设计等城市形态有利于城市社会的可持续发展（Wheeler，2002；Dempsey，et al.，2011；Jabareen，2016；杨文越等，2019）。其中，城市时空形态和出行行为、居民健康的关系是当前研究的重点。

城市快速扩张与城市形态变化带来居民出行的高碳化，一方面，大量研究集中关注如何通过改变城市建成环境来降低居民小汽车出行里程数、提高步行与公共交通的使用占比等，包括较高的目的地可达性、公共交通站点可达性、人口密度、土地多样性、街道交叉口密度与街道的连接度等（Ewing et al.，2011；刘卫东等，2019）。另一方面，城市单中心和多中心结构也成为学术争论的焦点，比如多中心结构可能有利于减少出行距离和缩短时间并降低小汽车的使用频率（Lin et al.，2015）。

中国城市近 40 年来的制度与空间转型为理解城市形态与居民交通出行的关系做出了重要贡献。城市的空间转型带来了急速扩张与郊区化，城市住房制度转型带来了单位解体、商品房和福利住房的兴起，二者均直接或间接造成城市居民通勤时间增加、小汽车依赖程度加剧与行驶里程变长（Wang et al.，2017）。因此，如何在中国背景下理解城市形态与可持续出行行为的关系，并改善城市形态和结构是十分迫切的研究主题。

城市形态还通过居民日常行为来影响健康（Giles-Corti et al.，2016）。其中，良好的步行、骑行环境与设施配置、较高的密度与土地利用多样性、较高的公共服务设施可达性、高质量和高可达性的公园绿地等可以提高居民体力活动和主动交通方式的频率与时间长度，进而改善包括肥胖在内的健康指标（Ulijaszek，2018；Stappers et al.，2018）。此外，可持续的建成环境还有利于增加社区居民之间的互动，提高社会资本，进而影响心理健康（Sugiyama et al.，2018）。

　　然而，空间因素的改善并不一定直接带来社会可持续性的变好，而是通过调节社会因素间接作用于社会可持续性。一方面，城市形态的改善对不同群体产生的影响存在差异，可能会扩大社会分异，带来社会不可持续性问题（Adkins et al.，2017）；另一方面，同一个因素可能会在不同情境下存在相反的作用效果，比如高密度和紧凑城市的发展方式有利于汽车行驶里程数的降低，减少出行碳排放水平；但是高密度却有可能带来拥挤，挤占用于体力活动的健身空间，引起热岛效应、空气污染和心理压力等问题，对健康产生不利影响（Zhao et al.，2017）。以中国为背景的研究也发现人口密度提高与肥胖正相关，而不是西方城市中常见的负相关关系（Sun et al.，2017）。因此，不仅需要通过空间规划建立更加紧凑的城市形态、生态城市设计、绿色建筑、公共交通等，而且需要引导人们采用可持续的生活方式，如利用可持续能源、绿色出行、本地化消费等（Morgan，2009；Yang et al.，2012）。

　　一方面，虽然已有大量研究证实了城市形态与居民行为之间的关系，但是较少考虑二者联系的时间维度，这在一定程度上造成了现有研究结论不一致以及研究成果难以转化为实际应用的问题。由于建成环境中设施开放时间存在差异，因此需要同时在时间和空间两个维度考察设施的时空可达性对个体时空行为的影响（Wang et al.，2018；Schwanen et al.，2014）。另一方面，现有规划更加强调通过改变建成环境的作用，却忽略了对行为直接进行规划和引导的可能性（柴彦威等，2014c，2014d）。而其中的难点就在于如何识别居民日常行为中的不可持续性，规划与引导居民利用城市设施和改善生活方式，实现社会的可持续发展。因此，城市人居环境研究未来应在时间维度上加以突破，并将时空行为引导作为调整城市形态向城市社会可持续发展的关键，强调行为与时空的互动关系。

2.2.2　城市社会分异与融合研究

　　社会分异与融合更加关注社会可持续性的社会公平维度，对于促进城市社会可持续发展有着重要意义。城市的风险因素和社会资源分布都是不均等的，社会中还存在不同比例的弱势群体，城市社会中的社会分异、社会排斥、社会不公平现象成为难点问题之一。可持续发展强调代际公平，对社会公平的代内公平有更高的要求，与贫困集聚、空间剥夺、时空排斥等社会空间问题紧密联系。

伴随个体移动性的不断增加，传统的城市社会分异研究已逐渐由基于居住的、相对静态的社会分异转向基于个体日常活动时空行为的动态社会分异（Kwan，2015；Massey et al.，2009；Park et al.，2017，2018）。社会分异不仅存在于居民的居住空间，而且存在于居民日常生活中的其他活动空间，比如工作空间、休闲空间、购物空间等（Åslund et al.，2010；Lee et al.，2011；McQuoid et al.，2012；Schwanen et al.，2012b；Wang et al.，2012）。因此，城市社会分异研究更需要考虑居民的移动性和时间的动态性（Kwan，2015，2018a，2018b；Kwan et al.，2016）。

移动性带给人们与其他社会群体交流的丰富机会，并使得人们体验与所在居住区不同的社会环境成为可能（Wang et al.，2016）。居民开展家外日常活动的地点和所在居住区的社会环境具有明显差异（Shareck et al.，2014）。并且传统的基于居住区的社会分异研究存在地理背景的不确定性问题（Park et al.，2018）。

在当前城市阶层日益分化、城市社会空间破碎化的背景下，过去相对固定的人、地方与活动三者之间的关系变得愈发复杂。对基于地方的城市居民的整体性剖析不足以洞察城市社会分异的微观机理，忽视居民在面对社会分异情境时的行为决策调整过程，难以再现不同群体所塑造的社会空间的真实场景，更与个体的日常生活状态相脱离。因此，城市社会分异与融合的研究已经从基于地方的研究转向基于个体时空行为的研究，从静态关联转向动态过程联系的研究。

2.2.3　社区互动与韧性研究

城市社会正面临着高水平的社会极化、城市贫困程度增加、矛盾与暴力、恐怖主义、自然灾害和气候变化等风险以及新冠肺炎等流行病的影响，这呼吁城市发展和规划政策的重新思考。社会互动与社区韧性既是社会可持续性非空间因素的重要表现，也是理解城市社会与多主体相互关系以及城市规避未来社会风险的重要内容。社会互动与社区韧性一方面强调免于或降低社会排斥，体现在是否感受到自己或接纳他人作为社会一员。另一方面反映了社会关系作用下日常生活空间与体验的意义。社会互动与包容的讨论涉及社会网络、多主体参与、社会资本的获得、社会偏见与城市融入等（朱竑等，2015；孔翠翠等，2016；Wu et al.，2016a；叶超，2019）。

社会沟通、公众参与、群体交流也是社会可持续性的重要维度，使得城市社区能够拥有持续不断维持服务水平和再生产的能力（Coleman，

1988；高更和等，2005）。良好的社会互动有助于增强社区归属感、社会信任和凝聚力，有助于形成共同的价值观和积极正向的行为，提高社区抵御社会与自然风险的韧性，促进社区和社会的可持续性。

时空行为研究对社会互动已经进行了一系列的探索，包括联合行为、活动空间交互、公共空间与社会包容等多个方面，如男女家长活动时间分配（Bernardo et al.，2015）、家庭协调机制对居民活动模式的改变等（Feng et al.，2013；Ta et al.，2019）、行为与活动同伴（齐兰兰等，2018）等。此外，基于行为模式的活动空间接触识别也为社会交互研究提供了有效的方法（Zhang et al.，2017b）。社会交互如何能有效地促进社会包容还需要对多主体联系及其行为决策过程关联进行更为深入的理解。目前虽然对单一主体的行为模式已经有了相对深入的剖析，但对多主体行为的研究仍处于描述阶段，多主体间的行为联系、共同企划、行为决策互动的机制尚待进一步挖掘。

韧性城市与韧性社区在近些年越来越受到重视，其强调城市和社区适应不确定性的能力，并分析不确定性扰动所造成的影响（修春亮，2018；李志刚等，2019）。由于城市长期处在生态环境和社会环境的快速变动中，如何确保城市个体的安全，特别是易受伤害群体的安全，是社会可持续发展的根本要求，识别城市和社区的风险与脆弱性来源显得尤为必要（Zhang et al.，2018c；李玉恒等，2020）。社区韧性研究多是基于地方或空间来分析其脆弱性，较少探索基于个体或多主体时空行为的韧性评估，而近年来基于时空行为的动态环境风险源暴露分析则是例外（Park et al.，2017）。新冠肺炎疫情的防控研究也急需以人为本、立足于个体行为的社区韧性研究，以实现时空精准防控（柴彦威等，2020）。

2.2.4 城市生活质量与幸福感研究

生活质量与幸福感涉及居民的日常体验，是个体对城市可持续性的经历与感受。幸福感既包括生活质量的自我满足与评价，也包括积极的情绪和体验（Ryff，2014）。城市空间形态对幸福感产生直接或间接影响，城市密度、城市化水平、环境质量、设施可达性等对居民生活质量与幸福感评价具有或多或少的贡献（王丰龙等，2015；Okulicz-Kozaryn et al.，2018）。

城市居民的经历与体验不仅受到空间因素的限制，而且存在于社区生活、社会网络、社会交往、社会互动之中（Currie et al.，2010；Schwanen et al.，2014），如何将这些空间与非空间因素与生活质量、幸福感相结合，已成为可持续发展的又一个重要挑战。

早期关于生活质量的地理学研究更多侧重从城市空间的经济和社会及物质方面指标进行评价和比较，如居民收入和生活水平、消费产品或服务的种类和质量、就业情况和居住条件等（风笑天，2007）。

时空行为关注生活质量和宜居性等实际问题，更加强调行为主体的计划在特定时空中的活动的顺利开展情况。这里，时空可达性及其相关的活动空间测度、活动机会的评价则成为衡量生活质量的重要方面，并提倡通过调整城市资源的空间布局、优化城市设施、就业等的时间安排等来提高特定群体的时空可达性或活动机会，从而实现生活质量提高和社会公平（Lenntorp，1977；Kwan，1999；Dijst et al.，2002）。近年来，反映个体在日常活动过程中的满意度研究逐渐成为生活质量研究的前沿（Dong et al.，2018）。

2.2.5 公共服务资源的供需匹配与可持续行为引导研究

提升城市社会可持续性需要建设可持续的人居环境，促进社会融合与社区韧性，以及提高生活质量与幸福感，并最终解决公共服务资源在时空上的供需矛盾与可持续时空行为引导不足所导致的城市问题，这与当前中国城市实现可持续发展目标、建设以人为本的城市治理与社会治理体系等政策追求是一致的。而这些目标的实现，需要时空行为研究从时空整合的角度进行居民需求与生活方式特征的分析，从个体可持续性来引导，以实现社区、城市社会整体的可持续发展。

当前，关于公共服务设施的供需匹配研究多从经济学的供需理论或地理学的设施空间布局优化等视角出发，探讨公共服务资源的空间布局、空间分异、区位选择及其因素、可达性分析、供需矛盾的政策分析等（Kiminami et al.，2006；刘萌伟等，2010；樊立惠等，2015；郑思齐等，2017；刘玉亭等，2016）。然而，多数研究容易忽略个体和细分群体对公共服务设施需求的差异性、公共服务资源供给的时空特性与需求变化的动态性，以及难以联系城市社会可持续发展的多个维度对公共服务资源的供需匹配进行评价。基于个体的时空行为研究则可以避免这些问题，提供立足个体、行为过程和时空交互等分析视角，通过个体时空行为串联社会可持续发展的多个维度来评估公共服务资源的供需矛盾。

此外，我国城市面临严峻的社会问题，亟须改变规划实践来促进社会的可持续发展（樊杰，2014）。现有规划在物理因素层面考虑较多，对基于个体的实际需求、对个体行为的理解和规划引导方面仍然关注不足。其中公共服务资源的时空供给与居民需求不匹配问题一直是制约实现我国城市社会可持续性的重要瓶颈（柴彦威等，2015b；孙道胜等，

2017)。个体行为的可持续模式经过汇总与提升可以得到群体的可持续模式，引导居民行为向低碳、非机动交通方式，以及健康的、社会交往丰富的方向发展是实现城市社会可持续发展的重要手段（柴彦威等，2014c）。

2.3 城市时空行为交互理论框架构建

尽管时空行为研究在过去 50 年在理论、方法和实践应用上均得到了快速发展，在中西方城市社会可持续发展研究上发挥了重要作用，并成为人文地理学独具人本特色的流派，但面对中国城市日趋严重的公共服务资源供需矛盾与可持续行为引导不足所导致的城市问题，社会可持续发展研究的深入尚需系统地探究可持续的人居环境、社会分异与融合、社区互动与韧性、生活质量与幸福感四个方面。对这些方面进行精准的、科学的评估则需要厘清快速城镇化过程中的人类行为与资源环境在时空上的多元交互机理，在时空行为研究理论与方法论上做出创新，并切实在不同类型的中国城市进行应用基础比较研究（图 2-1）。其中，时空行为交互理论与应用方法体系的构建显得尤为重要。

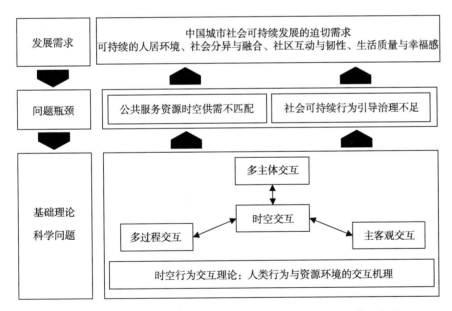

图 2-1 面向城市社会可持续性发展的时空行为交互理论体系构建

2.3.1 中国城市社会可持续发展亟须时空行为研究走向应用

中国城市社会可持续发展需要宜居的人居环境以及高水平的社会融

合、社区韧性和个体生活质量,满足这些需求首先需要解决公共服务资源时空供需不匹配与社会可持续行为引导治理不足等瓶颈问题,而这些问题也逐步得到现有研究的关注。然而,以往研究多从制度、供需理论、多主体治理、人口和资源承载力等视角切入,无法理解个体或细分群体之间的差异,满足不了居民个性化的需求,也无法呼应城市人本化转型的趋势。时空行为研究具有理解人类活动和地理环境复杂的时空关系的特点,经过50年的发展,被认为能够有效解答西方城市发展过程中所面临的一系列人与环境互动关系问题。

时空行为交互机理作为人文地理学的核心理论问题,是实现行为地理学本土化创新的突破点,也是面向中国城市社会可持续发展应用创新的重要研究理论和方法论基础。同时,中国快速城镇化与市场化转型也为进一步验证和创新时空交互理论、构建中国城市的时空行为研究范式提供良好条件。

2.3.2 面向中国城市社会可持续发展应用的时空行为研究亟须理论与方法创新

时空行为研究在当今城市问题的实际应用中仍然存在瓶颈。归其根源,人类行为与环境的交互机理中至关重要的多元交互模式及其在时空上的耦合关系(即时空交互)未能系统构建,并且相应的应用技术路线和方法也存在瓶颈。其中,多过程交互强调时空行为决策中的序列性以及长短期关联性,由单一行为事件与决策转向多行为时空关联的研究范式。多主体交互强调从个体到社会,不同行为主体之间的组合与互动过程中所形成的权力关系及其社会空间后果,以及不同行为主体在交互过程中的特殊需求。主客观交互则强调外在主客观环境测度、主客观行为测度、主客观行为—环境联系之间的交互。而时空行为交互理论特别强调上述交互在时空上的互动关系,即时空交互,强调从空间行为交互到时空行为交互,时空不等于时间加上空间,而是将时空视为有机统一的整体,反映时空的物质性、排他性、互补性、生态性等内在机制。

与时空行为研究理论上的四个交互相对应,中国城市社会可持续发展的应用方面亟待从空间规划走向时空规划、行为规划,从静态规划走向动态过程模拟、从个体行为规划走向社会规划,实现中国城市规划与管理的应用创新。

2.3.3 中国城市社会可持续发展的时空行为应用研究创新

为了应对人地关系紧张、资源环境承载压力大、公共服务资源供给不足、社会治理有待提升等突出问题,国务院设立国家可持续发展议程创新示范区,核心目标是探索不同类型城市的可持续发展路径。然而,与研究和应用路径都较为清晰的经济和环境可持续发展相比,社会的可持续发展缺乏与应用需求直接联系的研究,成为实现公共服务资源供需匹配与以行为引导为核心的社会治理的阻碍。

以往时空行为研究在可持续的人居环境、社会分异与融合、社区互动与韧性、生活质量与幸福感四个主要方面做了一定的探讨,但是未能切实关注到隐藏在现象背后的时空行为交互的核心科学问题,从而制约了在城市社会可持续发展中的进一步应用实践。

2.4 城市时空行为交互的研究内涵与研究范式

时空行为交互研究需要整合行为地理学、时间地理学、活动分析法、城市社会学、可持续发展等研究理论与方法论,通过对人类行为与环境之间的四个交互影响模式与机理过程进行理论建构与实证分析,验证在社会可持续发展研究中考虑时空行为的多过程交互、多主体交互、主客观交互以及时空交互的重要性与必要性,厘清快速城镇化过程中的人类行为与城市时空资源环境的多元交互机理,构建面向中国城市社会可持续发展的时空行为交互理论,探索从个体、群体(社区)到全社会(城市)的"行为—空间—时间"交互演化机制与研究范式,特别为科学解决中国城市的公共服务资源时空供需不匹配与社会可持续行为引导治理不足等可持续发展的瓶颈问题提供理论与应用方法支撑。

2.4.1 人类行为与资源环境之间的多过程交互模式与机理研究

时空行为交互研究首先需要厘清人类行为与资源环境之间的多过程交互联系的内涵与外延、模式与机理,系统探讨如何由单一行为事件到行为过程及其交互模式的研究范式转变,结合长时间的个体行为追踪调查数据与多源时空行为轨迹大数据[如多个城市的手机信令大数据与浮动车全球定位系统(GPS)轨迹数据等],验证多过程交互行为研究在促进可持续的人居环境、社区韧性、社会公平、生活质量等方面的重要性与必要性。

第一,比较单一行为事件与多个行为事件关联情境下行为与环境的互动关系。区别于传统分析聚焦在特定单一行为事件,如通勤、购物等,本书侧重探索不同时间尺度内(如一天、多天、多年等)的多个行为事件之间的联系,通过建立多层结构方程模型与空间面板数据模型等计量模型，定量分析行为与环境之间的直接效应与调节效应，并通过访谈等定性研究理解多个行为事件关联的内在机理。

第二，比较单一行为决策与序列决策过程情境中行为与环境的互动关系。探讨时空行为决策过程的序列性与连续性，利用不同尺度的时空行为轨迹大数据，构建动态离散选择模型与基于马尔科夫决策过程的逆向强化学习等人工智能算法框架，探讨行为轨迹背后复杂的决策机理，测度时空行为决策的前瞻效应与滞后效应，分析对未来行为的预期（或风险规避）如何影响当前的行为决策，直接评估行为决策的可持续性。

第三，探索整合长短期行为与环境的互动关系。结合长时间段的手机信令大数据与日志调查，探讨居民在生命周期中不同阶段的长期行为（如迁居、结婚、换工作等）与短期行为（如日常生活等）之间的联系，以及对时空资源、社会及建成环境的偏好变化（阶段性、共性与差异性），揭示长期行为与短期行为的交互影响规律，为可持续的时空优化与行为优化策略做支撑。

第四，探索多过程交互机理在社会可持续性评估上的应用基础创新。建立由单一行为到多行为关联、单一行为决策到序列决策过程、长短期分离到长短期互动的整合分析框架，揭示个体行为调整的序列效应与时空效应。针对社会可持续性的四个维度，深入探讨一个行为事件的调整或一系列行为组合（如行为链）的调整如何影响个体乃至群体的时空需求、互动水平、社区韧性、社会分异程度与生活质量水平，以评估社区与城市公共服务资源的供需平衡问题，并理解社会可持续的行为引导与优化机制。

2.4.2　人类行为与资源环境之间的多主体交互模式与机理研究

时空行为交互研究需要探究人类行为与资源环境之间的多主体交互关系的内涵与外延、影响模式与机理过程，系统分析如何由单一主体向多主体交互的研究范式转变，结合不同行为主体的社会网络数据与时空行为互动数据，验证多主体交互在促进可持续的人居环境、社区韧性、社会公平、生活质量等方面的重要性与必要性，理解从个体、群体到社会的时空行为交互过程机理。

第一，比较单一行为主体与多行为主体关联情境下行为与环境的互动关系。针对多个同类型行为主体（如家庭内多个个体，社区内多个居民、多个企业或组织之间等）以及多个不同类型行为主体（如个体、企业与组织之间等），探讨不同行为主体之间时空行为的关联性、不同行为主体对城市资源环境偏好与利用的差异性（特殊性）与同质性、公共服务资源的时空布局对不同行为主体的时空行为决策与协调的影响。

第二，探索多主体交互机理在社会可持续性评估上的应用基础与研究创新。建立由单一行为主体到多行为主体交互的整合分析框架，探索促进多主体的行为协作与优化的公共服务资源时空布局模式与城市时空形态，探讨促进多行为主体互动的社会参与行为模式及其对社会融合与包容的影响，通过对代际行为主体的时空行为交互研究，解析增强社会韧性与生活质量的多行为主体交互机理。

2.4.3　人类行为与资源环境之间的主客观交互模式与机理研究

时空行为交互研究的第三个交互立足于人类行为与资源环境之间的主客观交互关系、影响模式与机理过程，需要系统探讨如何由以客观行为为主的研究范式转变为主客观整合的交互范式，结合通过主客观测度的环境与行为数据，验证主客观交互在促进可持续的人居环境、社区韧性、社会分异、生活质量等方面的重要性与必要性。

第一，比较客观行为与主客观行为关联情境下行为与环境的互动关系。结合时空行为理论与社会心理学，建立对城市资源环境要素及其时空特征的客观测度与主观测度的分析框架（如环境感知、认知地图等），构建对行为时空特征的主客观测度的分析框架（如行为偏好、幸福感、满意度等），以及解析主客观环境与主客观行为之间的互动关系。

第二，探索主客观交互机理在社会可持续性评估上的应用创新。建立由以客观测度与评估体系为主到主客观交互的整合分析框架，构建可持续的时空资源与时空行为优化的主客观评价标准。针对社会可持续性的四个维度，从满意度和幸福感等主观评价标准出发，探索宜居的人居环境、社会融合的主观感知、社区韧性的主观测度等，并探讨主观生活质量认知与客观时空行为的联系。

2.4.4　多元交互耦合视角下的时空行为交互理论与研究范式构建

研究范式的构建需要全面梳理国内外时空行为研究的相关理论，包括行为论、时间地理学、活动分析法等行为学派谱系，结合上述三个交互（即多过程交互、多主体交互、主客观交互）的模式与机理研究，厘清这些交互在时空上的耦合机理与社会可持续性不同维度之间的联系，即强调时空交互，利用多个案例城市的数据进行实证分析与验证，最终系统构建时空行为交互理论。

在理论上，区别于传统时空行为研究，时空行为交互理论强调"交互"，而非仅仅时空行为。这需要推动研究范式的转变，即实现由空间交互到时空交互、单一行为到序列行为过程交互、个体行为到多主体行为交互、客观为主到主客观交互的转变，最终构建适用于不同时空尺度，以人、行为、空间与时间交互为核心的新研究范式（图 2-2）。

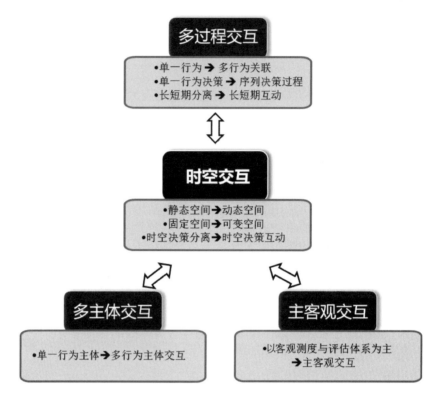

图 2-2　时空行为交互理论的内容主体与研究范式

第一，比较静态空间与动态空间情境中行为与环境的互动关系。探讨行为—环境联系的动态性、周期性与惯常性，侧重比较静态空间所反映的相关性与动态空间所反映的因果联系之间的差异及其在社会可持续性评估上的理论与应用意义，并针对不同行为类型与不同时空情境来解析不同类型行为—环境的时空交互机理。

第二，比较固定空间与可变空间情境中行为与环境的互动关系。当前研究大多只把居住地等日常活动锚点作为行为分析的空间情境，而忽视了日常生活经历中的其他地方及其随时间而发生的变化。区别于上面探索行为—环境互动机理的动态性，这部分主要甄别与不同行为发生联系的"真实"时空情境，解决行为—环境互动关系研究的两个分析难题，即可塑性面积单元问题（MAUP）与地理背景不确定性问题（UGCoP），科学地、精准地揭示行为塑性面积环境的时空联系。

第三，厘清不同行为在时空资源选择偏好上的差异。解析不同行为主体对时间与空间的选择偏好以及在什么情境下存在替代关系、互补关系或混合关系，从时空利用、时空制约、时空安排等角度深入剖析时空交互的内在行为机理。

2.5 本章小结

中国城市正处于城镇化快速发展阶段，社会可持续发展问题已成为中国城市，尤其是北京、上海、广州、深圳等超大城市发展的突出问题。中国城市社会可持续发展的主要瓶颈是公共服务资源的供给需求不匹配、可持续行为的引导治理不足等，根源在于快速城镇化过程中的人类行为与资源环境在时空上的多元复杂交互机理没有厘清。目前关于行为与资源环境的互动机理应用研究仍然十分薄弱，时空行为视角的实践创新刚刚引起关注，如何建设健康、低碳和智慧的行为模式及生活方式已经成为城市社会可持续发展的关键路径。

现有研究在时空行为"交互"影响模式与决策机理及其理论体系和研究范式上的探索不足，缺乏系统分析，对于快速城镇化过程中的人类行为与资源环境的多元复杂的交互机理不清，从而制约了对中国城市社会可持续性进行精准与科学的评估。因此，本章旨在创新时空行为的研究范式，建立由静态空间到动态空间、固定空间到可变空间、时空决策分离到时空决策交互，由单一行为到多行为关联、单一行为决策到序列决策过程、长短期分离到长短期互动，由单一行为主体到多行为主体交互，由以客观测度与评估体系为主到主客观交互的整合分析框架，并深入探究不同交互之间的耦合联系，可以为厘清人类行为与资源环境之间的交互影响模式与过程机理提供系统的理论基础与扎实的科学依据。

现有针对中国城市社会可持续发展评估的研究多聚焦在基于空间或人群汇总的社会需求上，对不同行为主体在不同时间与空间上的社会需求的研究不足，特别是在实证研究与分析技术上有所欠缺。现有研究在解决中国城市公共服务资源供需不匹配问题上多从汇总需求（如城市规划中的"千人指标"）和资源空间供给角度出发，对个体个性化、差异化需求以及动态的空间资源需求等的研究均不足，对时空行为的序列行为决策过程不清、对时空行为的主客观效应研究不足。因此，未来研究需要利用时空行为交互理论、分析框架及由此建构起来的中国城市社会持续发展的多目标评估体系，探索社区和城市生活时空与个体行为规划和管理的应用路径，实现公共服务资源配置优化与个体行为的可持续治理，追求人本的、动态的、精细的、智慧的城市规划与管理。

3 城市时空行为规划的方法研究

　　本章主要从时空行为模式挖掘与可视化方法、时空行为交互视角下的时空格局分析、多变量统计模型及其在城市时空行为研究中的应用、机器学习算法及其在城市时空行为研究中的应用等方面介绍了城市时空行为规划的方法研究。首先，不同的基础理论衍生出不同的行为模式挖掘方法，第 3.1 节概括了四种基于不同基础理论的行为模式挖掘方法，即基于传统统计工具、基于度量空间相似性、基于轨迹序列性的相似性和基于复杂网络分析，同时总结了核密度方法、流方法和基于时间地理学的可视化表达三种可视化表达方式。第 3.2 节系统梳理了行为时空格局研究的多种视角与分析方法及其发展脉络，认为时空结构的研究视角经历了从行为汇总到行为交互、地方属性到网络联系的转变过程。第 3.3 节与第 3.4 节分别介绍了两种模型方法，用作时空行为交互联系与决策预测的估算；具体介绍了两个应用案例，包括基于结构方程模型的家庭成员在活动时间分配上的交互联系，以及基于决策树等机器学习算法的社区土地利用特征与居民出行次数的非线性关系。

3.1　时空行为模式挖掘与可视化方法

3.1.1　行为模式挖掘

　　1）基于传统统计工具的行为轨迹分析的探索

　　20 世纪 60—80 年代，随着个体活动与出行调查数据的出现，许多学者开始关注行为轨迹的复杂性并试图运用传统统计工具（回归分析、相关分析、因子分析和聚类分析）将行为轨迹简化为若干离散事件及其要素（活动类型、目的、时间、出行方式及陪伴人员），并结合个人属性特征（文化、收入、社会地位、年龄、性别角色和就业情况等）来更好地理解时空轨迹（Hanson et al.，1981）。康斯基（Kansky，1967）利用因子分析研究了基于个人行为的 27 个变量特征，包括出行者的年龄、性别，在中央商务区（CBD）、高速公路上的位置。霍顿等（Horton et al.，1971）以中心图形作为家庭出行模式的指标，对家庭进行基于行为模式的空间维度的群体划分研究。奥本海姆（Oppenheim，1975）分别依据行为特征和个人特征对群体进行分化，比较两个群体的关联。这个阶段的研究设计多样化，但缺乏综合的理论框架，很难得出一个一致且可靠的结果（Thill et al.，1986）。

2）基于度量空间相似性的行为模式挖掘

受哈格斯特朗对时间地理学的开创性工作影响，一些学者开始研究基于时间分配的行为轨迹间的相似性度量，它按照时间分配情况将行为活动表上的活动事件看作节点，比较相同时间的节点的相似性（通常是拓扑相似性），常用距离测算方法有：欧几里得距离、城市街区距离、汉明距离（Hamming Distance）。此外，聚类方法通常采用分割聚类，集群的数量需要预先分配，如 k。基于这些点被嵌入度量空间后的距离，根据点和点之间的距离最大化或最小化给定的成本函数，将 k 簇中的点分开。其中，最经典的就是 K-均值聚类。

这类方法，开创性地从网络（至少是度量空间）的角度考虑相似性度量。但对轨迹时间维度的相似性具有严格限定，不适于长度不等、采集频率不同、时间尺度不一致的轨迹数据，往往忽略了活动的序列性。两个轨迹只要出现一点偏差，相似性就会大大降低。比如，两个活动链的次序为"ABCDE"和"BCDEA"，经常被判断其相似性为 0，而事实上，两者具有很高的相似性。

3）基于轨迹序列性的相似性度量

为解决上述问题，20 世纪末期，受早期信息理论和计算机科学将序列比对法（Sequential Alignment Method，SAM）运用到文本和代码识别的启发，威尔逊（Wilson，1998）将起源于生物学的序列比对法引入行为模式分析中，这是基于轨迹序列性的轨迹之间距离的直接测量。序列比对法利用不同的字符将行为轨迹定义为连续的字符串，并通过计算将两条（或多条）比对的序列变得完全相同的操作成本（识别、插入、删除、替换）来定义不同序列间的相似性，再通过传统的聚类分析（分割聚类法、层次聚类法）进行划分集群，使得群内之间的行为活动相似性大于群外（Zhang et al.，2017b）。

除了序列比对法，还有其他方法：动态时间规划（Dynamic Time Warping，DTW）法、最长公共子序列（Longest Common Subsequence，LCS）等法。动态时间规划、最长公共子序列和编辑距离分析可以不受时间维度的限制，时间维度可以局部拉伸和缩放，只需保证轨迹记录点的发生顺序（毛嘉莉等，2017）。动态时间规划方法允许位置序列中的数据元素在保证顺序不变的前提下，根据度量的需要重复计算多次，并以最小距离作为轨迹间的相似性测量，可用于任意长度轨迹的距离度量（Yi et al.，1998）。但由于两条轨迹包括噪声点在内的所有位置点都要求匹配，所以该方法对噪声数据极为敏感。最长公共序列方法能够处理有噪声的轨迹数据，它允许通过略过一些位置点来计算轨迹间最长的相似子轨迹序列来估算轨迹之间的相似性（Vlachos et al.，2002）。但缺乏考虑轨迹间相似子序列略过的不同间隙大小，降低了相似性测量的准确度（毛嘉莉等，2017）。

早期的序列比对法主要集中在轨迹序列的活动类型比对，没有考虑活动的其他多维度属性，如活动地点、目的、时间点与持续时长等属性，而近期的分析则开始考虑活动序列的多维度属性，形成多维序列比对法（Kwan et al.，2014）。但序列比对法对于多维度序列的对齐操作成本的计算仍是混乱且低效的（Kwan et al.，2014）。

基于图 3-1（b）的方法将原始序列拆分为两个维度的分别对齐，为了对齐甲、乙两条序列，需要将乙首先补入一个空缺以达到两者长度一致，其次需要对甲进行如下操作：[d2，d3，i2]，[d2，d4，i2]（d 表示删除；i 表示插入；数字 x 表示第 x 个元素）。两个维度的操作成本都是 3，合计为 6。基于图 3-1（c）的方法分别从两个维度寻找最优匹配，再进行混合会出现两个维度信息错位的情况——"－3""L－"。基于图 3-1（d）方法的对齐操作如下：[d2，d3，d5，i2，i4]。操作成本为 5。但是值得注意的是此处的"W1""U2"和"L2""L3"的操作成本是一致的，但是实际上"L2"和"L3"在活动类型上是相同的，因此其相似性是高于前者的。

(a) 原始序列

    甲：*L*5 *W*1 *S*3 *L*2 *H*5

    乙：*L*5 *U*2 *L*3 *H*5

(b) 两个维度的最优对齐方案

    甲：*L W S L H*   甲：5 1 3 2 5

    乙：*L U － L H*   乙：5 2 3 － 5

(c) 混合的最优对齐方案

    甲：*L*5 *W*1 *S*3 *L*2 *H*5

    乙：*L*5 *U*2 －3 *L*－ *H*5

(d) 基于ClustalG的对齐方案

    甲：*L*5 *W*1 *S*3 *L*2 *H*5

    乙：*L*5 *U*2 － *L*3 *H*5

图 3-1 不同序列对齐方案

注：L、W、S、H、U 及数字分别表示序列在两个维度上的属性特征；ClustalG 为一种衡量相似性的方法。

序列比对法还存在一定的争议和其他问题。首先，序列比对法所测量的"距离"并不是传统地理学上的度量距离而是生物学意义上的非相似性，序列操作无法从基因学含义转换为社会含义（Zhang et al.，2017）。对于对齐两条序列时所进行的操作（插入、删除、替换），其背后所指代的行为意义是什么仍是未知的。在基因学中替换（如由"A—G"变为"C—G"，A、C、G分别表示基因学上的核苷酸序列）表示基因突变，而在行为轨迹中〔如由"H—W"变为"S—W"，H即home（家），W即work（工作），S即shopping（购物）〕类似的操作却无法被解释。其次，序列比对法忽略了活动发生的同时性（Temporal Concurrence）联系，同时难以测度个体行为时间之间的空间相互作用，而且计算成本较大，特别是针对大数据，计算效率较低（Zhang et al.，2017）。

4）基于复杂网络分析的时空行为模式挖掘方法

随着时空行为轨迹数据的不断丰富，如手机信令轨迹、浮动车全球定位系统（GPS）轨迹等大数据的出现，传统模式挖掘方法难以高效且灵活地处理具有多维度性的时空轨迹大数据（Zheng，2015）。因此，寻求高效、灵活、一致的方法十分必要。张文佳等（Zhang et al.，2017b）首次提出了一种基于复杂网络的时空行为轨迹模式挖掘方法，可以把时间地理学的时空路径表达转换成基于个体的时空网络，并依托复杂网络分析领域里丰富的社群发现（Community Detection）算法来挖掘代表性的与群体性的行为模式（图3-2）。

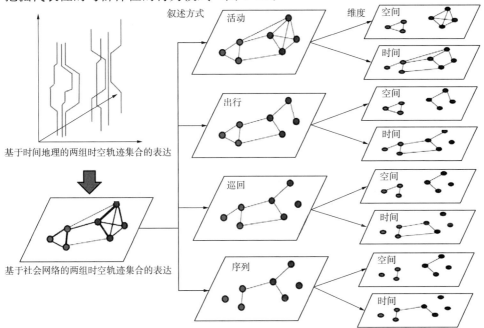

图3-2 时间地理路径转换成时空行为网络

该方法基于社会关系理论，即如果一些社会行动者（如城市居民）有较多的社会经济属性重叠（如收入水平、教育水平等）或具有相似的日常生活经历，则可能存在相似的社会角色并通过社会关系联系在一起，因此，构建了基于日常时空轨迹计算个体间联系强度的网络，并利用复杂网络分析里的社群发现算法对个体时空行为轨迹进行模式聚类及可视化表达的分析框架。首先，将时空行为轨迹数据转换为基于个体与行为事件的2-模网络（Two-Mode Network），而图3-3展示了时空行为路径转换成基于个体的时空网络的过程。其中，时空行为轨迹中的行为事件可从四种不同的叙事角度来刻画，包括活动、出行、巡回、序列等叙事方式，或一种汇总四种叙事的综合方式。其次，叙事基于不同叙事方式形成行为事件之间的时间联系（如共现性或同时性）和空间联系

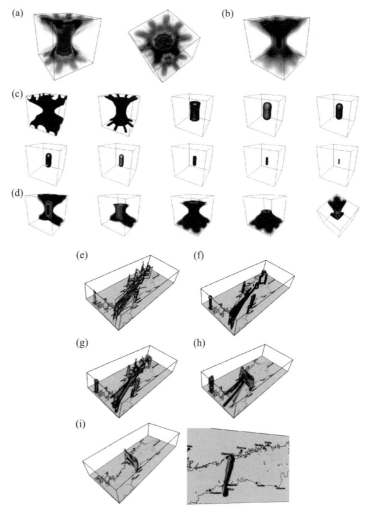

图3-3　核密度（热点区、时间桥和时间塔）

（如同一活动地点或活动地点临近性等），把个体—行为事件组成的 2 -
模网络转换成基于个体的 1 -模网络（One-Mode Network），即把行为
时空路径转换成个体之间网络的邻接矩阵。最后，采用社群发现算法对
网络数据进行社群划分。

对比先前的方法，张文佳的方法首次将复杂网络概念引入行为模式
挖掘研究，基于时间地理学理论基础集成了序列性、同时性等联系，并
考虑了空间交互作用的测量。但仍存在一些不足：一是对多维度数据处
理的能力不足；二是对长时间序列的数据背后社区结构的动态性捕捉的
不足。在面对日益丰富的时空轨迹大数据时，如何更好地捕捉其序列
性、动态性、时空交互性等特征，如何构建统一的模式挖掘与解析的方
法仍需深入探究。

3.1.2 行为模式的可视化

可视化是一个创建和查看数据所对应的图形图像以加深人的理解的
过程（Hearnshaw et al.，1994）。在早期的活动行为研究中，可视化还
没有得到广泛的应用，主要的人类行为活动模式的分析就是利用传统统
计工具（回归分析、相关分析、因子分析和聚类分析）（Kansky，
1967；Horton et al.，1971；Oppenheim，1975；Hanson et al.，1981）
或建模（Golob et al.，1997；Pendyala et al.，1997；Bhat，1998；
Goulias，1999）的方法，估计感兴趣变量（社会人口统计学、活动参
与度和出行行为等）之间的一系列复杂的关系。传统的方法虽然在一定
程度上能解决多维度交互（位置、时间变化情况、持续时间、序列行和
活动类型）的复杂轨迹的分析问题，但是这类方法仍存在问题：传统的
分析方法主要是基于分类数据，依据离散的时间、空间单元将原始数据
分类。然而，因为时间、空间维度都是连续的，离散化后的数据可能会
受到特定的时空单元划分的影响，尤其在时空两个维度存在相互作用
时，这个问题就变得更加严重。此外，这样还容易丢失活动在地理空间
上的位置信息或者相对空间关系（Kwan，2000b）。

可视化可以很好地解决这个问题，它有利于在地理背景下对复杂数
据的空间模式和关系进行识别和解释（Kwan，2000b；Rainham et al.，
2010）。首先，可视化通过构建个人的时空轨迹可以很好地揭示时间与
空间维度上的交互性（Kwan，2000b）。其次，可视化提供了一个更复
杂和现实的城市环境表现形式，有利于将在探索性数据分析过程中不明
显的趋势或异常现象体现出来（Kwan，2000b；Duncan et al.，2015）。
另外，地理可视化对于大型而复杂的时空数据集来说是一个探索性数据

分析的有力工具（Chen et al.，2011）。传统的推论统计和模式识别算法在应对大量多属性数据时显得很无助（Gahegan，2000）。而大量的属性特征有助于描绘和理解行为活动模式，地理可视化通过使用图形表示来显示和识别大型数据集中的复杂模式，可能会激发视觉思考，推进对固有问题的解释或理解，并产生进一步分析的假设（Shaw et al.，2008）。

关于人类时空行为模式的可视化主要有三种：核密度方法（Dykes et al.，2003；Mountain，2005；Demsar et al.，2010）、流方法（Gao，2015）和基于时间地理学的可视化表达法（Kwan，2000b；Miller，2005；Shaw et al.，2008；Yu et al.，2008；Chen et al.，2011）。

1）核密度方法

核密度方法通过计算轨迹的密度得到整个数据集的动态密度分布特征，进而通过可视化来观察其热点区、时间桥和时间塔，来识别模式（Demsar et al.，2010）。这种可视化方法主要用于发现实时的热点区，因为将运动数据汇总到表面会损失它们的属性特征，即看不到其实体空间位置（Giannotti et al.，2008），很难用于个体或子群体的行为模式挖掘（见前图3-3）。

2）流方法

流方法通常只关注运动的起始点和目的点及体积量，而忽略中间的过程（图3-4）。流方法包括离散流（一般用箭头表示）和连续流（一般用矢量或流线表示），主要用于人口迁移、物流、交通。

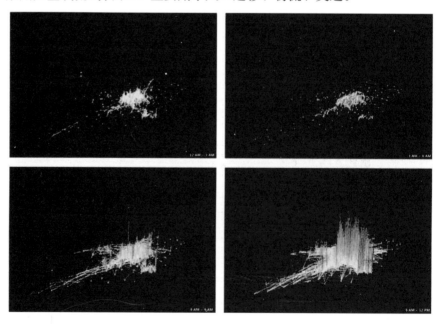

图3-4　流方法

3）基于时间地理学的可视化表达法

哈格斯特朗主要以基于时空路径和时空棱镜的可视化表达为分析基础。与之前的研究最大的不同之处在于，它不再将时间看作一个外部因素，而是将其看作与空间一样重要，在一个时空耦合的系统下去研究人在时空环境中的行为表征（Shaw et al.，2008）。具体而言，时空路径［图 3-5（a）］通常把人类行为显示在一个三维立方体中，其 X 轴和 Y 轴表示活动的地理信息，Z 轴代表时间维度，并利用颜色等可视化方法标识其活动性质（Kwan，2008；Shen et al.，2013）。时空棱镜［图3-5（b）］的表达方法与时空路径相似，但强调制约对个体的影响，利用两点之间的三维棱镜部分来表示个体可达的时空范围。

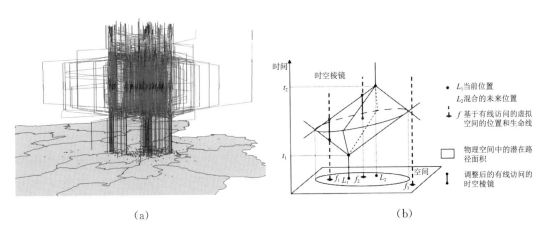

（a） （b）

图 3-5 时间地理学的可视化表达法

直到基于地理信息系统（GIS）的实现和关于时空关系、相互作用以及不确定性的分析讨论的发展，时空立方体的概念才得到了广泛的应用（Gao，2015）。关美宝（Kwan，1999）利用 GIS 方法和行为活动数据实现了时空路径和水族馆的三维（3D）可视化，并结合空间地图展示了个人在真实地理环境中一个时段内的轨迹。米勒（Miller，2005）在时间地理的框架下提出了时空路径、棱镜、复合路径棱镜、站点、束和交叉口等展示方法以定义和巩固时间地理测量理论。萧世伦（Shaw et al.，2008）根植于时间地理学，提出了广义时空路径方法，即从数据中提取部分具有代表性的时空轨迹，在不同的时间点提取其空间聚类中心进而连接起来。此外还有许多其他的应用，如时间地理学可视化方法与虚拟空间行为的结合（Ren et al.，2007；Yu et al.，2008），与健康研究的结合（Rainham et al.，2010），以及与交通、通勤的结合（Shen et al.，2013）。近年来，一部分学者也将时间—空间棱镜模型运用到行为模式的日间差异研究中，通过建立个人活动出行的参与约束模型来研究日间变化性（Pendyala et al.，2002；Kitamura et al.，2006；Neutens et al.，2012b）。彭迪亚拉（Pendyala et al.，2002）利用随机前沿建模技术来估计时空棱镜的时间顶点，研究时间顶点的每日变化性。纽腾斯等（Neutens et al.，2012b）基于时空棱镜的面积和时间顶点探讨一周时间内个人的城市机会可达性的变化性。

除了时间地理框架下的可视化还有其他新颖的针对人类时空行为模式的可视化方法。有学者提出了环形图，即以固定的时间为间隔，将数据可视化为在 24 h 的钟面内的多个同心圆环（Zhao et al.，2008）（图3-6）。

可视化作为目前探索性时空数据分析的有力手段之一，相比较于传统的分析方法有助于明了地发现特征趋势甚至是异常现象。未来时空行为可视化应朝以下三个方向发展：①从综合分析角度来说，各种可视化工具应该被合并，即集成化（Giannotti et al.，2008）。目前的可视化技术或工具大多都是零散的（从某个特定角度出发的），然而数据是多维度的。例如，从移动实体的特征到环境的属性、各类现象和过程是受大量因子影响的。②当数据量变大时可视化效果就会变得不理想，甚至是杂乱的，尤其是在时间地理框架下的行为模式挖掘的地理可视化过程。如何在保留数据原有属性特征的基础上，更好地、更全面地实现可视化仍然是一个值得探索的问题。③基于可视化工具的拓展性应加强（Kwan，2000b；Kapler et al.，2004；Yu et al.，2008；Zhao et al.，2008；Chen et al.，2011），目前很多可视化工具的拓展性不强，不便于二次开发。

行为模式挖掘有利于理解居民的个人行为特征和分类，而时空行为交互格局分析则是从更为宏观的角度，通过居民的个人行为特征来解读区域的格局特征。

3.2 时空行为交互视角下的空间格局分析

对空间格局的研究视角经历了从行为汇总到行为交互、地方属性到网络联系的转变过程，逐步产生所谓的"关系转向"与"网络转向"（张文佳等，2022）。基于行为汇总与地方属性的格局分析包括社会区分析、同质区分析和空间邻域分析等，主要探讨空间单元在区域内的属性相关性与空间相关性，强调相似属性单元的空间组织形式、分布和集聚程度。而基于行为交互与网络联系的格局分析包括功能区分析、社群结构分析、核心—边缘结构分析等，侧重于研究区域内的行为交互模式与

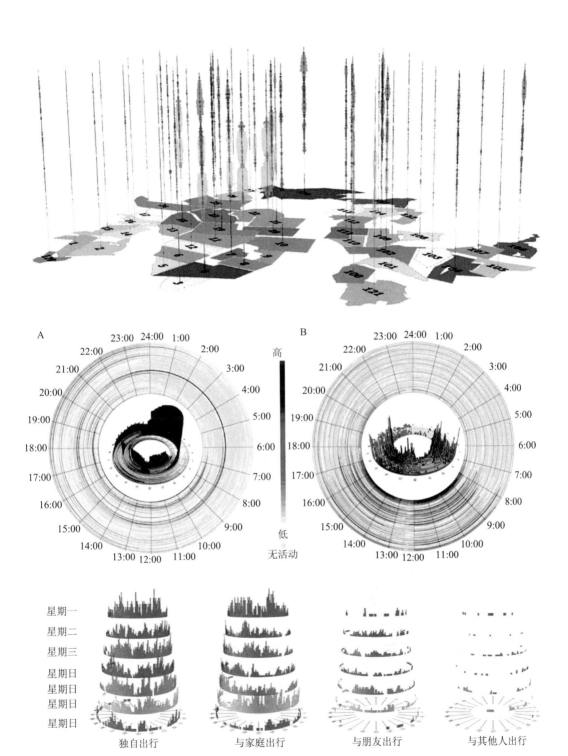

A

23:00 24:00 1:00
22:00 2:00
21:00 3:00
20:00 4:00
19:00 5:00
18:00 6:00
17:00 7:00
16:00 8:00
15:00 9:00
14:00 10:00
13:00 12:00 11:00

高
低
无活动

B

23:00 24:00 1:00
22:00 2:00
21:00 3:00
20:00 4:00
19:00 5:00
18:00 6:00
17:00 7:00
16:00 8:00
15:00 9:00
14:00 10:00
13:00 12:00 11:00

星期一
星期二
星期三
星期日
星期日
星期日
星期日

独自出行　　　　　与家庭出行　　　　　与朋友出行　　　　　与其他人出行

图 3-6　环形图

网络结构特征，强调网络中具有相似角色与地位的空间节点的组团特征与空间格局。

3.2.1　行为汇总与地方属性视角下的区域空间格局研究

1）社会区与同质区

社会区是指生活水平相近、生活方式和种族背景相同的人口集聚单元。1949 年，谢夫凯等（Shevky et al.，1949）在《洛杉矶的社会区》中正式提出了"社会区"的概念。1955 年，谢夫凯等（Shevky et al.，1955）利用旧金山的人口普查数据，提出了基于经济状况或社会地位、家庭状况或城市化、种族状况或隔离三大基本要素的"社会区分析"。社会区类似概念可追溯到早期最具影响力的芝加哥学派及其三大古典模型，即同心圆模型、扇形模型和多核心模型，均强调某些地方属性在空间上的组织形式和分布格局。社会区的分析方法主要包括图示描述和因子生态分析。早期的社会区分析通常把主要的地方属性落在地图上，通过制图分析来描述地方属性集聚的空间范围，从而划分具有相似行为或属性的社会区。20 世纪 60 年代，随着定量技术的发展，因子生态分析开始被广泛运用于社会区分析。

社会区视角下的空间格局研究存在明显的"马赛克"隐喻特征［图 3-7（a）］，将区域空间划分为若干属性特征各异的马赛克式空间，是对人类居住区复杂地方属性进行表意简化的一种处理方式，是早期认识空间格局的重要视角。然而，社会区分析强调地方属性的相似性与差异性，忽略了相邻地方属性之间的相关性，也没有考虑与非相邻地方之间的联系。

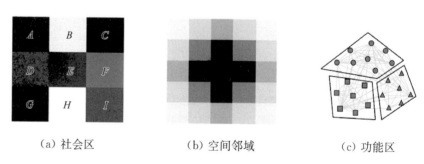

（a）社会区　　　　　（b）空间邻域　　　　　（c）功能区

图 3-7　不同视角下的区域空间格局理解

与社会区类似，20 世纪 80 年代出现了同质区研究，更多地关注由地方属性高度相似且空间上连续的基本单元所组成的区域（Fischer，1980）。同质区与社会区对区域空间格局的理解都是"马赛克"隐喻下的空间单元的组织与分布格局，不同之处在于同质区有各种空间约束条件。其中，最常见的约束条件是空间单元的空间邻近性与连续性（Duque et al.，2012）。

2）空间邻域

空间邻域的研究视角认为地方属性是自身社会经济活动与空间相邻单元相互作用的综合结果。这与美国地理学家托伯勒提出的"地理学第一定律"密切相关。"空间邻近性"的概念对地理学家理解区域空间格局产生了深刻的影响，形成了考虑空间邻域单元的区域空间格局。区别于社会区视角强调分析单元属性特征的相似性与差异性，空间邻域视角更多地强调分析单元与相邻单元的空间相关性［图 3-7（b）］。

空间邻域视角下的空间格局分析的主要方法是探索性空间数据分析（Exploratory Spatial Data Analysis，ESDA），结合 GIS 的空间分析。ESDA 关注区域内空间单元之间的空间关联性，包括地方属性的邻域空间分布（如热点分析等）、空间自相关分析［如全局自相关的莫兰指数（Moran'I）和局部自相关的空间关联的局部指标（LISA）等］、地理加权回归分析以及相应的空间可视化技术等，侧重于揭示空间的依赖性和异质性。

与社会区的研究视角相比，空间邻域视角有其优势，但也存在一些问题。社会区视角下的空间单元具有明显的"马赛克"界限，而空间邻域视角下的空间单元是具有渐变色彩的"像素"［图 3-7（b）］。除了关注分析单元本身的属性特征外，空间邻域还考虑邻域单元对分析单元的影响。例如，在识别区域结构中的核心时，社会区和同质区往往是通过阈值来判断，若分析单元的属性高于阈值则为核心，因此需要先验的判断来确定阈值。这种只考虑分析单元自身属性而不考虑相邻单元的研究视角下的核心，是一种绝对的核心（Giuliano et al.，1991）。而空间邻域则是通过空间权重矩阵来判断，若分析单元的属性在统计意义上高于邻域单元则是核心，因此无需先验的判断。这种不仅考虑自身属性特征，而且考虑相邻单元的研究视角下的核心，是一种相对的核心（McMillen，2001）。

3.2.2 行为交互与网络联系视角下的区域空间格局研究

行为汇总与地方属性视角下的空间格局更多的是揭示一个区域内部空间单元的分布格局和空间组织特征。从早期依据属性差异性划分的"马赛克式"的社会区，到考虑邻域单元影响下"像素式"的空间邻域区，研究视角已经呈现出从属性到联系的过渡趋势。随着个体行为数据的丰富，特别是移动行为数据的出现（如通勤流数据等），区域空间格局的分析视角开始打破给定地方界线的束缚，逐渐出现行为交互与网络联系的研究视角。网络联系视角下的区域空间格局强调跨边界的要素流动与行为交互，分析单元不再是给定的空间单元，而是控制要素流动的节点（如行为个体、城市等），具有一定结构特征的空间单元的边界也因行为交互或流动而重塑。依据不同视角的发展脉络，相关分析视角大致分为三种：第一种是 20 世纪 70 年代出现的功能区研究，这是最早通过个体空间行为交互来研究区域功能差异的；第二种是受社会网络分析与复杂网络科学等领域影响下的水平网络视角下的社群结构研究；第三种则是垂直网络视角下的核心—边缘结构研究。

1）功能区

功能区并没有统一、固定的定义。费歇尔（Fischer，1980）认为功能区是空间上连续且在商品、服务、资本或劳动力等方面高度相互依赖的区域。兰伯特等（Lambert et al.，2001）表示功能区通常被定义为整合了供需平衡的空间连续区域。克拉普卡等（Klapka et al.，2016）则将功能区视为一种具有自我约束条件的组织结构，这种组织结构是基于任何相关的、水平的空间关系（如向量、相互作用、移动、流动等）的模式。根据自我约束条件分类，功能区划分方法主要有四种：阈值界定法（Giuliano et al.，1991）、层次聚类法（Masser et al.，1975）、城市与区域发展研究中心算法（CURDS 算法）（Centre for Urban and Regional Development Studies，Coombes et al.，1979）和引入目标函数法（如模块度）。

当前功能区研究的应用主要有三个方面：一是本地劳动力市场。本地劳动力市场是基于个体的特定移动（通勤流）和交互作用，将区域划分为若干个连续的就业密集地区。二是功能城市区。功能城市区是指区域内围绕多个城市核心，形成多个内部空间流动和交互密切的功能型区域。核心为郊区提供商业和工作服务，郊区则为核心提供居住和娱乐服务。三是日常城市体系。日常城市体系更强调居民活动行为的周期性（每日或每周），是将城市中心与居民日常的城市生活活动相关联的区域作为有机整体，研究有机体周期性通勤流动的内在规律，关注居民生活行为与空间的相互关系，从而划分居民日常生活圈。

虽然功能区分析的主要目的是划分具有相似功能的区域，并不是直接测度空间格局，但是其通过分析空间行为交互和分区功能的相似性与差异性，可以反映出区域的空间格局。然而，功能区的划分依赖于空间距离与连续性，难以打破地理空间距离的约束，无法适用于远距离的经济社会联系等。因此，功能区分析仅适用于讨论功能区的划分，难以普及到其他应用领域的空间格局挖掘。功能区与同质区的研究问题是相同的，归根到底都是空间连续的区域划分问题。两者的不同之处在于数据不同，同质区是基于社会经济属性的统计数据，功能区是基于个体通勤流动的联系数据。

2）社群结构

社群是指由网络中彼此密切联系的节点所组成的网络子集。若区域内存在若干空间社群，则社群内部行为交互与要素流动频繁，不同社群间的流动较弱，同一社群里的节点往往在网络中具有相似的角色或地位，也可能说明社群对交互与流动具有较强的控制力（Wasserman et al.，1994）。社群发现来自复杂网络科学领域，并根源于社会网络分析学科，强调通过网络联系特征（包括节点以及节点之间的联系）来划分与定义社群结构，其基本假设是同一社群内部的节点联系密度远大于社群之间的节点联系水平。近年来，随着社群发现方法的发展，越来越多的社群发现算法也被应用到区域空间格局分析中，从社群结构等网络视角出发来理解空间格局成为新的研究视角。而且在区域治理和规划中，将社会经济联系密切的城市或更细的空间单元划分为同一组团，具有重要的政策意义和实践意义。比较而言，功能区划分本质上是地理学家基于社群视角的早期探索：功能区分析专注于通勤流等空间行为网络的区划，而社群发现则关注更为广泛的"流"与"网络"的联系，可以考虑空间单元之间的各种交互网络数据，且得到的组团结构可以不受空间关联的限制。

社群发现方法本质上是对区域网络中的节点（如城市节点或更细的空间分析单元）进行聚类和分组。应用于区域空间格局分析的社群发现算法大体上可以分为三种：第一种是没有考虑空间关系的社群发现算法。这类型算法专注于网络节点的社会经济行为等非空间联系，没有任何空间约束条件，常用方法包括鲁汶（Louvain）算法、Walktrap算法、GN算法（Girvan-Newman算法）等。第二种是在第一种方法的基础上加入了距离衰减的约束条件，这样得到的社群结构不仅仅反映出社群内部节点具有相似的交互强度与联系特征，同时还需要它们在空间上具有一定的临近性，使得社群结构更接近地理意义上的社区结构。第三种则是在网络分析中考虑空间连续性约束。这比第二种的距离衰减约束具有更强的空间约束，因为得到的社群结构需要保证社群内部的每个节点（如区域中的城市）在空间上是相邻的，具备完整的区划特征。

3）核心—边缘结构

随着网络科学的发展与流数据的丰富，如何通过交互与网络（而非属性）来定义核心—边缘结构成了社会网络分析的热点。区别于社群结构，区域城市网络内的核心—边缘结构一般认为区域内存在核心城市节点，核心城市对整个区域的行为交互与要素流动具有强大的控制力和影响力，反映在核心城市间的要素流动很频繁，边缘城市依赖于核心城市的发展，与核心城市存在较强的交互，而边缘城市之间的交互与流动则较弱。

核心—边缘结构挖掘的网络分析方法通常有三种：第一种是对网络中的空间节点进行排序，而排序的依据不是节点的属性而是节点在网络中的微观结构特征（Zhang et al.，2019a），如节点的度中心性等中心性指标。例如，泰勒（Taylor et al.，2002）等利用高级生产性服务业办公网络分布数据，依据城市全球网络联通性（Global Network Connectivity，GNC）指标，将世界城市划分为阿尔法、贝塔、伽马三个层级，以评定世界城市等级体系。第二种则是通过描绘节点微观结构特征的分布情况（如是否符合幂律分布等），类似于传统的位序—规模法则。例如，汪德根（2013）利用高铁客运流数据来分析湖北省的区域旅游空间格局，发现湖北省符合位序—规模法则的旅游空间分布，武汉具有明显的资源、交通和区位等优势。第三种则是社会网络分析中的块模型（Block Model），首先通过城市间的联系强度来划分核心块（One-Block）与边缘块（Zero-Block），再依据城市节点所归属的块的角色和地位来辨析城市的等级。例如，奥尔德森等（Alderson et al.，2004）利用世界 500 强企业的总部—子公司的分布数据，运用块模型将全球3 692 个城市划分为 34 个块的等级体系。总体而言，当前基于核心—边缘网络视角的区域空间格局研究仍值得继续深入，并需要更深入的复杂网络算法应用以及更多的实证研究支撑。

3.2.3 明晰时空行为网络中观结构的多样性

网络的中观结构（Mesoscale Structure）是网络科学领域的专业术语，由张文佳等（2019）首次引入城市网络与空间格局研究。网络的中观结构指根据空间行为交互或空间单元之间的要素流动特征与模式，对城市等空间单元进行分组，揭示其在网络中的地位与角色，从而判断隐藏的分组结构特征或区域空间格局。在社会网络分析术语里，区域内城市组与组之间的外部联系反映城市在网络中的"角色"，城市分组则意味着这些城市在网络中具有相似的"地位"，而不是基于城市地方属性的相似性。中观结构的概念是为了区分网络中的微观结构与宏观结构，前者关注网络中的某一节点或某一联系所具有的网络特性，而后者则关注网络作为一个整体的可比较特征。

中观结构并不是唯一的，它具有多样性，包括社群结构、核心—边缘结构、扁平结构、多中心结构、双核结构、混合结构等（图 3-8）。除了前面介绍的社群结构与核心—边缘结构 ［图 3-8 (a)、图 3-8

（b）］，扁平结构认为区域中的节点与其他节点的联系概率是一样的［图3-8（c）］，类似于"世界是平的"的地理想象，区域内的资源要素自由、高效地流动，城市间密切联系，没有明显的突出核心或独立的社群。混合结构［图3-8（d）］认为区域空间格局并不是某一种简单的结构，而是多种结构的混合结果，如社群结构中包含了核心—边缘结构。因此，行为交互与网络视角下的区域空间格局分析实质上需要探究区域网络中的中观结构，包括明晰中观结构的类型、中观结构的特征以及组团的角色与地位等。

   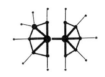

（a）社群结构　　（b）核心—边缘结构　　（c）扁平结构　　（d）混合结构

图3-8　区域网络中观尺度结构的多样性

事实上，本节综述的区域空间格局分析视角均可与多种中观结构建立对应关系来进行系统解读（表3-1）。例如，社会区分析是基于属性的社群结构，不同社会区的地方属性相似，不同社会区间的地方属性相异，因此每个社会区代表一个社群。而空间邻域是基于属性的核心—边缘结构：冷热点分析获得的热点类似于核心地域，冷点类似于边缘地域；局部自相关中的高—高集聚区域类似于核心区域，低—低集聚区域类似于边缘区域，高—低集聚类似于核心—边缘结构。功能区划分是基于网络的社群结构，如根据通勤流划分的本地劳动力市场内部联系密切，与其他地方联系稀疏，符合社群结构特征。社群发现则是通过社群发现算法挖掘基于网络的社群结构，而核心—边缘结构则是区别于平等社群、基于联系强度模式差异的等级结构。

表3-1　中观结构与不同视角下的区域空间格局之间的对应关系

研究视角	对应的中观结构	对应关系与例子解读
社会区	基于属性的社群结构	不同的社会区代表不同的社群
空间邻域	基于属性的核心—边缘结构	热点为核心区域，冷点为边缘区域；高—低集聚的局部自相关为核心—边缘结构
功能区	基于网络的社群结构	内部联系密切的劳动力市场是社群
社群结构	基于网络的社群结构	通过社群发现算法获得社群结构
核心—边缘结果	基于网络的核心—边缘结构	通过联系强度等级获得核心—边缘结构

3.2.4 时空行为交互视角下的粤港澳大湾区空间结构研究

张文佳等（2022）利用珠三角地区 60 个区县通勤流的手机信令数据（图 3-9），运用加权随机块模型和可视化分析，挖掘珠三角地区潜在的中观尺度结构。加权随机块模型无需先验假设某种中观尺度结构，而是根据数据本身的联系来挖掘潜在的中观尺度结构。

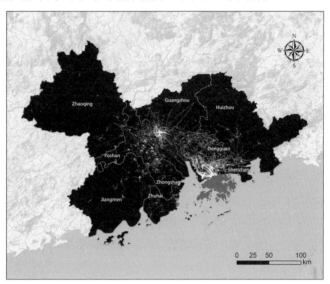

图 3-9　珠三角地区手机信令数据通勤流的空间分布

研究结果表明，珠三角地区并非单一的结构，而是社群结构与核心—边缘的混合结构［图 3-10（a）］。珠三角存在两个独特的社群，分别位于珠江的东西两岸［图 3-10（b）］，社群内部的通勤联系密切，社群之间的联系相对较弱。基于块与块之间的相互关系，可知社群内部呈现显著的核心—边缘结构［图 3-10（c）］。

具体而言，第一个社群［图 3-10（a）左半边、图 3-10（b）中的 α 组］存在 4 个分组，包括核心组、半核心组和两个边缘组。这些分组的角色取决于组与组之间的联系特征。例如，核心组被认为处于中心地位，因为其他组（尤其是半核心组）与其具有密切的联系。核心组由 10 个区县构成，且全部来自广州市，而半核心组包含 9 个区县，其中 4 个来自佛山市，3 个来自中山市，1 个来自广州市，1 个来自肇庆市［图 3-10（b）］。半核心组大多数是发达地区，并以广珠城际铁路作为沟通纽带。由图 3-10（b）可见，半核心组是一条沿着广珠城际铁路的通勤带（除了肇庆市的端州区），这与许智文等的研究讨论相呼应（Hui et al.，2018）。他们认为，交通基础设施，特别是高铁和城际铁路，在重塑珠三角地区

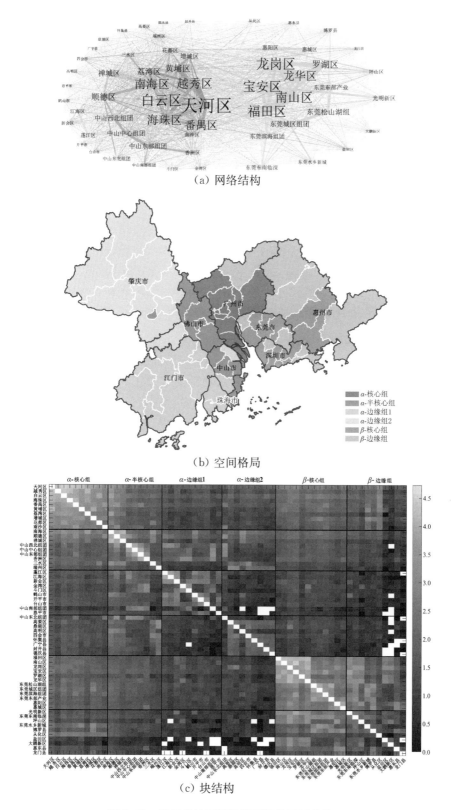

（a）网络结构

（b）空间格局

（c）块结构

图3-10 珠三角地区通勤流网络的区域结构

的空间格局和区域一体化方面发挥着重要作用。城际铁路、高铁和高速公路的建设使珠三角地区的日常出行成本降低。剩余两个边缘组的内部联系较弱，与半核心组的联系相对较强，这表明半核心组发挥着连接核心组和边缘组的纽带作用。边缘组1包含江门市所有区县和珠海市的部分区县，边缘组2包含肇庆市、佛山市和珠海市的剩余区县。

与第一个社群相比，第二个社群内部是更典型的核心—边缘结构，包含一个核心组和一个边缘组。核心组包含12个区县，其中深圳市6个，东莞市4个，惠州市2个。如图3-10（b）所示，核心组近似一个不规则的"甜甜圈"，一方面，因为深圳的物价水平和房租较为高昂，部分人选择居住在东莞市和惠州市地区，并通过便捷的高铁实现与深圳市间的通勤。另一方面，部分工业从深圳市转移至附近东莞市和惠州市的区县，导致了从深圳市到周围的"反向"通勤。边缘组包含围绕核心组的10个欠发达区县，其中1个位于广州市，2个位于深圳市，其余区县位于东莞市和惠州市。

聚焦于空间格局，图3-10（b）进一步传达了珠三角地区三个有趣的空间特征：第一，虽然加权随机块模型在聚类时并未考虑区县间的空间关系（邻近性），但分组结果大多数在空间上是连续的。这意味着空间的邻近性在塑造区域的空间格局中起着重要作用。第二，6个分组中，除了α-核心组外，其余5个分组都是跨城市行政边界的。作为新兴的巨型区域，珠三角地区的市场和区域一体化政策逐步消除了城市边界的束缚（Zhang et al.，2018b）。这意味着在巨型区域时代，更细粒度的分析单元显得非常重要。第三，与旧金山、东京和纽约三大湾区的单中心结构相反（Hui et al.，2018），珠三角地区呈现双中心结构。这种空间格局不同于以往部分研究认为的单中心结构，与以往研究中发现的多中心特征也存在差异（Hui et al.，2018）。相同点在于都认同以广州市和深圳市为两大核心，不同点在于本书发现珠海市和佛山市作为半核心组，起到了连接广州市与周边地区的桥梁作用。这种差异可能归根于不同研究所选择的网络数据以及不同的分析视角。总的来说，中观尺度分析清晰地概念化了社群、核心和边缘，同时明晰了各个分组的地位与角色，而不是核心或边缘的简单二元论。

3.3　多变量统计模型及其在城市时空行为研究中的应用

3.3.1　结构方程模型在时空行为研究中的发展

在时空行为数据趋于多元化和精细化的同时，相应的分析方法也在逐步改进。20 世纪 90 年代，中国时空行为的实证研究通常在汇总水平上描述时空行为模式（柴彦威等，2002），而此时的西方地理学者已经开始使用数学模型进行相关研究了。

近年来，中国的时空行为研究也逐渐引入多变量统计模型，特别是应用结构方程模型、次序逻辑斯谛模型、嵌套逻辑斯谛模型等方法来定量分析建成环境对于居民出行时间、方式、距离等因素的影响机制，解释城市的建成环境和制度背景对个体时空行为的影响（柴彦威等，2010b）。

结构方程模型是在 20 世纪 60 年代才出现的统计分析手段，被称为近年来统计学三大进展之一。自 20 世纪 60 年代以来，该方法开始被用于出行行为的测算，并且发展迅速，部分原因是统计软件的进步使得方法的使用更加便利，常用的软件有 Amos、Stata、SPSS。它是一种极为灵活的参数线性多变量统计建模技术，整合了因素分析和路径分析两种统计方法，同时可以检验模型中的显变量、潜变量和误差变量之间的关系，从而得到自变量对因变量的直接效应、间接效应和总效应。直接效应是指由原因变量到结果变量的直接影响，并通过原因变量到结果变量的路径系数来衡量直接效应的大小。间接效应是指原因变量通过影响一个或多个中介变量，而对结果变量的间接影响。总体效应则是指原因变量对结果变量的直接效应和所有的间接效应总和。模型分为测量模型和结构模型两个部分，测量模型是指潜变量与显变量之间的关系。结构模型是指潜变量之间的关系。路径系数则表示变量之间的关系。

若不考虑潜在变量，只考虑内生变量的路径关系，结构方程模型可表达为

$$y = \boldsymbol{B}y_m + \boldsymbol{\varGamma}x + \zeta \tag{3-1}$$

式中，式 y 是内生变量的列向量；x 是外生变量的列向量；$\boldsymbol{B}$ 是内生变量之间的随机联系矩阵；$\boldsymbol{\varGamma}$ 是外生变量对内生变量的直接随机效应矩阵；ζ 是结构方程的残差项，反映了 y 在方程中未能解释的部分。

3.3.2 基于家庭的城市居民出行需求理论与验证模型

从 20 世纪 70 年代开始到现在，城市居民出行需求研究的视角已经从基于移动转变为基于活动，同时引起研究单元从交通分析小区（TAZ）向个人且由个人向家庭的转变。张文佳等（2008）利用天津市居民的时间利用调查数据，以家庭为研究单元，以居民个人属性和家庭属性作为外生变量，以活动和移动的持续时间作为内生变量，建立结构方程模型并验证了最终模型的整体拟合优度。再用此模型对基于家庭的

活动分析法理论进行了验证，解读了天津市居民的活动—移动行为。

本章考虑了出行、活动和社会经济属性三层关系。基于家庭，认为个人活动时间对出行时间存在直接的影响，而且不同成员之间的活动影响会间接影响到出行（图3-11）。同时，社会经济属性对居民出行时间存在直接影响，并且通过影响活动间接影响出行，通过结构方程模型（SEM）可以方便地得到社会经济属性对男女家长的出行时间的直接效应、间接效应和总体效应。模型构建分析过程是通过在结构方程模型分析软件（LISREL 8.70）上编写程序完成。

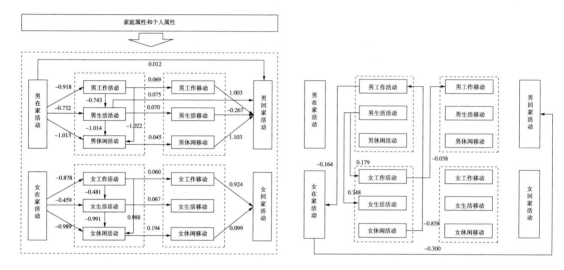

图3-11　基于男女家长活动—移动时间分配的最终模型的部分直接效应路径图和相互作用

注：A $\xrightarrow{0.111}$ B 表示从 A 到 B 的一条路径，说明 A 变化1个单位直接影响到 B 变化0.111个单位；模型中的活动和移动均用时间来计量，所有路径上的指数均在0.10及以上的水平上显著。

从直接效应来看，买房家庭的男家长出行时间显著地低于租房的男家长；而间接影响却是显著的正相关，导致从总体效应来看，住房来源与其对男家长的通勤时间的影响呈正相关关系但是并不显著。而住房状况对女家长的通勤影响却不显著。由此可见，买房家庭的男家长的工作需求明显增加，从而间接导致通勤时间的增加。此外，无论是直接效应还是间接效应，住房来源对男女家长的生活活动出行均产生负效应。只是相对于直接效应的不显著，住房对男家长的生活出行时间却在0.10的显著水平上显著。结合上述活动—移动的分析，可验证买房家庭的男家长需要花更多的时间在工作活动上，减少了生活活动的需求，减少了生活出行的时间。同理，买房的男家长由于减少了休闲活动的需求，从而减少了休闲出行的时间；而住房来源对女家长休闲出行的直接和间接效应都不显著，但是总体效应却显著，这说明买房或租房能整体上影响女家长休闲出行的需求和外出休闲活动的可达性，从而影响其休闲出行时间。

家庭月收入对男女家长的活动出行时间的间接效应都不显著，这说明 20 世纪 90 年代末的天津家庭的各种活动的收入需求是非弹性的。家庭月收入与其对男家长的生活出行呈显著的负相关关系，在需求非弹性的情况下，可以理解为收入高的男家长会选择更便捷的购物等生活活动环境，从而生活出行时间便相对较少。此外，从直接效应上看，有 16 岁以下小孩的家庭的家长通勤时间明显较少，但总体上小孩对男家长的影响并不显著，对女家长通勤时间的影响则十分显著。结合男女家长相互作用的效应来看，这说明有小孩的家庭对女家长的工作出行制约更大。而有小孩的家庭会显著增加女家长的生活出行时间，同时显著增加男家长的休闲出行时间。家庭中工作人数比例对男女家长的通勤时间均有显著的负直接效应，这可能说明趋向于全职的家庭大多选择离工作更近的地方居住。值得一提的是，虽然拥有机动车会显著减少男女家长的通勤时间，但是其作用机制却不一样：拥有机动车对男家长的通勤存在显著的直接效应，说明交通方式的改进使得男家长的通勤时间减少；而对女家长的影响显著则是通过减少工作需求，从而间接减少女家长的通勤时间。

结构方程模型能够探索变量间的复杂关系，在现阶段被越来越广泛地运用于城市研究中。除了统计学方法，机器学习的方法也被纳入讨论，第 3.4 节将介绍决策树模型在城市时空行为中的应用。

3.4 机器学习算法及其在城市时空行为研究中的应用

人类移动行为轨迹数据（如迁居轨迹数据、手机信令反映的人口流动数据、GPS 出行轨迹数据等）越来越丰富，这使得在不同时刻、不同空间观测与理解个体进行不同的行为决策成了可能。

由于不同个体的出行行为在时间节点、空间地点以及行为类型等选择方面均具有多种可能，因此从行为轨迹数据中发现有意义的行为模式并推理出行决策过程是一个难点。目前所采用的方法中有很多通过将出行轨迹分解为多个独立的决策事件来建模，这忽略了决策的连续性；或者选择降低分析的时间与空间精度，以便于处理大样本或多个序列的出行数据。这些方法大大降低了行为决策的准确性与真实性，而机器学习算法的出现，为精准分析移动行为序列的决策过程提供了创新技术。

机器学习算法结合了统计学与计算机科学的优势，其监督学习与无监督学习算法已被广泛应用于大数据模式挖掘分析（如分类、聚类、异常值分析等）。强化学习（Reinforcement Learning）算法则被应用于机器人对人类智能决策行为的模仿与学习，即人与环境交互的序列决策过程模拟。因此，以机器学习算法为基础的分析框架可以更为精准、高效地分析居民时空的移动行为模式，通过预测和分类的结果来更具体地解释变量之间的影响机理。

近年来，通过决策树模型对城市规划和时空出行行为进行预测成了一个新兴的研究方向。李庭洋等（2013）利用随机森林，以分类与回归树（Classification and Regression Trees，CART）算法为基础，构建交通出行方式的选择模型，证明相较于传统算法而言，决策树模型有着更高的精度、更快的运行速度以及对噪声数据更强的容忍度；王天华（2016）通过不同算法对乘客的选乘地铁线路和是否出行进行预测，表明梯度提升决策树（Gradient Boosting Decision Tree，GBDT）有着更好地适应不平衡分类数据的优势。所以，决策树模型不仅能够很好地拟合变量之间的非线性关系，以更短的时间处理不同类型的自变量，而且可以反映各个变量对结果的影响程度（Zhan et al.，2011）。

3.4.1 GBDT 算法原理

由于 GBDT 内部集成了多棵决策树，最终通过多棵决策树结果的累加，一方面可以有效避免单棵决策树的过拟合问题，另一方面通过提升方法（Boosting）来提高预测的精准度。因此，在传统的机器学习算法中，GBDT 算法是对真实分布拟合的最好的算法之一，所以得到了很好的推广，并被广泛应用于各个领域。

在 GBDT 算法中，假设 $\{x_i,y_i\}_{i=1}^N$ 为训练样本，x 为预测自变量的集合，$F(x)$ 是因变量 y 的近似函数。GBDT 迭代方法是由 M 个不同且独立的决策树 $h(x,a_1),\cdots,h(x,a_m)$ 组成的（De'Ath，2007），β_m 是每个分类器的权重，a_m 为分类器的一个参数，表示单个决策树中每个分裂变量的分裂位置和终端节点的平均值。因此，$F(x)$ 可以被表示为如下公式：

$$F(x) = \sum_{m=1}^{M} f_m(x) = \sum_{m=1}^{M} \beta_m h(x,a_m) \tag{3-2}$$

每棵决策树的输入变量值会被划分到 J 个互不相交的空间中，即 $R_{1m},\cdots,R_{jm}$，并且每个空间 R_{jm} 对应着一个参数值 γ_{jm}。因此，$h(x,a_m)$ 可以被表示为下式：

$$h(x,a_m) = \sum_{j=1}^{J} \gamma_{jm} I(x \in R_{jm}) \tag{3-3}$$

式中，如果 $x \in R_{jm}$，$I = 1$，否则 $I = 0$。

GBDT 模型的目的是使损失函数 $L[y, f(x)]$ 最小化，以提高其估算的准确性。对于损失函数的定义，可以选择多分类对数损失函数，即

$$L[y, f(x)] = -\sum_{k=1}^{K} y_k \log p_k(x) \qquad (3-4)$$

式中，K 表示分类类别总数；y_k 表示第 k 类因变量 y 的值；p_k 表示属于第 k 类的概率，计算为

$$p_k(x) = \frac{\exp[f_k(x)]}{\sum_{l=1}^{K} \exp[f_l(x)]} \qquad (3-5)$$

首先，计算初始化 $f_0(x)$ 的值，即得到一个使损失函数最小的常数值：

$$f_0(x) = \mathrm{argmin}_\beta \sum_{i=1}^{N} L(y_i, \beta) \qquad (3-6)$$

其次，需要通过迭代训练得到更多的决策树。

例如，对于第 m 棵决策树而言，对变量 x_i 求导，即可得到变量 x_i 对应损失函数的下降梯度

$$g_{im} = -\left[\frac{\partial L[y_i, f(x_i)]}{\partial f(x_i)} \right]_{f(x) = f_{m-1}(x)} \quad (i = 1, \cdots, N) \qquad (3-7)$$

那么，根据负梯度（作为残差）g_{im}，可以拟合得到第 m 棵决策树 $h(x, a_m)$ 的 a_m 值：

$$\begin{aligned} a_m &= \mathrm{argmin}_{a,\beta} \sum_{i=1}^{N} [g_{im} - \beta h(x_i, a)]^2 \\ &= \mathrm{argmin}_{a,\beta} \sum_{i=1}^{N} [g_{im} - \beta \gamma_j I(x \in R_j)]^2 \end{aligned} \qquad (3-8)$$

通过 a_m 可以进一步计算得到第 m 棵决策树的划分空间 R_{jm} 以及对应的参数值 γ_{jm}。将第 m 棵决策树的 J 个空间相加，则能够得到最优 β_m 值：

$$\begin{aligned} \beta_m &= \mathrm{argmin}_\beta \sum_{i=1}^{N} L[y_i, f_{m-1}(x_i) + \beta h(x_i, a_m)] \\ &= \mathrm{argmin}_\beta \sum_{i=1}^{N} L[y_i, f_{m-1}(x_i) + \beta \sum_{J=1}^{J} \gamma_{jm} I(x \in R_{jm})] \end{aligned} \qquad (3-9)$$

基于以下公式来更新 $f_m(x)$ 值：

$$f_m(x) = f_{m-1}(x) + \beta_m h(x, a_m) \tag{3-10}$$

经过 M 次迭代后得到最终模型为

$$f(x) = \sum_{m=1}^{M} f_m(x) \tag{3-11}$$

为了能够得到可更好地适应数据集的模型，决策树的数量（M）和学习率（η）的值通常非常重要，其中增加决策树棵数（M）可以提升精度（Friedman et al.，2000），而因子 η 的值越小，学习率越小，模型更可能避免过拟合，所以，在 GBDT 的 M 次迭代中，每次迭代都会生成一个最小的损失函数，学习率就是通过引入因子 η 来正则化单棵树模型的影响（$0 < \eta \leqslant 1$），表达式如下：

$$F_m(x) = F_{m-1}(x) + \eta \beta_m h(x, a_m) \quad (0 < \eta \leqslant 1) \tag{3-12}$$

此外，为了表示模型中变量之间的相关程度，决策树的节点数目被定义为树的复杂度（C），通过增加树的复杂性，可以更好且更准确地把握变量间更复杂的关系，所以通过对以上三个参数进行优化调整，更可能得到最优模型。

3.4.2 改进的 GBDT—LightGBM

随着大数据的发展和广泛应用，面对海量数据或者特征维度很高的情况时，普通的 GBDT 就会存在准确性与运行效率之间权衡的抉择。由于 GBDT 在每一次迭代的时候，都需要遍历整个训练集的数据后找到最优切分点，过大的数据量无疑会带来极高的复杂度，通常面对这样的情况，较为直接的方法就是减少特征量和数据量，为了不影响精确度，会需要根据数据权重采样来进行加速（Appel et al.，2013）。

然而，GBDT 并没有样本权重，所以为了解决这个问题，微软提出了基于 GBDT 算法的新框架——LightGBM。实验表明，LightGBM 在同等精度的情况下，可以将训练过程加速到 20 倍以上（Ke et al.，2017）。

LightGBM 在数据预处理中使用了两种技术：基于梯度的单边采样（GOSS）和互斥特征绑定（EFB）。与传统的 GBDT 模型相比，LightGBM 算法在以下三个方面进行了改进：

首先，LightGBM 是一种基于直方图的算法决策树，并使用了直方图减法进行加速。基于直方图的方法会占用较小的内存，并能发挥正则化和稀疏特征优化的效果。这些都可以有效地防止模型过拟合。

基于直方图的算法不会像 GBDT 在分类后的特征值上寻找分割点，

而是提前将连续的浮点特征离散成 k 个值，并构造宽度为 k 的直方图；之后再遍历训练集数据，计算每个离散值在直方图中的累计统计量；最后，在进行特征选择时，只需要根据直方图的离散值，就可以遍历寻找到最优的分割点。同时，由于一个叶子节点的直方图可以由它的父亲节点的直方图与它兄弟节点的直方图做差得到，所以，LightGBM 可以在构造一个叶子的直方图后，用非常微小的代价就可以得到它兄弟叶子节点的直方图，在速度上可以提升一倍。

其次，LightGBM 采用的是有深度限制的按叶子生长（Leaf-Wise）策略。与传统 GBDT 模型的按层生长（Level-Wise）策略相比，按叶子生长策略可以减少更多的误差，获得更好的精度。通过限制最大深度，还可以确保高效率，同时防止过拟合（Shi，2007）。

最后，LightGBM 解决了当前 Boosting 分类器的局限性，优化了对多类特征的支持。LightGBM 无需额外编码，可直接输入多个非连续离散变量，可以极大地避免额外的计算和内存开销。

由于大多数机器学习算法不能直接输入类别特征，只能将类别特征转换为独热编码（One-Hot），这一方式并不能很好地应用在决策树模型中。特别是对于存在大量离散变量的研究，如果将每个特征都进行 0/1 编码，则会大大降低机器学习算法的空间和时间效率。

除此之外，独热编码使用的是"一对多"（One vs Rest）的分类器[图 3-12（a）]，在决策过程中，只能判断"X"属于类型 A 或 B 或 C。所以当类别值很多时，每个类别上的数据可能会比较少，这样会使得切分不平衡，同时，每个类别的切分增益也会很小，从而在决策树学习时由于数据量太小，统计到的信息不准确，学习效果变差。

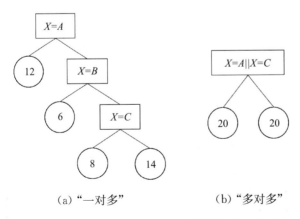

（a）"一对多"　　　　　（b）"多对多"

图 3-12　"一对多"切分与"多对多"切分方式对比

但 LightGBM 使用"多对多"（Many vs Many）的分类方法来实现类别特征的最优切分。对于每个类别特征的节点，数据不会被划分成几个小的空间，而是分成两个较大的空间，这样统计信息会更加准确，学习结果也会更好。如果"X"属于 A 类或 C 类，它将被划分为左边的树，否则，它将被划分为右边的树［图 3-12（b）］。显然，通过"多对多"的分类方法，树不会太深，并且每一个切分的收益也会较大。

LightGBM 直接输入类别特征即可生成最优分割，该模型主要包括以下两个部分：

首先，根据所有类别中特征的数量来划分容器的数量。计算每个类别所对应的容器的数量。当容器的数量很小，例如，只有两个离散的特征，则使用"一对多"的分类方式直接遍历每个容器找到一个最好的分割。在有多个容器的情况下，则需要根据样本值 avg（y）的大小对容器进行排序：

$$\text{avg}(y) = \frac{\text{sum\_grad}}{\text{sum\_hess} + \text{cat\_smooth}} \tag{3-13}$$

式中，sum_grad 为容器中所有样本的一阶梯度之和；sum_hess 为容器中所有样本的二阶梯度之和；cat_smooth 为配置参数。

其次，根据排序结果从左到右、从右到左遍历数据，依次枚举，得到最优分割阈值。因此，在阈值的左边或右边形成了两个集合。

通过左右遍历两次，一方面能够确保数据被合理地分割，有利于决策树的进一步学习；另一方面也可以更好地解决缺失值的问题。这是因为 LightGBM 使用的是直方图减法，所以左右遍历的结果是不同的，缺失的值会被划分到不同的子树中，从而进一步判断和分析哪个切分结果更好。

总之，LightGBM 以 GBDT 为核心，通过直方图算法和直方图做差加速，采用按叶生长策略、增加类别特征决策规则等进行优化，使得其能够以更快的训练效率、低内存使用、更高的准确率来处理大规模数据，针对多分类离散研究问题可以体现巨大的优势。

3.4.3 基于 LightGBM 分析土地利用特征与居民出行次数的非线性关系

本章选取中国北京市为研究对象，使用数据来源于 2017 年 3—5 月北京大学与清华大学联合调查组在北京市进行的居民出行活动日志调查问卷，问卷内容包括 24 h 活动出行日志（即开始时间/地点、结束时间/地点、活动类型、出行方式等信息）以及家庭、个人属性等。同时，从密度（Density）、多样性（Diversity）、设计（Design）、目的地可达性（Destination Accessibility）和公共交通站点距离（Distance to Transit）五个维度（Ewing et al.，2011）对居住地与活动地的土地利用特征进行测度，包括商业服务设施密度、街道交叉口密度、到 CBD 的距离、到地铁站的最近距离、到公交站点的最近距离和居住人口密度。

首先，我们通过参考其他学者（Wang et al.，2011）的分类方式，将问卷调查中的 26 种活动类型合并整理为 3 个类别：生计活动，如上班或上学；家务活动，如家庭购物、接送家人等；娱乐活动，如社交活动、体育运动等。

其次，根据出行链中"主要中途活动"的定义，即一天中停留时间最长的活动，确定了居民在从"家"到"家"出行链中的主要活动地。

最后，将问卷调查获取的 834 个有效居民的出行信息经过数据处理后，共计得到 11 种不同的出行链，并根据停留次数进行统计（表 3-2），其中，有 539 个样本为"1 次停留"、74 个样本为"2 次停留"和 221 个样本为"3 次以上停留"。表 3-3 总结了本章所使用的因变量和自变量。

表 3-2　出行链汇总结果（停留次数）

1 次停留			2 次停留			3 次以上停留		
出行链	样本数/个	占比/%	出行链	样本数/个	占比/%	出行链	样本数/个	占比/%
H—W—H	200	23.98	H—W+M—H	14	1.68	H—Ws+M—H	7	0.84
H—M—H	179	21.46	H—W+L—H	42	5.04	H—Ws+L—H	173	20.74
H—L—H	160	19.18	H—M+L—H	18	2.16	H—W+L+M—H	8	0.96
						H—Ws+L+M—H	33	3.96
—	539	64.62	—	74	8.88	—	221	26.50

注："+"表示一条出行链中的两个活动均有发生，但不存在明确的先后顺序。

表 3-3　活动变量缩写描述

活动变量	描述
H	居家
W	一天中只去了一次工作地/学校
Ws	一天中只去了多次工作地/学校
M	外出去做家务类活动
L	外出去做娱乐类活动

利用计算机编程语言 Python 来进行编程，并采取交叉检验的方法，从预测准确率和多分类对数损失值（multi_logloss）两个方面来衡量

模型的准确率和稳定性（Omrani，2015），反复试验后得到最优模型，其中准确率达到66.667%，多分类对数损失值低至1.3。

通过该模型得到的社会经济属性、居住地与主要活动地的土地利用特征与出行链决策行为之间的特征重要性排序结果如表3-4所示。

表3-4　特征重要性排序

变量名	分裂次数/次	相对重要性/%	排序
土地利用特征			
主要活动地到最近地铁站的距离	2 981	10.41	1
主要活动地到市中心的距离	2 460	8.59	3
居住地到最近公交站的距离	2 274	7.94	4
主要活动地路网密度	2 209	7.72	5
主要活动地商业服务设施密度	2 176	7.60	6
居住地人口密度	1 841	6.43	7
主要活动地到最近公交站的距离	1 810	6.32	8
主要活动地人口密度	1 570	5.48	9
居住地路网密度	1 549	5.41	10
居住地商业服务设施密度	1 365	4.77	11
居住地到最近地铁站的距离	1 284	4.48	12
居住地到市中心的距离	1 196	4.18	14
社会经济属性			
年龄	2 493	8.71	2
收入	1 259	4.40	13
职业	804	2.81	15
受教育程度	732	2.56	16
性别	341	1.19	17
家庭成员	286	1.00	18

根据本书现有数据，个体社会经济属性的相对重要性占20.67%。年龄（8.71%）在社会经济属性中排第1位，这说明个体的出行倾向和出行需求会随着年龄的增长而变化。

但与居住土地利用（33.21%）相比，主要活动土地利用（46.12%）对人们出行链决策的影响更大。这一结果证明，在传统研究中只关注居住地对出行行为的影响可能夸大了"家"的作用。我们的结果证实了北京在空间维度上存在的地理不确定性问题（Kwan，2012）。

研究发现，与居住地相比，目的地的土地利用特征可以更好地预测出行链（Harding et al.，2015）。因此，对于一些政策性建议就需要进一步完善。例如，仅仅改善住宅区的混合土地利用并不能确保低收入人群在出行中完成更多的活动（Pitombo et al.，2011）。

对于主要活动地点的土地利用，距离最近的地铁站（10.14%）、距离市中心（8.59%）、路网密度（7.72%）对出行链决策有显著影响。主要活动地点的可达性与出行链决策之间存在明显的相关性。曾有学者提出了一个假设：目的地较高的可达性可能会对出行具有更大的吸引力，这个假设最终得到了证实（Huang et al.，2017）。

上文提到，GBDT 相较于传统算法而言，优势在于其能够反映变量间更为复杂的非线性关系，为了进一步分析对出行行为产生的影响机理，我们提供了出行链种类与土地利用特征之间关系的部分依赖图（Partial Dependence Plots，PDP），并针对其非线性关系给出了解释说明。

结果发现，主要活动地点到最近地铁站的距离对居民出行链决策的影响存在一个明显的阈值，有效范围在 4 km 以内。在北京，1—4 km 范围内人们通过骑自行车就能在 15 min 内到达地铁站，而在 1.5 km 范围内可以通过步行到达地铁站（Zhao et al.，2017）。

具体而言，从主要活动地点到最近的地铁站的距离对简单的生计和休闲出行链有正向影响，但对家务类出行有负向影响［图 3-13（a）］。这是因为，较高的可达性能够减少出行时间，从而增加目的地的吸引力（Huang et al.，2015）。但对于一些家务活动，人们则更倾向于在居住地附近完成。在北京，离家 0.5 km 以内的"高度集中购物区"是中老年人的主要购物圈。对于 2 个及以上停留站的出行链，距离最近的地铁站的距离与出行链决策呈正相关［图 3-13（b）］。距离地铁站越近，交通便利性越高，这可以鼓励居民前往多个目的地进行其他活动。但当到地铁站的距离大于 1.5 km 时，由 3 个及以上停留地组成的出行链呈上升趋势。这大概是因为当一个地点不能提供便利的交通时，居民可能会增加对汽车的依赖，以满足其复杂的出行（Hensher et al.，2000）。

总而言之，更好的可达性和交通便利性鼓励居民通过公共交通完成他们的出行链。因此，当将地铁站的最近距离控制在 4 km 以内时，就可以满足居民通过地铁完成出行链的需求。而对于更复杂的出行链，为了鼓励居民乘坐地铁，地铁站的最小距离需要控制在 1.5 km 以内。

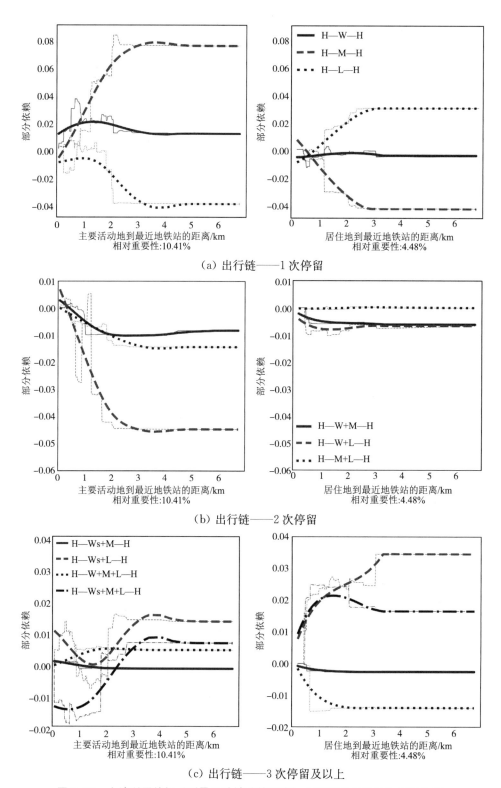

（a）出行链——1 次停留

（b）出行链——2 次停留

（c）出行链——3 次停留及以上

图 3-13　土地利用特征（到最近地铁站的距离）与出行链类型的非线性关联

3.5 本章小结

随着基于位置的服务和网络科技水平的不断发展，时空数据的多样性和可获取性的增大，这些为时空行为研究带了新的契机，推进了时空行为方法论的发展。从田野调查、专家访谈到回归分析、聚类分析，再到监督学习、强化学习、深度学习等机器学习算法，甚至是基于核密度、流方法等的一系列可视化方法，不同的方法在适用性上有不同的特点，但面向大数据、厚数据、交互数据的分析仍是未来的时空行为方法论的重点发展方向之一。本章的方法介绍与案例分析很好地展示了新的方法给时空行为规划带来的新视角。未来，我们期待有更多创新的方法的提出，或借助更新颖的数据，为城市时空行为规划研究带来新的分析视角和方法体系。

4 城市生活空间规划

"十二五"以来，我国城市面临着经济社会发展的全面转型，"以人为本"成为新型城镇化建设的核心。在新型城镇化战略实施、社区人群的异质性增大和居民对设施服务需求升级等一系列背景下，过去"以物为本""见物不见人"的城市发展观得到反思，转向以人为本的城市发展观（仇保兴，2003，2012）。城市规划相应地从重城市经济（生产）空间建设转向以居民空间为导向的规划，从只关注"物"转向重视"人"的规划，从只关注数量规模增加转向重视内涵质量提升的规划，以及从只关注空间转向时空一体化的规划（柴彦威，2014）。

2019 年我国城镇化率已达 60.60%，北京、上海、广州等大城市的城镇化率更是多年稳定在 85% 以上。较高的城镇化率要求城镇化发展方式从数量向质量、从"外延式"向"内涵式"转型（单卓然等，2013）。然而，长期以来，城市发展的生产空间导向特点突出，城市规划以生产空间布局的规划为核心，强调土地功能，对人的城镇化与生活质量关注不够，造成目前社区基础设施配套不完善、公共服务空间分布不均、弱势群体使用不便等城市问题（张杰等，2003；陈明星等，2007）。此外，随着高速公路、高铁、信号基站等交通和信息基础设施的完善，城市居民移动能力大幅度提高，居民生活空间的复杂性和跨区域性逐渐显现，城市之间的社会经济功能协同和生活空间网络体系逐步形成（柴彦威等，2015b）。但是城市规划受限于行政边界，同时对居民日常生活空间的复杂性重视不足，仍以单一城市作为规划对象，无法切实解决居民生活空间重构的问题。

近年来，随着定位技术、互联网技术与移动通信技术的不断发展，以及社交网站的不断涌现等，在城市规划研究中，除原有城市物质空间的数据外，获取大量动态的、带有精准时空信息的个人数据成为可能。大数据的出现为微观个体的生活空间与生活质量研究与规划提供了重要的契机和数据基础。因此，城市规划亟待从人本导向出发，基于居民日常生活分析，开展城市生活空间规划的相关研究与实践。

首先，本章介绍了生活空间以及与之相关的活动空间的概念，并梳理了目前研究中常用的生活空间划分方法。其次，基于居民时空行为特征分析结果，本章介绍了我国城市生活空间规划理论。生活空间是居民日常活动所涉及的空间范围，生活圈是居民生活空间的提炼与概括，并与实体空间紧密关联，空间上包括社区生活圈、基本生活圈、通勤生活圈、扩展生活圈和协同生活圈五个尺度。最后，公共服务设施配置的精准化是生活空间规划的重要表现，本章介绍了基于城市居民公共服务设施时空行为需求测度的设施配置总量调整的规划实践案例。

4.1　生活空间的概念与划分方法

4.1.1　生活空间的概念与内涵

城市生活空间是社会、经济、文化诸要素作用于人类活动而在城市地域上的空间反映（柴彦威，1996）。日本地理学者荒井良雄认为，生活空间指"人们生活在空间上的展开"，进一步说是"人们为了维持日常生活而发生的诸多活动所构成的空间范围"。生活空间的基本组成要素有购物空间、休闲空间、就业空间以及其他私事的空间等，即以自家为中心的相对的活动空间（荒井良雄，1985）。申悦等（2017）进一步强调家附近的物质空间与居民生活空间的互动关系，并指出城市生活空间的构成要素（图 4-1）。

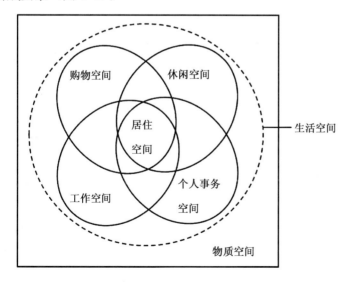

图 4-1　城市生活空间的构成要素

随着城市居民移动能力增强，生活空间的复杂性和跨区域性逐渐显现，在空间上可分为城市、都市区和城市群三个尺度。多尺度城市生活空间强调居民在不同城市空间尺度地域范围开展的各类活动所形成的空间形态与结构（图4-2）。城市生活空间指在城市建成区范围内城市居民利用各种设施进行日常活动所形成的空间范围，是城市空间重构作用下的居民基础生活圈，按照活动行为的类型可分为工作空间、居住空间、休闲空间和购物空间等。都市区生活空间是指在中心城市和外围县

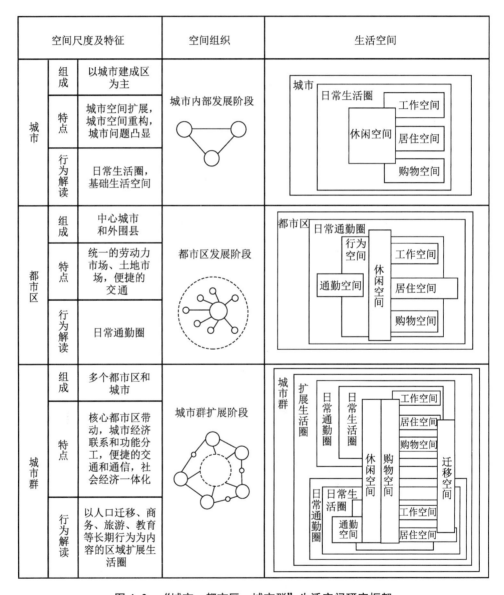

图4-2 "城市—都市区—城市群"生活空间研究框架

之间所形成的紧密相关的都市区空间范围内以通勤行为为核心而构建的
"一日生活圈"。城市群生活空间是指在城市间的经济联系和功能协调的
背景下，不同城市居民通过区域产业、医疗、旅游、文化等高层次的城
市职能和社会需求的共享以及由人口迁移、休闲旅游和部分城际购物而
形成的扩展生活圈。

4.1.2　活动空间的概念

　　活动空间的概念与生活空间紧密相关，但又有所区别。时间地理学
在三维时空坐标系中将微观个体连续的运动轨迹表示为时空路径，将一
定时空预算下所有可能发生的时空路径的集合表示为时空棱柱
(Hägerstrand，1970；Lenntorp，2004)。将时空路径投影至二维平面
上形成活动空间，反映个体的活动和移动所达到的空间范围；而时空棱
柱的投影区域构成潜在活动空间，揭示了个体在一定时空制约下所能达
到的最大空间范围，通常用以刻画个体的时空可达性 (Miller，2017)
(图 4-3)。

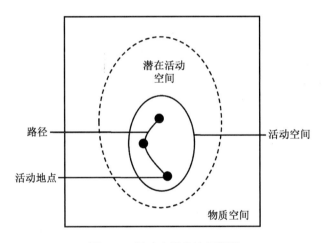

图 4-3　活动空间表达示意图

　　尽管生活空间与活动空间均是从微观个体的日常活动和行为出发，
但二者之间存在一定的区别，前者强调不同类型行为所产生的行为空
间，而后者强调一天或一段时间内个体活动空间的完整性。通常来说，
生活空间是基于空间的 (Placed-Based)，聚焦居民在某个地域范围内不
同类型活动的开展情况；活动空间是基于人的 (People-Based)，探讨
个体或群体在一段时间内活动的空间范围。因此，生活空间与规划实践
更为紧密，但也离不开对居住在特定地域范围内居民活动空间的研究。

4.1.3 生活空间的划分方法

生活空间的划分方法与活动空间测度方法有密切关系。活动空间测度主要基于活动日志、出行日志等传统问卷数据或全球定位系统（GPS）、手机信令等新型数据，常见方法包括标准置信椭圆法、多边形法、密度插值法、基于路网的最短路径分析法等（Newsome et al.，1998；Schönfelder et al.，2003；Sharp et al.，2015）。通过计算和分析城市居民的日常活动空间，可对居民活动空间特征、城市空间利用情况进行分类，并研究与社会经济属性、汽车使用、社区类型的关系（Zhang et al.，2019b；申悦等，2013a；塔娜等，2015）。

生活空间的划分方法与活动空间类似，但生活空间通常选取一定地域范围内的个体活动进行分析。近年来，家附近的物质空间和居民生活空间的互动关系得到了研究领域和规划实践的关注。家附近的生活空间主要涵盖居民除工作以外基础的日常活动所涉及的空间范围，也被称为社区生活空间或社区生活圈（柴彦威等，2015b）。社区生活圈的划分同样需要活动日志、GPS、手机信令等时空行为数据。孙道胜等（2016）基于居民家外非工作活动 GPS 数据与轮廓线提取算法（Alpha-Shape）划分社区生活圈。柴彦威等（2019b）基于"结晶生长的活动空间"算法构建了社区生活圈与社区生活圈体系划分方法，该方法一方面吸收了传统的基于空间和设施的可达性思路，另一方面充分考虑了居民行为的特征与需求，做到了地理环境与居民行为的有效结合。王德等（2019）利用手机信令数据来识别住宅区居民的生活性活动以作为生活圈范围，并通过划分核心生活圈作为社区生活圈。

生活空间的概念与划分方法为生活空间研究和规划提供了理论和方法支撑。下一步，通过调查居民时空行为，并分析其不同类型活动所构成的各类生活空间在空间上的分布特征与形态。本章节尝试总结不同等级的生活空间以及生活圈模式，并构建城市生活空间规划理论。

4.2 基于时空行为的城市生活空间规划的理论构建

按照居民日常生活中各类活动发生的时间、空间以及功能特征，将居民的日常生活空间划分为五个等级层次，包括社区生活空间、基本生活空间、通勤生活空间、扩展生活空间以及都市区之间的协同生活空间。对居民实际的生活空间进行模式化，并与相应的空间设施结合，便构成了社区生活圈、基本生活圈、通勤生活圈、扩展生活圈和协同生活圈，从而形成我国城市生活空间规划理论体系。

居民在居住小区附近及其近邻的周边发生的多次、短时、规律性的行为构成了居民的社区生活空间，与对应的公共服务设施相结合以满足居民的最基本需求，便构成了社区生活圈。由若干社区生活圈及其共用公共服务设施构成居民的基本生活圈，主要包括一些大型的超市、街心公园等。在这一圈层，居民活动的时间节律性提高，以 1—3 日为活动发生的周期，进行购物、休闲等略高等级的生活需求活动。通勤生活圈以居民的通勤距离为尺度，进一步涵盖居民就业地和工作地及周围设施。居民在这一圈层的活动以 1 日为周期，时间节律稳定。这一圈层可以满足居民的通勤需求，以及发生在工作地周边或在上下班途中的购物、就餐等活动需求。扩展生活圈是居民的偶发行为所形成的生活空间，空间尺度可以扩大到整个都市区范围内，居民在这一圈层活动的时间节律性较弱，但由于远距离出行的活动大多发生在周末，故基本以一周为周期。扩展生活圈可以满足居民大部分高等级休闲、购物等活动，比如周末到郊区度假、探亲访友等活动。再向外围城市空间扩展，少数居民会进行近邻城市之间的通勤、休闲等活动，进而形成都市区范围的协同生活圈。综上，基于居民日常行为特征的分析，形成了由"社区生活圈—基本生活圈—通勤生活圈—扩展生活圈—协同生活圈"构成的城市生活空间等级体系。

4.2.1 社区生活圈与基本生活圈

基于对居民日常基础生活活动特征的分析，可以发现社区是满足居民最基本需求的生活空间。在社区内部及近邻的周边，居民可以利用社区超市等服务设施进行买菜、购买日用品等生活活动，进而形成社区生活圈。几个近邻的社区由于共享城市基础设施，如托儿所、大型超市、街心公园、卫生服务站等，其各自的社区生活圈会发生重叠交错，构成能够满足居民基本生活的基本生活圈。但在实际中，一方面可能出现由于前期规划不完善，基础生活空间中的资源配置分散，土地利用效率降低的现象；另一方面可能由于这些共有基础设施集中布局的位置偏离社区组团的中心较远或设施不足，对于一些在空间上位于边缘地区的社区而言其可达性较低，居住组团内共享的基础设施无法充分满足这些社区的需求，基础生活空间出现倾斜与收缩（图 4-4）。因此在这一空间尺度上，要注意社区的空间尺度合理，近邻几个社区之间应共享餐饮、休闲、医疗等设施，同时应配置一个公共服务的核心，向周边几个社区提供购物、休闲等服务。在社区生活圈之外、基本生活圈之内还应布置面积较大的公园和对外的交通站点等设施，最理想的城市规划与建设结果是使各个居住社区对居住组团内的基础设施享有均等的可达性（图4-5）。

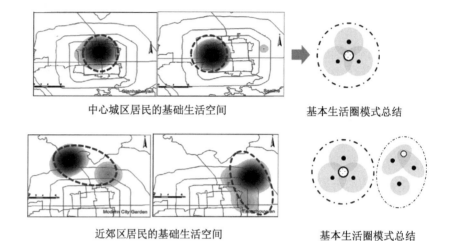

中心城区居民的基础生活空间

基本生活圈模式总结

近郊区居民的基础生活空间

基本生活圈模式总结

图 4-4　基本生活圈模式总结

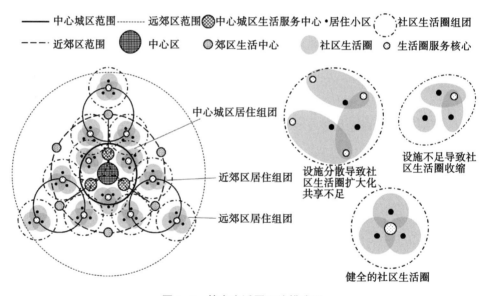

—— 中心城区范围　-------- 远郊区范围　⊗中心城区生活服务中心　•居住小区　⊙社区生活圈组团

--- 近郊区范围　●中心区　●郊区生活中心　●社区生活圈　○生活圈服务核心

中心城区居住组团

近郊区居住组团

远郊区居住组团

设施分散导致社区生活圈扩大化共享不足

设施不足导致社区生活圈收缩

健全的社区生活圈

图 4-5　基本生活圈理论模式图

4.2.2　通勤生活圈

在居民的生活中，除去餐饮、购物等日常基本活动之外，最重要的城市活动就是通勤。改革开放以来，我国城市土地与住房的市场化以及不断加快的郊区化带来居住与就业空间关系的明显变化，导致居住地与就业地在空间上往往并不完全匹配，逐渐形成基于居民通勤活动的通勤生活空间。张艳等（2009）通过对城市不同区位居住社区居民的通勤行为进行比较研究后发现，由于城市主中心具有较多的就业岗位，居住在中心城区的居民通常会选择在中心城区的就业中心或者次中心工作，当然也有部分居民会选择到郊区的就业中心工作，形成"圆形＋不明显的扇形"的中心城区居民通勤生活空间模式（图4-6上图）。居住在城市近郊区的居民，由于其居住地距中心城区就业地和郊区就业地都有一定距离，因此他们一方面会选择到中心城区的就业主中心和次中心工作，另一方面也会选择到郊区的就业中心工作，形成"圆形＋扩展的扇形"的近郊区居民通勤生活空间模式（图4-6下图）。而居住在城市远郊区的居民，由于距离中心城区的就业中心较远，通勤距离过大，因此更多人倾向于在近郊区的一些就业中心工作，形成"圆形＋收缩的扇形"的远郊区居民通勤生活空间模式（图4-7）。这样就在城市的不同空间尺度范围内形成了不同流向的通勤活动，进而形成了居民的通勤生活圈（图4-7）。

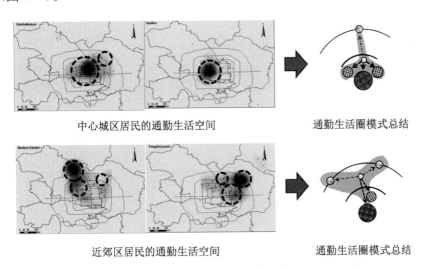

中心城区居民的通勤生活空间　　　　通勤生活圈模式总结

近郊区居民的通勤生活空间　　　　通勤生活圈模式总结

图 4-6　通勤生活圈模式总结

4.2.3　扩展生活圈

在都市区尺度，以居民偶发性的行为为主，比如居民会在周末进行远距离的休闲娱乐、探亲访友等活动，从而形成居民的扩展生活圈。居住在中心城区的居民，由于城市中心有较多高等级的购物、休闲活动中心，居民的扩展生活主要在中心城区发生，同时部分居民在周末也会前往远郊进行户外休闲等活动，从而形成"哑铃形"的中心城区居民扩展生活圈。对于居住在城市近郊区的居民而言，一方面中心城区高等级

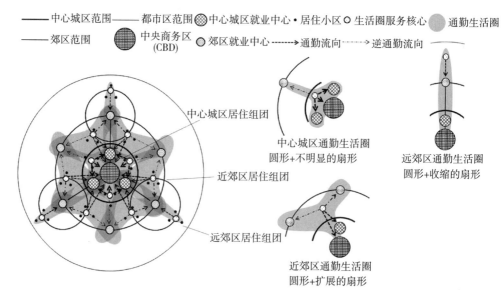

中心城区居住组团

近郊区居住组团

远郊区居住组团

中心城区通勤生活圈
圆形+不明显的扇形

远郊区通勤生活圈
圆形+收缩的扇形

近郊区通勤生活圈
圆形+扩展的扇形

图 4-7　通勤生活圈模式图

的购物休闲活动中心对居民的扩展生活具有巨大吸引力，近年来在近郊地区发展起来的大型购物中心、步行街等也成为近郊居民进行扩展生活活动的重要空间；另一方面部分近郊的居民也会向更远的远郊进行周末郊游，从而形成"十字形"的近郊区居民扩展生活圈。而居住在远郊区的居民，既可以向城市内部的近郊大型购物设施和中心城区高等级休闲购物设施进行扩展活动，也可以向旁侧的其他远郊地区进行扩展活动，从而形成"弧形＋扇形"的远郊区居民扩展生活圈（许晓霞等，2010，2011）（图 4-8、图 4-9）。

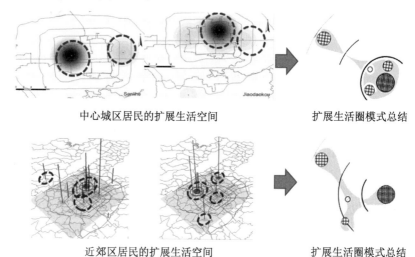

中心城区居民的扩展生活空间　　　　扩展生活圈模式总结

近郊区居民的扩展生活空间　　　　扩展生活圈模式总结

图 4-8　扩展生活圈模式总结

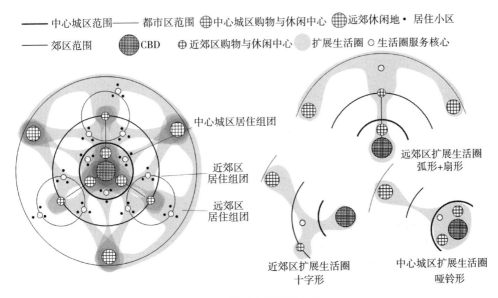

图 4-9　扩展生活圈模式图

4.2.4　协同生活圈

    城市尺度是实现居民日常行为空间有序和生活质量提升的基点，而都市区尺度是发挥都市区之间优势互补、提升社会经济组织效率的基点。随着区域交通的发展与信息技术的进步，居民移动性增强，高铁出行、跨城购物和旅游休闲等逐渐进入居民生活。都市区之间既可以进行以日或以周为单位的通勤活动，购物、休闲等非工作活动的联系也逐渐增强，都市区尺度的协同生活逐渐增多，从而形成城市之间的协同生活圈（图 4-10）。

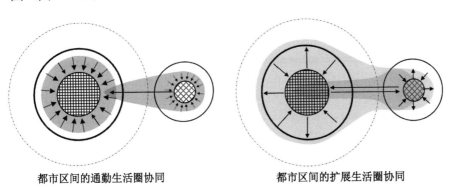

都市区间的通勤生活圈协同　　　　　都市区间的扩展生活圈协同

图 4-10　协同生活圈模式图

4.2.5 不同城市区位的生活圈理想模式构建

基于以上对生活空间等级体系的各个圈层解读，进一步将各个圈层进行叠加整合，可以得出居住在城市的中心城区、近郊区、远郊区等不同区位的居民的理想生活圈模式。

在城市的中心城区，居民的基本生活和通勤活动主要在中心城区内完成，有少部分居民到近郊区就业，偶发性到远郊区进行休闲，从而形成"圆形＋小扇形"的城市生活圈模式（图4-11）。在近郊区，居民的通勤方向主要为中心城区的就业中心和部分近郊区的就业地，休闲活动一方面指向远郊区休闲地，另一方面指向中心城区的休闲场所。因此，近郊区的理想生活圈模式为由"圆形＋两个扇形"组成的纺锤形城市空间（图4-12）。在远郊区，居民的通勤方向指向城市内部，分别在近郊区的就业地和中心城区形成两个通勤活动的集聚地。而扩展生活圈一方面指向中心城区，另一方面指向其周边的远郊休闲地，从而形成了"圆形＋内向扇形"的城市理想生活圈（图4-13）。

基于时空行为的城市生活空间规划理论框架与不同等级层次的生活圈理论模式为进一步开展城市生活空间研究和规划实践提供基础。在各个层次的生活圈中，社区生活圈与居民日常生活关系最为密切，也是落实生活空间规划的关键点，近期得到了学术研究和规划实务界的关注（柴彦威等，2019b）。社区生活圈强调"以人为本"，要求精细化、精准化的社区服务能力（于一凡，2019）。本章节以基于居民需求的社区生活圈公共服务设施调整为例，展示时空行为分析如何应用并推动城市生活空间规划实践。

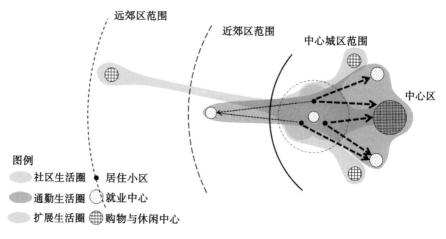

图例

社区生活圈 居住小区

通勤生活圈 就业中心

扩展生活圈 购物与休闲中心

远郊区范围　近郊区范围　中心城区范围　中心区

图 4-11 中心城区的理想生活圈模式

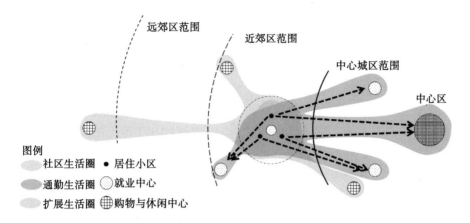

图例
社区生活圈 ● 居住小区
通勤生活圈 ◯ 就业中心
扩展生活圈 ⊕ 购物与休闲中心

图 4-12　近郊区的理想生活圈模式

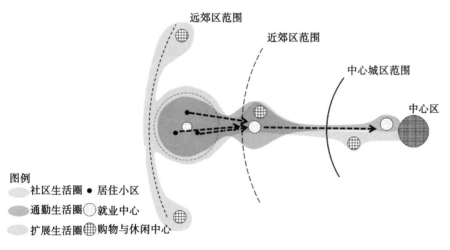

图例
社区生活圈 ● 居住小区
通勤生活圈 ◯ 就业中心
扩展生活圈 ⊕ 购物与休闲中心

图 4-13　远郊区的理想生活圈模式

4.3　城市生活空间规划的实践

　　根据居民时空行为需求调整公共服务设施配置是城市生活空间规划重要的实践内容之一。随着城市规划向以人为本、重视城市发展质量、重视人民幸福感和获得感的转变，公共服务设施配置也相应地从供给导向的指标计算向需求导向的精准配置转变。

　　城市社区公共服务设施配置是城市规划转型的发力点，而社区生活圈规划是精准配置公共服务设施、精细化满足居民需求、提高居民幸福感和居住满意度的重要手段。虽然宏观层面已经明确提出社区生活圈规划要求和城市管理精细化水平提高的目标，比如《城市居住区规划设计标准》（GB 50180—2018）将社区生活圈作为规划的主要内容，北京市"十三五"规划明确提出城市管理精细化水平全面提升的目标。在此背景下，深入分析城市不同类型社区居民的日常活动需求，精准配置公共服务设施，对于实现城市精细化管理至关重要。然而，在具体操作层面的文件和规划仍然遵循传统"千人指标"模式。比如《北京市居住公共服务设施配置指标》（京政发〔2015〕7号）中仍然按社区总人口的比例来配置社区教育、养老等设施，实际上是平均化了城市不同类型社区的差异和社区居民社会经济属性的差异，与目前城市社区发展差异化、居民人口构成多样化的特点不符。

因此，本节内容将面向以人为本的新型城镇化发展要求与关注生活质量、推进精细化城市管理的新需求，立足城市规划实践，构建城市居民公共服务设施时空需求测度模型，并以北京市清上园社区为例，介绍说明模型使用方式和在公共服务设施配置调整方面的作用。

4.3.1 城市居民公共服务设施时空需求测度模型构建

城市居民对社区周边公共服务设施时空需求是设施精准配置和调整的基础。居民日常活动的频率、活动持续时长、活动的人群活跃度、活动的出行距离是影响设施时空需求的重要指标。基于此，从居民真实发生的时空行为出发构建居民对于公共设施的时空需求测度模型。

假设施配置数量调整指标为 F，则有

$$F = F_1 \cdot F_2 \cdot F_3 \cdot \alpha \tag{4-1}$$

式中，F_1 代表活动的频率，用于表征居民对于公共设施的利用频率，单位是次/人；F_2 代表活动的持续时长，用于表征居民对于不同类型设施的利用强度，单位是 min；F_3 代表活动的人群活跃度，用于表征居民对不同类型设施的利用效率，单位是%；α 代表步行进行非工作活动的比例，用于划分在社区周边发生的活动，单位是%。F 的单位为次/（人·min），表示设施所能提供的时空资源总量。在实际规划操作中，规划人员可根据不同设施的开放时间、设施容量等进行分别对应。

其中，各指标计算公式为

$$F_1 = N_a / n_e \tag{4-2}$$

式中，N_a 为发生 a 类活动的总次数；n_e 为发生 a 类活动的有效样本数。

$$F_2 = T_{a_{end}} - T_{a_{s1}} \tag{4-3}$$

式中，$T_{a_{end}}$ 为发生 a 类活动的结束时间；$T_{a_{st}}$ 为发生 a 类活动的开始时间。

$$F_3 = n_e / n \qquad (4\text{-}4)$$

式中，n_e 为发生 a 类活动的有效样本数；n 为样本总人数。

$$\alpha = N_{a_{WALK}} / N_a \qquad (4\text{-}5)$$

式中，$N_{a_{WALK}}$ 为步行进行 a 类活动的次数；N_a 为发生 a 类活动的总次数。

不同社会经济属性的人群活动和设施时空需求具有较大差异。因此，在实际的社区生活空间规划实践中，规划人员可以根据人口普查数据、社区居委会和街道办事处提供的常住人口数据对社区人员构成基本情况进行了解。并依据以下公式分别计算不同人群的时空需求后再进行求和，以获得社区居民总体的时空需求情况。

假设 i 代表人群类型，j 代表活动类型，根据模型计算方法，可以计算 i 类社会经济属性的人群 j 类活动的 F 值，即代表 i 类社会经济属性的人群对于 j 类活动所对应的公共设施的需求量 F_{ij}。

$$F_{ij} = F_{1ij} \cdot F_{2ij} \cdot F_{3ij} \cdot \alpha_{ij} \qquad (4\text{-}6)$$

同理，依次计算各类人群及活动的 F 值之后，对 F 值进行标准化处理，得到标准化的值 f_{ij}：

$$f_{ij} = \frac{F_{ij} - \overline{F_{ij}}}{F_{ij}} \qquad (4\text{-}7)$$

然后，对该社区各类人群的 f 值求和，即得到该社区居民对于 j 类活动所对应的公共设施的需求调整量：

$$F_j = \sum_{i=1}^{n} f_i \qquad (4\text{-}8)$$

4.3.2 北京城市居民公共服务设施时空需求计算与优化

基于城市居民公共服务设施时空需求测度模型，进一步提出基于居民需求的公共服务设施配置优化思路（图4-14）。首先，根据年龄、受教育水平与户口状态划分不同的人群类型。其次，采用上述时空需求测度模型，基于已有的居民时空行为调查数据，将时空行为分为用餐活动、购物活动、休闲活动、养老活动与社交活动五类活动，分别计算各人群不同类型活动（对应不同设施）的时空需求，并基于活动类型进行标准化，得到"人群—行为"谱系，即各人群对不同类型设施需求的差异。再次，对于特定社区而言，需要基于人口普查数据计算获得各人群类型所占比例，并与"人群—行为"谱系矩阵相乘，基于各类设施汇总不同人群的时空需求，便可得到该社区各类设施的需求总量情况。最后，比较其他社区居民需求情况，根据一定比例，提出设施优化调整方案，为规划实践提供参考。

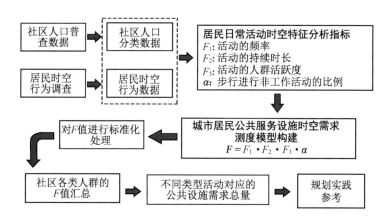

图4-14　基于时空需求的城市公共服务设施配置优化思路

1) 提出人群分类方式

根据已有数据获取情况以及时空行为研究成果，对人群按社会经济属性进行分类，并对每一类进行编码，编码结果如表4-1所示。

表4-1　人群社会经济属性编码

人群编号	人群属性	人群编号	人群属性
I	青年低学历北京户籍	IX	中老年低学历北京户籍
II	青年低学历非北京户籍	X	中老年低学历非北京户籍
III	青年高学历北京户籍	XI	中老年高学历北京户籍
IV	青年高学历非北京户籍	XII	中老年高学历非北京户籍
V	中年低学历北京户籍	XIII	老年低学历北京户籍
VI	中年低学历非北京户籍	XIV	老年低学历非北京户籍
VII	中年高学历北京户籍	XV	老年高学历北京户籍
VIII	中年高学历非北京户籍	XVI	老年高学历非北京户籍

2) 生成"人群—行为"对应法则表

"人群—行为"对应法则是为了反映不同属性人群与其活动需求量（即 F 值）的对应关系。使用北京大学行为地理学研究小组于2007年、

2010 年和 2012 年对北京城市不同类型居民的日常活动和出行行为调查数据，通过提取样本属性数据、时空行为数据，依据城市居民公共服务设施时空需求测度模型计算不同属性人群各类活动时空需求 F 值，并进行汇总。将汇总后的 F 值按列进行标准化，可以生成"人群—行为"对应法则表（图 4-15）。

人群编号	人群属性	用餐活动	购物活动	休闲活动	养老活动	社交活动
I	青年低学历北京户籍	1.1	-1.0	-1.0	0.0	—
II	青年低学历非北京户籍	0.4		—	0.0	—
III	青年高学历北京户籍	-0.6	-1.1	-0.7	0.0	-1.2
IV	青年高学历非北京户籍	0.8	-1.1	-0.9	-0.2	0.1
V	中年低学历北京户籍	0.7	-0.4	-0.7	0.0	-1.3
VI	中年低学历非北京户籍	1.4	-0.1	-0.5	-0.9	—
VII	中年高学历北京户籍	-0.1	-1.0	-0.7	-0.8	-1.7
VIII	中年高学历非北京户籍	-0.4	-1.0	-1.0	-0.7	—
IX	中老年低学历北京户籍	0.6	-0.4	0.3	-0.6	0.0
X	中老年低学历非北京户籍	-1.3	0.9	0.0	3.3	2.6
XI	中老年高学历北京户籍	1.2	-0.4	-0.3	-0.9	
XII	中老年高学历非北京户籍	—	1.9	2.4	0.0	
XIII	老年低学历北京户籍	-0.8	0.7	0.8	0.1	0.9
XIV	老年低学历非北京户籍	-2.3	1.0	1.9	0.6	
XV	老年高学历北京户籍	-0.8	0.1	0.1	-0.6	1.1
XVI	老年高学历非北京户籍	—	1.8	0.4	0.7	-0.6

图 4-15　"人群—行为"对应法则

图 4-15 中的数值反映出该类人群对该类活动的需求相比于其他类型人群的大小。其中，正值代表该类人群对该类活动的需求较其他类型人群更强，负值代表更弱，"—"代表需求值较少（即样本中该类人群该类活动的发生数过少）。

由图 4-15 可以看出，不同属性人群的活动需求量具有显著差异。除了用餐活动需求量表现出随着年龄增长而下降的趋势之外，其他各类活动均表现出中老年、老年人的需求普遍高于青年人与中年人，这反映出年轻人由于工作等固定活动的制约较强，除了解决用餐这一生理必需活动之外，很少花时间进行社区附近的其他家外活动；中老年人及老年人有更多的闲暇时间进行社区附近的购物、休闲、养老、社交活动，但普遍缺乏在家外用餐的习惯。此外，值得关注的是中老年非北京户籍人群，这类人群中的高学历者在购物、休闲等方面，低学历者在养老、社交等方面，均表现出强烈的需求。

3）生成社区居民活动需求表

以北京市海淀区清河街道清上园社区进行举例说明。清上园社区位于德昌高速公路清河小营环岛西侧、上地信息产业基地的东部，距离北京市中心 16 km。清上园社区北至长城润滑油厂，南邻第二炮兵总部，社区辖清上园小区、小营西路 25 号院、29 号院、金领时代。清上园社区南靠小营西路，东近安宁庄东路，附近有毛纺北小区、橡树湾、安宁里等多个社区。根据第六次全国人口普查数据，清上园社区的人口结构如表 4-2 所示。将各类人群所占比例相乘，便可以近似计算不同社会经济属性组合的人群所占比例（图 4-16）。

表 4-2　清上园社区的人口结构

人群属性		人数/人	比例/%	总计/人	备注
年龄	青年	2 687	42	6 423	常住人口数
	中年	2 514	39		
	中老年	639	10		
	老年	583	9		
受教育程度	低学历	3 687	61	6 074	6 岁以上人口数
	高学历	2 387	39		
户籍	北京户籍	3 396	53	6 425	常住人口数
	非北京户籍	3 029	47		

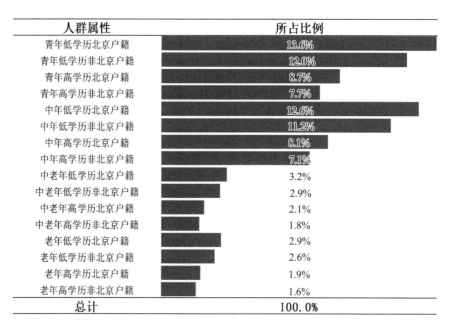

图 4-16　清上园社区的社会经济属性组合人口分布

将各类人群所占比例与其对应的活动需求进行矩阵相乘，便可得到清上园社区居民对各类活动的需求值（表 4-3）。

表 4-3　清上园社区居民各类活动需求

社区名称	用餐活动	购物活动	休闲活动	养老活动	社交活动
清上园	0.32	−0.41	−0.42	−0.15	−0.28

4）提出设施配置优化方案

为了更为准确地提出公共设施配置优化方案，需要计算同一地区其余调查社区的居民各类活动需求，获取所有社区居民时空需求的最大值和最小值作为参考标准，并对清上园社区居民需求进行 0−1 标准化。标准化后的结果减去 50% 便可以得到基本方案的设施调整量（表 4-4）。

表 4-4　清上园社区设施调整方案

方案情况	餐饮设施/%	购物设施/%	休闲设施/%	养老设施/%	社交场所/%
基本方案	4.3	16.0	11.6	−0.1	1.7
中配方案	33.3	36.0	31.6	19.9	21.7
高配方案	63.3	66.0	61.6	49.9	51.7

基本方案中除了养老设施外其余设施需求均为正值，表明清上园社区居民对餐饮设施、购物设施、休闲设施和社交场所的需求比同一地区其余社区的需求更高，设施配置总量需要相应上调 4.3%、16.0%、11.6% 和 1.7%。养老设施需求量相对较少，但是变化不大（−0.1%），因此在基本方案中养老设施总量可不做调整。

在基本方案中，社区设施配置总量达到居民需求总量的 100%。考虑到居民需求增加和设施供给提前预留的可能性，尤其是对于养老设施的提前预留，还可以考虑以居民需求总量的 120% 作为中配方案，以及需求总量的 150% 作为高配方案，供社区规划实践参考。对于清上园社区而言，中配方案和高配方案的设施总量都需要大幅度增加，尤其是高配方案中所有设施总量都要提升 50% 以上（除养老设施外），反映了清上园社区公共服务设施缺口较大的现实问题。

4.3.3　公共服务设施需求优化

本节介绍了基于时空行为需求的公共服务设施调整的生活空间规划案例。通过对居民时空行为需求的研究，发现不同社会经济属性的人群对公共设施需求具有差异性。因此，需要根据社区人口结构比例计算社区居民对各类公共设施的时空需求，并依据需求情况精细化、动态地调整设施配置总量方案。虽然该方法可以提供社区公共服务设施调整的行为方案，但仍有三处不足。

第一，该方法仅计算了社区居民的设施需求总量，未能考虑设施配置的空间以及时间安排。未来研究可以进一步计算居民对不同类型设施需求的时空分布情况，由此提出设施调整的时空方案。

第二，该方法仅获得了社区居民的设施需求和同一地区其他社区或全市所有调查社区居民需求相比较的相对值，并以相对值作为设施调整的参考，缺乏统一的比较标准。虽然社区居民的设施需求具有差异，但应有一个基本的设施配置标准。未来研究可以结合现行居住区规划标准和相关的公共服务设施配置标准，制定居民设施需求的最低值，在判断社区设施配置是否达标的基础上再讨论配置是否精准化的问题。

第三，和居民需求、社区人口结构变化相比，公共设施配置的调整具有空间依赖性和长期性。未来研究应该更多地关注灵活的公共服务，而非空间设施的供给情况。同时在规划上应设置更多的灵活空间，确保后续社区规划的弹性。

4.4　本章小结

本章从生活空间概念出发，介绍了生活空间与活动空间概念的关系和生活空间的划分方法，进一步基于对居民时空行为数据的分析和抽象，构建中国城市生活空间规划理论和生活圈模式体系，并以基于时空行为分析的社区生活圈公共服务设施配置调整为例来展示生活空间规划实践。

在新型城镇化和城市发展向"以人为本"、高质量模式转型的背景下，生活空间规划得到了政府、学者和规划从业者的关注。生活空间规划强调从人的日常生活出发，通过分析行为需求与设施和服务资源的匹配关系，指导城市规划和城市治理通过调整设施和服务的时空资源来实现二者的均衡，进而有效提升城市居民日常生活的满足感和幸福感。当前，社区生活圈规划作为国土空间规划体系的重要组成部分，得到了学界和规划实务界的关注，同时北京、上海、广州、深圳、武汉、济南等城市也陆续开展了 15 min 社区生活圈规划实践。但是，当前社区生活圈研究和规划仍然存在内涵与职能界定较为模糊，数据收集、管理、分析的内容和方法仍不成熟，规划方法和技术路径仍未建立，实施模式和制度保障需要多方面协作等问题与挑战。随着时空行为研究和分析方法的日渐成熟与社会对时空行为的愈发重视，相信未来我国生活空间规划的研究与实践将大有可为。

5 城市生活时间规划

世界范围内主要城市的流动性特征日趋明显，"时间"也已成为当代城市生活方式的重要表征。传统以空间布局为核心的城市规划无法从根源上解决城市时空资源失配的问题，因此有必要探索面向城市生活时间的新规划范式。本章从理论基础、规划实践等方面详细梳理了城市生活时间规划的起源与进展。

哈格斯特朗及其隆德学派在时间地理学的基础上，提出了一种以生活时间供需匹配为核心的新规划模式，可被视为城市生活时间规划的理论原型，指引了后期的研究与实践。但是目前，国内外尚未建立完整的城市生活时间规划体系，只有针对工作时间、服务设施运营时间、公共交通时刻表等特定活动时间的规划措施。

本章在已有理论和规划实践的基础上，尝试构建基于时间地理学的城市生活时间规划体系以及分阶段实施的思路。近期，城市生活时间规划可侧重于传统规划的改造，推动我国空间规划对生活时间的关注，将缺乏弹性的空间手段与灵活的时间手段相结合。在远期，随着城市生活时间规划理念的深入，可制定直接面向生活时间的新型规划，通过综合调控各类生活时间安排，实现生活时间资源公平配置与日常生活活动高效开展等目标。

5.1 城市生活时间规划的背景

当前，世界范围内的主要城市随着空间的不断扩张以及信息通信技术的普及，其内部结构的流动性特征日趋明显（Castells，1996；Kwan，2015；Urry，2016），"时间"已成为当代城市性（城市生活方式）的重要表征（Amin et al.，2002）。随着新型城镇化战略的实施，中国城市发展的核心目标正由经济增长、用地扩张逐步转变为居民生活质量的提升和日常生活需求的精细化应对（柴彦威等，2014c）。但长期以来，中国的城市规划侧重于物质空间，没有充分考虑转型期城市不同群体差异化的时空需求。目前中国城市正面临日益严峻的长距离通勤、可达性下降等问题。这些问题凸显了城市时空资源配置的失效，然而当前的城市规划方式难以对此做出及时和精细的响应。

在此背景下，传统以空间布局与空间决策为核心的城市规划与管理手段正面临挑战，如何在城市规划中统筹时间要素以应对居民日益增长的移动需求，是当前城市规划亟待解决的问题。传统城市规划的时间维度主要体现在规划设计中对空间的秩序性与功能流线的考虑（Lynch，1972；Rapoport，1982），以及规划目标的阶段性、规划编制与修订的动态性等方面（Hall et al.，2010）。前者被称为"基于时间的规划"（Planning with Time），后者被称为"时间中的规划"（Planning in Time）（van Schaick，2011）。面对国内外城市发展的新趋势，城市规划需要探索直接面向城市生活时间的新范式，重视时间的资源属性，将时间视为城市结构的一部分对其进行直接的干预和调整，形成真正意义上的"时间规划"（Planning of Time）。

目前，这种针对生活时间的规划已有了一定的理论基础。时间地理学、城市社会学及城乡规划学对城市生活时间的研究，为城市生活时间规划的研究与实践指引了方向（Hägerstrand，1970；Chapin，1974；Parkes et al.，1980；Giddens，1984；Adam，1994；Jones et al.，1983；Lefebvre，2004）。其中，作为时间地理学的先驱，哈格斯特朗及其隆德学派较完整地提出了城市生活时间规划的理论模型（Ellegård et al.，1977；Ellegård，2018）。在实践层面，国内外已有针对工作时间、服务设施运营时间、公共交通时刻表等特定活动的时间利用的规划措施，但这些已有的规划措施尚未形成完整的体系，并且综合性的城市生活时间总体规划仍在理论探讨阶段。

本章首先回顾了时间地理学对城市生活时间规划的理论探讨，并梳理了国内外针对工作时间、服务设施运营时间、公共交通运营时间的现有规划措施。在此基础上，本章尝试构建基于时间地理学的城市生活时间规划体系以及分阶段实施的思路，并展望城市生活时间规划在我国的应用前景。

5.2 城市生活时间规划的理论基础

城市生活时间的研究主要集中在时间地理学、城市社会学、城乡规划学等领域。哈格斯特朗（Hägerstrand，1970）及其隆德学派在20世纪70年代提出并系统地发展了时间地理学，同时将其与规划相结合，将个人时空制约的分析应用于指导城市资源配置的实践中（柴彦威，

1998，1999；柴彦威等，2010b）。时间地理学通过一系列关于人、时间和空间的基本假设，强调了人的生理界限以及时间和空间的可计量性（柴彦威，1998，1999）。根据时间地理学的基本假设，每个不可分割的个体及其拥有的有限时间，决定了时间的资源属性。人为了满足特定的生活需求，需要开展一系列活动，而每一项活动的开展都将消耗一定的时间资源。并且，一些活动由于人的生理界限（能力制约）或服从于一定的社会关系（组合制约）及制度规范（权威制约），必须在特定的时间和空间内开展。在有限的时间资源约束下，这些时空固定的活动必将影响其他活动，甚至导致活动需求无法被充分满足。这种生活时间的资源观凸显了生活时间规划的必要性，是城市生活时间规划最核心的理论命题。除了时间地理学外，城市社会学者对日常生活的例行化解读与节奏分析（Giddens，1984；Adam，1994；Lefebvre，2004），也为城市公共政策通过调节地方时间来系统解决日常节奏维度的社会不平等问题提供了思路（Schwanen et al.，2012b）；城乡规划学者在基于活动的交通需求模型研究中，也强调影响个人生活时间的制约因素，并试图通过空间规划和时间性政策进行调控（Chapin，1974；Jones et al.，1983）。

虽然上述不同学科对城市生活时间的研究均为城市生活时间规划奠定了基础，但城市生活时间规划最直接的理论来源是时间地理学。早在20世纪70年代，哈格斯特朗及其隆德学派便基于时间地理学的框架，较完整地阐述了城市生活时间规划的理论模型（Ellegård et al.，1977；Ellegård，2018）。20世纪60年代后期，瑞典工业快速发展，劳动力需求持续增加，城市和区域规划面临建设大量住房和配套服务设施的迫切需求。哈格斯特朗等对当时以劳动力需求为导向、以空间资源配置为核心的规划模式进行了反思，总结了这种规划模式的局限性：①注重生产导向，忽视了老年人、儿童等非经济活动人口的生活需求；②忽视了人的不可分性，以及忽视了个体为了满足特定的活动企划所开展的序列性的日常活动及其产生的生活需求。基于时间地理学的框架，哈格斯特朗提出了一种以生活时间供需匹配为核心的新规划模式（图5-1），将城市视为一个由生活时间的需求方和供给方构成的活动系统（Ellegård et al.，1977；Ellegård，2018）。其中，生活时间的需求方是指在各类企业和公共机构以及广大家庭中需要开展的活动；供给方是指城市中所有个体所拥有的时间。

不同于传统的城市空间规划，即根据城市发展与劳动力增长的需求将空间资源按照一定的空间布局方式进行配置，新的规划模式按照城市的生活时间需求（即企业和公共机构以及家庭中需要开展的活动），将城市的生活时间资源（即城市中所有个体每天所拥有的时间总和）按照

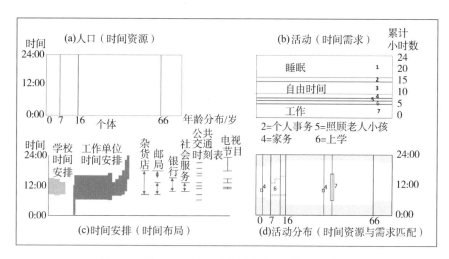

图 5-1　基于时间地理学的城市生活时间规划模式

一定的时间布局方式（如工作时间安排、设施开放时间、公交运营安排等）进行配置。规划的具体步骤为：①根据城市中在各类企业和公共机构以及广大家庭中需要开展的活动，测算城市中各类活动（如睡眠、工作、交通出行、家务等）的时间需求；②根据城市人口特征，测算城市的生活时间资源数量及其分布；③按照城市中各个工作单位、学校、服务设施、公共交通设施等的时间安排，将城市生活时间需求与资源进行匹配。在这种规划模式下，城市规划者可通过调整各类企业、机构的工作时间以及各类设施的运营时间，推进城市生活时间需求与资源的合理匹配，满足不同家庭与个体的日常生活需要。

　　总体上，哈格斯特朗及其隆德学派提出的城市生活时间规划模式将生活时间同时作为规划的目标和抓手，并且强调了不同社会群体的活动模式的差异性，与传统以生产为导向的规划模式相比更凸显了人本导向。虽然这种综合性的城市生活时间规划模式目前仍在理论探讨阶段，但它对近四十年来国内外城市规划与政策产生了重要的影响，尤其在工作时间制度、服务设施运营安排、公共交通运营安排等方面，推动了研究者和城市管理者对时间分配的公平性及社会群体的差异性的关注。下一节将聚焦城市工作时间规划、城市服务设施时间规划、城市公共交通时间规划三个方面，详细梳理城市生活时间规划的已有实践。

5.3　城市生活时间规划的已有实践

5.3.1　城市工作时间规划

　　在人的日常活动中，工作活动被认为是时空制约最强、对其他活动影响最大的活动类型（Schwanen et al.，2008b）。现有针对工作时间的规划措施主要为弹性工时制，其作用是减少工作时间对个人日常活动的时空制约、增加居民非工作活动的时间预算，同时改变居民工作和通勤的时空决策，以引导居民错峰出行和减少不必要的出行。

弹性工时制（Flextime）是指就业者在完成规定工作任务或固定工作时长下，可以灵活、自主地选择工作时间，以工作时间的灵活性和多样性代替统一、固定的上下班时间的制度。弹性工时制最初是由德国学者克里斯特尔·卡默勒提出，其目的是为了鼓励家庭主妇进入就业市场，以缓解劳动力短缺的问题（Gross，1982）。卡默勒建议企业允许职工在不影响工作的情况下自由选择符合自己的工作时间，使女性职工能兼顾家务与工作活动。此外，弹性工时制也能帮助职工避免因交通高峰时段而造成的延误问题。自20世纪80年代以来，随着互联网技术的兴起与后福特制生产模式的推广（Alexander et al.，2010），西方国家越来越多的企业（特别是高新技术企业）实行弹性工时制。在美国，约27%（2014年数据）的企业或政府机构实行弹性工时制（Statista Research Department，2014b）。在英国，约12.6%（2019年数据）的全职就业者可以弹性地选择上班时间（Statista Research Department，2019）。在丹麦和瑞典，超过60%（2017年数据）的就业者所在的工作单位实行弹性工时制（Mazzucchelli，2017）。

弹性工时制被认为可以有效地减少工作时间对个人日常活动的制约，增加个人对休闲等非工作活动的参与性，对于协调城市居民（特别是双职工家庭中的女性）的工作时间和生活时间具有重要意义。学者将弹性工时制视为工作—生活平衡研究的一个重要考虑因素，并主张将弹性工时制与远程办公、压缩工作周等灵活的工作安排方式列入家庭亲善政策（Allen，2001）。研究表明，弹性工时制能减少人们所感知的"时间压力"（即工作时间与家庭照料、休闲社交等时间的冲突）（Fast et al.，1996）。在弹性工时制下，女性职工节省了通勤时间，并且可以根据个人需求自主配置工作时间，因此能够更好地协调工作活动和家庭照料等非工作活动，其生活幸福感往往高于固定工时制下的女性职工（Kwan，2000a；Tuttle et al.，2009；Combs，2010；Turesky et al.，2020）。

此外，弹性工时制也被视为一种可有效分散出行时间、减少交通拥堵的交通需求管理措施。已有研究表明，居民"错峰通勤"的决策在一定程度上受到活动安排制约性（或弹性）的影响，在工作单位采用固定工时制的情况下，居民可能难以选择"错峰出行"，他们不得不在高峰时段上下班，进一步加剧了城市的交通拥堵；而在弹性工时制下，居民可相对自由地选择工作时间以及安排其他活动，因此可根据交通拥堵状

况来调整通勤的出发时间，避开高峰出行（Noland et al.，1995）。何
颖（He，2013）对美国加利福尼亚州两个较为拥堵的地区进行了统计，
发现弹性工时制下的职工与固定工时制下的职工相比，高峰时段前的通
勤出发率低 3.3%，高峰时段的通勤出发率低 4.11%，高峰时段后的通
勤出发率高 7.41%，这表明在弹性工时制下职工会延后其通勤以避开
拥堵。陈梓烽等（2014）利用北京的调查数据发现，在居民早通勤中，
当减少工作活动的时空制约时，居民会明显地选择避让交通拥堵而"错
峰"上班。

在弹性工时制实施过程中，需要考虑弹性工时制对不同产业类型和
生产模式的企业、工作岗位的适用性，以及政策对企业经济效益的正面
或负面的影响。因此，城市政府需要在宏观层面上编制城市工作时间规
划，统筹不同地区、不同类型的企业，制定有针对性的弹性工时政策，
并探索有效的措施来鼓励企业积极参与。

5.3.2　城市服务设施时间规划

城市服务设施时间规划对商业、教育、医疗、政府服务等各类公共
服务及设施的运营时间进行调整，以增加城市居民在时空制约下使用服
务设施的机会，推动生活时间资源进行公平配置。在时空行为研究（特
别是时间地理学）的推动下，研究者越来越重视城市服务设施配置的时
间维度，关注服务设施的空间配置和营业时间的制定对人们获得服务的
影响，以及不同群体的日常时间安排对其获得相关服务可能性的制约。
时间地理学提出了一种基于个体和时空的可达性研究视角（图 5-2），
即通过分析特定时间和空间制约下个体时空棱柱中处于营业时间的设施
数量，来测算个体对城市服务设施的时空可达性（Kwan，1999；
Weber et al.，2002；Kim et al.，2003；Miller，2005；Neutens et al.，
2011；Lee et al.，2018）。对于个体来说，即使居住地附近有服务设施
（即空间上邻近），但如果服务设施的运营时间和个体在时空制约下可用
于使用该设施的时间不重合，那么个体对该设施不具有时空可达性
（Chen et al.，2021）。根据这一研究视角，城市的商业和公共服务的分
配在时间和空间上的不公平，以及弱势群体受到的空间、时间与机动性
上的更多制约，都会导致弱势群体更容易陷入被排斥的位置（Kwan，
1999；Hawthorne et al.，2012）。因此，城市服务设施的公平配置不仅
需要考虑设施的空间布局，而且需要考虑设施的运营时间安排。

学者通过时空可达性的实证研究，探讨了以调整运营时间的方式推
进服务设施公平配置的可能性，为城市服务设施的时间规划提供了思

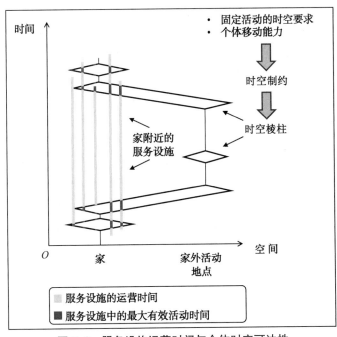

图 5-2 服务设施运营时间与个体时空可达性

路。日本学者神谷浩夫（Kamiya，1999）在针对家庭照料活动对已婚女性就业的制约以及入托服务设施供给的研究中，选取了五种不同类型的典型家庭，借助时间地理学的表示方法和分析视角，绘制出家庭成员之间的一日活动模式及其相互制约关系。神谷浩夫发现，托儿所营业时间以及接送小孩的家庭责任对已婚女性的就业形成了一定的制约。例如，在其中一个调查家庭中，男家长到大都市区外围工作，女家长需要照顾三个孩子，由于本地的托儿所仅能够在早上八点半至下午四点提供入托服务，那么这个母亲便只能在仅有的这段时间内从事兼职工作。为帮助已婚女性减少照顾孩子对就业的制约，神谷浩夫提出应实现男女家长时间的弹性化、延长公办托儿所营业时间等政策建议。神谷浩夫的研究表明，服务设施的供给水平可通过运营时间的调整来得到改善，这一研究结论也在其他研究中得到了验证（柴彦威等，2002）。韦伯等（Weber et al.，2002）在针对波特兰居民的时空可达性的研究中发现，调整营业时间可减少个体时空可达性的差异、增进社会公平。施瓦南等（Schwanen et al.，2008a）发现延长幼儿园的运营时间可提升双职工家庭的工作与生活平衡。德拉方丹等（Delafontaine et al.，2011）以及纽腾斯等（Neutens et al.，2012a）在针对比利时根特地区的研究中也发现，通过调整图书馆、政府部门等服务机构的运营时间，可以显著提升个体时空可达性、推进公共服务的公平分配。

鉴于服务设施时间的调整在推动生活时间资源进行公平配置方面的

有效性，已有部分国家进行了城市服务设施时间规划的实践。20世纪90年代，意大利劳动力市场对女性劳动力的需求不断增加，面对这一趋势，意大利部分城市开始编制"地域时间安排规划"（Territorial Timetable Plan），对城市中的商业机构、学校、政府部门等服务设施或机构的运营时间进行统筹布局，以期增加城市居民（特别是女性居民）使用设施的机会，平衡工作活动和家庭照料、休闲等非工作活动的时间分配（Mareggi，2002，2013；Radoccia，2013）（图5-3）。2000年，意大利通过国家立法对地域时间安排规划的实施予以法律保障，并明确了相应的机构设置、监督机制和财政支持方式（Mareggi，2002）。意大利的地域时间安排规划也在20世纪90年代后期推广至法国、德国、荷兰、比利时等其他欧洲国家（Bonfiglioli，1997；Mey et al.，1997；Mückenberger，2011）。相比于城市工作时间规划，城市服务设施时间规划的实践更具有系统性和参考意义。

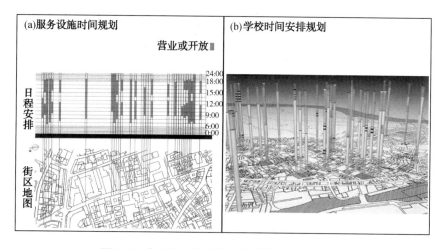

图5-3　意大利克雷莫纳市的地域时间安排规划

5.3.3　城市公共交通时间规划

城市公共交通时间规划对城市各类公共交通的时刻表、发车频次、运营时段划分等进行了合理调整，以减少公共交通出行及等候的时间，同时提升了公共交通时间安排与城市居民生活时间节奏的适配性。

早在时间地理学提出初期，雷恩陶普（Lenntorp，1978）即开发了用于交通规划方案的计算机模拟模型，并进行了通过增加公共交通运行频次来提高就业地区可达性的情景模拟。在城市交通研究领域，公共交通时间调度（特别是发车频次及时刻表的制定与调整）一直是核心的研究问题。学者在比较公共交通时刻表和车辆实际的出行时间、到站时间、滞站时间，以及分析乘客出行行为特征的基础上，试图完善公共交通时刻表和发车频次，以期提高时刻表的兑现率、减少候车时间及出行时间、增加换乘协调性（Guihaire et al.，2008；Sáez et al.，2012；Ibarra-Rojas et al.，2014；Mahmoodi Nesheli et al.，2015）。

此外，公共交通运营参数不可避免地随时间而变化，为了使运营参数尽量稳定，公共交通管理部门一般需要对运营时段进行划分，在不同的时段采取不同的运营策略。学者对此也进行了研究，通过分析乘客出行的时间节奏特征及其长时段的重复性、规律性，来完善公共交通运营时段的划分方式（Bie et al.，2015）。近年来，学者利用 GPS 数据、公共交通刷卡数据等新的数据源，获取了更精确的公共交通时刻信息，并将此应用于居民出行行为及公共交通系统运行状况的研究中（Farber et al.，2014；Boisjoly et al.，2016；Widener，2017；Lee et al.，2018）。例如，李珍亨等（Lee et al.，2018）在时空可达性研究中应用了从谷歌公共交通软件获取的实时公共交通大数据"通用运输反馈规程"（General Transit Feed Specification，GTFS），将居民在不同时刻、不同的公共交通站点等候公共交通的时间以及在公共交通车辆上的实际出行时间作为时空可达性测度的参数，提高了测度的精确性和实时性。这些可反映实时公交信息的新数据源为智能交通技术条件下的公共交通精准调度提供了重要基础。

已有的城市公共交通时间规划主要服务于城市交通管理，聚焦于公共交通系统运行效率和服务水平的提升。未来还需要将此类规划融入城市生活时间规划体系中，与城市工作时间规划、服务设施时间规划相衔接，面向居民完整的活动企划合理布置公共交通运营时间，在满足活动与出行需求的前提下尽可能减少生活时间资源在出行上的投入。

总体来说，针对工作时间、服务设施时间、公共交通时间的规划措施，国内外已有一定的实践基础。然而，这些规划措施在责权上分属不同的部门，缺乏系统性；在内容上仅针对特定的活动，忽视了日常生活的整体性。如何整合现有的规划措施，构建城市生活时间规划体系，实现城市生活时间资源的统筹布局与综合治理，以有效应对日益复杂、动态的城市活动系统，是城市生活时间规划有待解决的难题。下一节将以哈格斯特朗及其隆德学派提出的城市生活时间规划理论模型为基础（Ellegård et al.，1977；Ellegård，2018），结合城市生活时间规划的已有实践，从规划目标和规划内容两个方面来构建基于时间地理学的城市生活时间规划体系。

5.4 城市生活时间规划体系构建

5.4.1 规划目标:"时间公平"与"时间效率"

基于时间地理学的城市生活时间规划认为,个体的不可分性以及每个个体每天所拥有时间的固定性,决定了每个个体可供给的生活时间资源有限。将有限的生活时间资源进行公平、合理的配置,在实现城市发展目标的同时尽可能满足不同群体的生活需求,是城市生活时间规划的一个重要目标。时间地理学已有的研究表明,城市中的弱势群体(如长距离通勤的低收入居民、双职工家庭中的女性)往往需要花费更多的时间来承担维持生计及维护生活的强制性活动(如工作、通勤、接送子女、家务活动等),因此没有足够的时间进行有益身心健康(如休闲、体育锻炼等)及积累社会资本(如社交、业余学习等)的活动,这种生活时间上的"贫困"可能进一步导致社会不平等的再生产(Kwan,1999;Miller,2006;Lucas,2012)。并且,弱势群体由于移动性上的劣势而无法与其他群体平等地享用城市公共服务等资源,从而面临时空机会被剥夺的困境(塔娜等,2017;Chen et al.,2021)。这类源自生活时间资源失配的社会不平等现象凸显了城市生活时间规划的现实意义,也表明了将"时间公平"确立为城市生活时间规划核心目标的必要性。

除了"时间公平"外,城市生活时间规划的另一个核心目标是"时间效率"。时间不仅有数量(资源)的属性,而且有方向、次序等属性。城市中每个个体都有各自的生活时间节奏,而所有的工作单位及服务设施又都有各自的时间安排(Kwan,2012),二者的失配将导致日常活动的低效。例如,个体在下班回家后,如果家附近的商业设施已经停止营业,那么个体将需要花费额外的出行时间去寻找正在营业的商业设施,以完成购物活动的企划。因此,在城市生活时间规划中,不仅需要考虑生活时间在数量上的供需平衡,而且需要考虑个体日常活动的时间节奏与工作单位及服务设施的时间安排是否匹配。此外,不同个体的生活时间节奏也需要有效的协调,以避免人群在特定的时空过于集中而造成拥挤、拥堵等问题,从而影响个体日常活动与出行的效率。综上,城市生活时间规划中需要协调各方的时间节奏或时间安排,以保障日常生活活动的效率。

5.4.2 规划内容:从"动态空间规划"到"时间规划管理"

城市生活时间规划将城市的生活时间资源按照一定的时间布局方式

进行配置,以满足城市发展对生活时间的需求。在编制城市生活时间规划前,首先要采集基础数据,包括生活时间需求、生活时间供给(资源)、生活时间布局三个方面的数据。生活时间需求即家庭、企业或公共机构中需要开展的活动,通过活动日志调查、GPS调查等方式可采集个人或家庭的各类活动(如睡眠、个人事务、家庭照料、购物、休闲等)的时间需求数据,通过企业问卷调查和访谈再结合城市产业发展分析可获取城市生产活动的时间需求数据。生活时间供给(资源)即城市中所有的个体每天拥有的时间总和,通过对城市人口现状及未来增长的分析,可以测算城市的生活时间资源量。生活时间布局即工作单位的时间安排以及各类服务设施、交通设施的运营时间,这类数据需要通过现场调研获取,部分数据(如商业设施的营业时间)也可通过互联网信息抓取的形式获取。利用生活时间需求、生活时间供给、生活时间布局等数据,可对城市生活时间供需现状进行研判,如分析城市居民单日 24 h 的时间供给在各类生活时间安排(如工作单位的时间安排、设施的时间安排)的引导和约束下,能否满足各类活动(如工作、购物、休闲等)的需求(图 5-4)。

在采集基础数据并展开研究之后,即可开展城市生活时间规划的编制。城市生活时间规划既是一种新的治理思路,也是一类新的规划形式,因此城市生活时间规划的编制既包括用时间的理念与时间研究的成果来支持或改进现有的规划(即"动态空间规划"),也包括制定新型规划以直接调控生活时间资源(即"时间规划管理")。在近期,城市生活时间规划可侧重于传统规划的改造,推动我国空间规划对生活时间的关注,将缺乏弹性的空间手段与灵活的时间手段相结合。例如,在城市总体规划中重视分时段(特别是夜间)的空间布局,促进"夜经济"的发展;在社区生活圈规划中根据居民活动时间特征划定生活圈的层次,突破现有的"15 min""10 min""5 min"等机械的划分方式,并且对社区生活圈内的设施进行弹性使用,在某类活动的低谷时段将相关设施调配给其他活动(如将放学后的中小学运动场馆调整为公共体育设施),这样既提高了设施的利用率,又因时制宜地满足了居民各类活动的需求(孙道胜等,2017;端木一博等,2018;柴彦威等,2019b;柴彦威等,2020)。

在远期,随着城市生活时间规划理念的深入,可制定直接面向生活时间的新型规划,通过综合调控上下班时间、服务设施运营时间、公共交通运营时间等各类时间安排,减少居民日常生活中的制约性因素,并增加城市居民在时空制约下使用服务设施的机会,以满足不同群体的生活时间需求,实现生活时间资源的公平配置。此外,结合各类设施不同

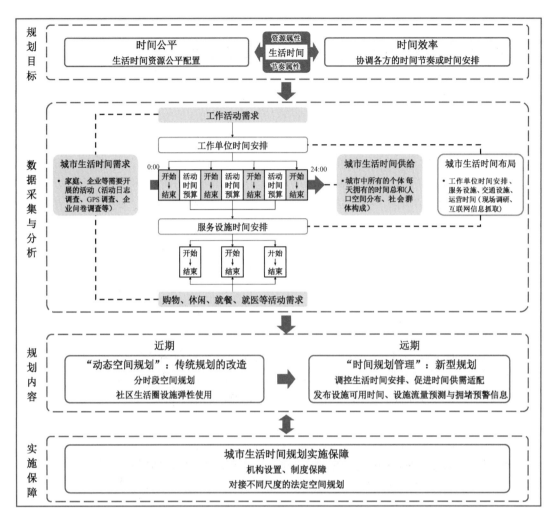

規划目标

| 时间公平
生活时间资源公平配置 | 资源属性
生活时间
节奏属性 | 时间效率
协调各方的时间节奏或时间安排 |

数据采集与分析

工作活动需求

工作单位时间安排

城市生活时间需求
· 家庭、企业等需要开展的活动（活动日志调查、GPS调查、企业问卷调查等）

0:00 开始→结束 活动时间预算 开始→结束 活动时间预算 开始→结束 活动时间预算 开始→结束 24:00

城市生活时间供给
· 城市中所有的个体每天拥有的时间总和(人口空间分布、社会群体构成)

城市生活时间布局
· 工作单位时间安排、服务设施、交通设施、运营时间(现场调研、互联网信息抓取)

服务设施时间安排

开始→结束 开始→结束 开始→结束

购物、休闲、就餐、就医等活动需求

规划内容

近期

"动态空间规划"：传统规划的改造
分时段空间规划
社区生活圈设施弹性使用

远期

"时间规划管理"：新型规划
调控生活时间安排、促进时间供需适配
发布设施可用时间、设施流量预测与拥堵预警信息

实施保障

城市生活时间规划实施保障
机构设置、制度保障
对接不同尺度的法定空间规划

图 5-4 基于时间地理学的城市生活时间规划体系

时段的运营状况及使用人数的分析与模拟，可利用移动互联网平台向城市居民发布设施可用时间、设施流量预测与拥堵预警等信息，引导居民合理安排各类日常活动的企划，提升设施时间安排与城市居民生活时间节奏的适配性，实现日常生活活动的高效开展。

在规划编制过程中，还需要研究和制定规划实施的保障措施，推进生活时间规划落地。由于城市生活时间规划涉及对企业的工作时间及商业设施的运营时间的调整，因此可能需要在法律层面上对规划的开展与实施予以制度保障。国外已有通过国家立法保障时间政策和规划实施的案例，如意大利在 1990 年通过法律［《地方行政改革法案》（142/1990 法案）］赋予了市长协调服务设施运营时间的权力；2000 年通过了一项有关家庭照料和亲子假期的国家法律［《关于支持父母亲家庭照料与教育权利及城市时间协调的规定》（53/2000 法案）］，明确了地方政府制定时间规划以及确立"时间办公室"的职责（Mareggi，2002），有效保障并推进了时间规划的实施。

5.5 本章小结

本章聚焦城市生活时间规划，从理论基础、规划实践等方面详细梳理了城市生活时间规划的源起与进展。20 世纪 70 年代，哈格斯特朗及其隆德学派在对传统的空间规划模式的反思中提出了一种以生活时间供需匹配为核心的新规划模式，将城市视为一个由生活时间的需求方和供给方构成的活动系统，根据城市的生活时间需求，将城市的生活时间资源按照一定的时间布局方式进行配置。这种规划方式可被视为城市生活时间规划的理论原型，指引了后期城市生活时间规划的研究与实践。但是目前，国内外尚未建立完整的城市生活时间规划体系，只有针对工作时间、服务设施运营时间、公共交通运营时间等特定活动的时间利用的规划和政策。

本章以哈格斯特朗及其隆德学派提出的城市生活时间规划模型为基础，结合城市生活时间规划的已有实践，从规划目标和规划内容两个方面来构建基于时间地理学的城市生活时间规划体系。在规划目标方面，城市生活时间规划始于生活时间、终于生活时间，立足生活时间的资源性与节奏性，通过合理配置生活时间资源来保障"时间公平"，通过协调个体时间节奏与设施时间安排来保障"时间效率"。在规划内容方面，城市生活时间规划，既包括用时间的理念与时间研究的成果来支持或改进现有的规划，也包括制定新型规划以直接调控生活时间资源，并辅以相应的实施保障措施以推进规划落地。

值得注意的是，无论是哈格斯特朗等提出的城市生活时间规划理论模式，还是不同国家、不同类型的生活时间规划研究与实践（例如，起源于德国的弹性工时制、日本学者针对家庭主妇日常活动和幼托中心运营时间的研究、意大利的地域时间安排规划等），其背后的现实背景均有一定的相似性：随着劳动力需求的增加，越来越多的女性进入就业市场，双职工家庭（特别是女家长）在生活中面临工作和家庭照料等活动的多重制约。以生产为导向、以空间布局为核心的传统规划模式难以有效应对社会对于平衡工作与家庭生活的需求，城市生活时间规划应运而生。可以说，城市生活时间规划的提出和社会发展与城市规划的现实需求是密切相关的，并且深受地理学 20 世纪 70 年代以来所涌现的人本主义、女性主义等新思想流派的影响，标志着城市规划的人本转向、生活转向、家庭转向。

　　我国的城市规划一直关注经济增长和物质空间布局，对居民的日常生活及其时空制约因素不够重视。随着我国经济社会发展进入新常态，满足居民日益增长的美好生活需要已成为城市发展的新导向。"回归"家庭，重视城市生产活动与居民家庭生活的时空协调，将成为我国城市规划的重要发展趋势。这一新背景对时空行为研究提出了新的使命。时空行为研究需要进一步推进城市生活时间规划的理论和方法探讨，推动城市生活时间规划的实践应用，确立符合我国城市发展实际的城市生活时间规划体系，并对接不同尺度的法定规划，推进将生活时间规划与生活空间规划共同纳入法定规划体系。

6　时空行为与安全生活圈规划

随着人口在城市中集聚性和地理流动性的增强，城市在面对气象灾害、疾病传播等自然和人为灾害时的脆弱性不断暴露。从 2010 年的"7·16"大连输油管道爆炸事故、2014 年的"12·31"上海外滩拥挤踩踏事件、2015 年的"8·12"天津滨海新区爆炸事故，到 2020 年初新冠肺炎疫情的爆发，都显现出城市灾害的多样性及复杂性。2018 年中共中央办公厅、国务院办公厅发布的《关于推进城市安全发展的意见》中提出，要建设安全发展型城市，强调健全公共安全体系，打造共建共治共享的城市安全社会治理格局。可见，完善城市安全供给、保证居民安全需求已成为城市发展新的要义。

然而，就目前的城市安全体系建设而言，研究多聚焦于应急态下的城市安全防控与救治，忽略了常态下的城市安全规划与治理；城市安全系统建设主要针对空间设施类（申雪璟等，2013；张田，2019；王婷杨，2016），社会运行和软性服务方面偏弱，对城市中的"人"理解不够；面对日益复杂的城市安全问题，平台预警与监控滞后、信息发布精细程度不一、信息公开性不足、设施供给一刀切等问题仍然突出，城市日常运行监测体系与灾时应对体系的转变衔接尤为不足。

在以人为本的新型城镇化要求下，城市安全建设亟须关注人的行为与安全需求。以时间地理学、行为地理学与活动分析法为理论基础，时空行为视角从微观个体出发，强调个体行为与城市空间的互动，能够为城市安全体系建设提供新的思路。首先，时空行为研究在空间维度的基础上纳入时间维度，通过高时空精度的行为数据，准确评估和识别时空中存在的潜在风险。其次，时空行为研究强调个体行为的企划与制约，相比于传统的、单一的千人指标，基于时空制约的设施可达性评估能更好地优化安全设施与服务配置。此外，时空行为研究强调个体的空间认知，尤其关注特殊群体与特殊行为，可以满足不同人群、不同情境下的安全需求，更能体现以人为本的规划要求。

生活圈规划是时空行为研究走向实践的重要落脚点之一。"生活圈"

的规划概念来源于日本，与传统的、宏观的、偏自然要素的、设施导向的国土空间规划相比，微观的、偏人文要素的、行为导向的、强调时间维度的生活圈规划更能够满足城市居民差异性和个性化的需求。由于自然灾害多发，防灾是日本生活圈规划体系中的重要内容，通过构建从社区到市域三个层级的"防灾生活圈"（佐藤雄哉，2019），辅助以参与式灾害地图（大西宏治，2013；冈本耕平等，2013）、邻里互助等手段，以增强城市的灾害应对能力和风险管控能力。而目前我国的生活圈规划对安全维度的考虑则相对缺乏。借鉴日本防灾生活圈建设的经验，再结合我国现状与已有实践，本章提出在时空行为视角下构建安全生活圈的设想。安全生活圈规划强调通过对居民需求的关注，尤其是对特殊群体和特定行为的关注，从城市供给承载力与居民个体可达性的角度，实现供需匹配的协调，并结合动态视角进行实时动态感知和风险预警发布，对城市应急防控与安全管制有重要意义。

本章安排如下：第 6.1 节分析时空行为融入城市安全供给的理论支撑与技术支撑，突出时空行为视角的优势。第 6.2 节系统介绍日本防灾生活圈与我国城市安全供给的建设经验，分析其借鉴意义与不足。第 6.3 节对防灾减灾规划、防灾生活圈规划及安全生活圈规划进行对比，提出安全生活圈的概念框架、功能与构建思路，并从空间划分、设施配置、安全性评级、社会协同四个维度来分析安全生活圈的实施路径。第 6.4 节展望时空行为视角下的安全生活圈规划的未来发展方向，为城市更好地预防和应对灾害提供决策支持。

6.1 时空行为融入城市安全供给

时空行为融入城市安全供给的理论基础是空间—行为互动理论。在空间—行为互动的视角下，个体行为不仅仅是空间实体的结果，同时也对真实的物理和社会环境进行了回应和重塑。相比于传统以经济学和制度学为核心的城市空间的建构和规划，时空行为融入城市安全体系供给从微观个体视角出发，突出"人"的重要性，讨论个人现实的空间行为与已有城市空间的关系，以及未来城市空间与居民理想行为的需求与引导的关系。在城市安全这一语境中，城市安全空间规划、安全设施与安全服务会影响居民日常行为与避难行为，同时居民通过空间认知与行为选择对城市安全供给体系进行评价，并促进城市安全供给体系的优化（图 6-1）。

6.1.1 理论支撑

行为地理学与时间地理学为时空行为融入城市安全供给提供了理论

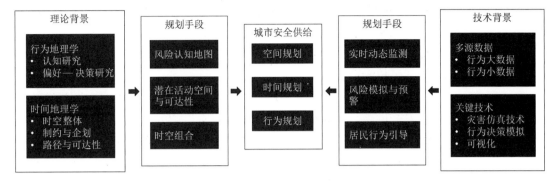

图 6-1　时空行为视角下的城市安全规划

支撑。行为地理学关注个体对外部环境的感知、认知过程及其产物——认知地图。同时，行为地理学通过对认知、偏好、选择等决策过程的研究，理解个体行为及其与物质环境的相互作用，模拟个体决策。行为地理学对差异化感知与过程性解释的强调，能够帮助理解不同群体的行为，并针对不同群体的行为偏好来规划未来的城市空间。时间地理学把时间维度纳入空间，在时空整体中考察个体行为。时间地理学不仅关注可以观察到的已经发生的行为，而且试图去分析那些没有发生的"企划"行为，以及企划行为实现与否的制约因素。时间地理学的符号系统为分析个体路径与可达性提供了有效工具。在时间地理学的视角下，城市规划旨在通过调整物质环境来减少个体行为的制约因素，从而提高个体选择的能力。行为地理学与时间地理学为城市安全供给提供了三个重要的规划手段：一是关注个体对空间中风险因素的感知，形成风险认知地图，人本化地识别并减少空间风险；二是在理解不同群体行为模式的基础上，刻画其潜在活动空间与可达性，科学规划安全设施，最大化地发挥设施效用；三是在城市安全供给中纳入时间维度，关注不同要素的时空组合，更有效地引导资源分配与居民行为。

6.1.2　技术可能

多源数据与关键技术的发展为时空行为融入城市安全供给提供了技术支撑。就行为数据而言，大规模的时空行为大数据是剖析行为规律的基础，高精度的时空行为小数据是理解个体行为机制的前提条件。手机数据、签到数据等社会大数据可获得性的不断提高为分析和研判时空风险提供了可能，日趋精细化的行为小数据则能够帮助理解居民行为并做出合理预测。就分析技术而言，灾害仿真技术的进步能够帮助预估未来风险，并制定可能对策；行为决策模拟方法的优化能够预测个体在不同场景下的可能行为，并针对性地进行行为引导；GIS 在地理可视化和地理计算中的广泛应用以及可视化技术的发展，能够直观地展现人、物的时空共现性，分析并模拟风险的变化与趋势。通过实时动态监测、风险模拟与预警、居民行为引导，人本化、精细化、动态化的城市安全供给已具备了技术可能。

由此，时空行为可从空间规划、时间规划与行为规划三个途径融入城市安全供给。空间规划即优化城市安全设施的空间布局，提高空间安全性、安全设施的可达性及布局的公平性。时间规划即合理分配时间资源，调整设施开放时间，尤其是灾害发生时的设施分时段供给。行为规划即通过发布动态信息与行为优化方案，引导居民活动—移动行为，降低空间风险。

由于地理环境的特殊性，日本极易发生地震、台风、海啸等自然灾害，社会经济发展更是加深了灾害的破坏性。基于多年的防灾经验，日本形成了以防灾生活圈为核心，以参与式灾害地图与社区防灾建设等措施为辅的城市安全体系。下节内容对日本防灾生活圈规划的经验做简要介绍，分析其对我国城市安全供给的借鉴意义。

6.2 防灾生活圈规划与城市安全供给

6.2.1 日本防灾生活圈规划

1) 考虑日常行为的空间规划

日本很早就重视社区防灾能力的建设。1964年新潟地震后，东京都政府于1971年颁布《东京都震灾预防条例》，倡导把社区作为城市防灾建设的支柱，1980年12月日本《我的城镇》（*My Town*）恳谈会首次提出建设防灾生活圈的构想（黄圣凯，2009），此后又出台了《城市防灾设施基本计划》（1981年）（池邊このみ，1996）。防灾生活圈以小学和初中为单元，由路网、河道等燃烧遮断带围合而成，沿线布置耐火建筑、绿地等，主要目的是在地震发生时防止火势蔓延，形成防灾空间（高晓明，2009；张田，2019）。

以学校为单元进行防灾生活圈的划分是因为居民的活动大多发生在此范围内，如上学、休憩、购物等，居民之间、居民与环境之间相互熟悉，且政府部门及社会组织的防灾教育、演习等也以街区为单元进行，有利于在灾害来临时期的责任划分与邻里互助。同时，考虑到儿童、老年人等特殊群体的环境感知与步行速率，计算得出防灾生活圈的合适半径为0.8—1.2 km。从表面上看，防灾生活圈是以学校为基础划分的，但实际上是以社区为基本单元进行的布局安排（申雪璟等，2013）。这种安排可以充分发挥社区组织及社区中人际关系的优势，提高社区面对灾难的能力（高晓明，2009）。

随着《都市防灾计划》（佐藤雄哉，2019）和《地区防灾计划》（齋藤貴史等，2017）的提出，防灾生活圈的设想不断完善，形成了近邻生活圈—文化生活圈—区域生活圈三个层级的空间规划（图6-2），结合防救灾路线及避难场所、防灾绿轴、防灾据点的防灾空间体系（图6-3、图6-4），逐渐与城市规划体系相结合。

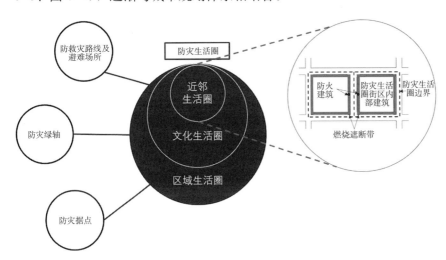

图 6-2 日本防灾生活圈示意

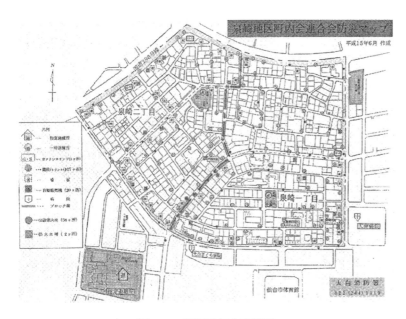

图 6-3 邻里层级灾害地图

图 6-4　城市层级灾害地图

2）考虑空间认知的灾害地图制作

灾害地图（Hazard Map）的制作是防灾生活圈建设的另一重要内容。1999 年日本地震研究推进总部（Headquarters for Earthquake Research Promotion，HERP）提出利用地震灾害地图来降低地震来临时的损失；日本地理学会在 2014 年提出"通过灾害地图促进减灾"的提案，并于 2016 年 1 月加入了防灾学术联盟，通过灾害地图为区域风险识别和防灾组织提供决策支持（小口千明，2016）。灾害地图涵盖不同的主题，如地震、海啸、火山喷发等（高井寿文，2009）。地图以城市规划图为基础绘制，邻里尺度的灾害地图上可以显示每座房屋的形状，城市居民可以在地图中确认自己房屋的位置，了解社区周边可能面临的灾害，以及通往最近避难场所的逃生路径（高井寿文，2009）（图6-3）。根据火山喷发、地震、洪水等不同的灾害种类，评估灾害来临时可能受灾的区域与受灾程度，在地图上分级显示单一受灾风险或综合受灾风险（图 6-4）。此外，针对火灾蔓延、疾病传播等动态扩散的灾害，通过国土交通省网站发布实时灾害地图。

然而，由政府发布的灾害地图的实施应用效果有限，一是大多数居民不知道灾害地图的存在，地图使用率较低；二是政府信息披露滞后，无法有效组织避灾行为。因此，居民独立收集和利用信息，即由居民自己来探索社区的防灾设备以及危险场所，通过居民互动来创建容易理解、容易使用的参与式灾害地图（高井寿文，2009）。近年来，谷歌地图/地球（Google Map/Earth）、网络地理信息系统应用程序编程接口

（WebGIS-API）、开放式街区地图（今井修，2013）的发展使居民创建、编辑和使用网络地图越来越容易，参与式 GIS 已成为将地理空间信息可视化并与其他人共享（大西宏治，2013）、为个体决策提供依据的工具（若林芳樹，2016），也是风险识别与防控的有效方式。除了自然风险以外，人为"不安全"要素也被逐渐纳入风险地图中。大西宏治（2013）提出，通过在地图上标志学校附近的危险地带及巡逻人员的巡逻路线，可以客观地组织预防犯罪活动。

近年来，防灾规划、灾害地图等进一步整合为综合灾害信息系统（DIMAP），构建地震烈度分布、气象、电力等基础设施信息及医院等应急场所信息的共享平台，灾害来临时由统一的防灾指挥中心进行调配和管理，建立警察局、道路等管理部门的相互联系，应用开放 GIS 技术来加强政府与公众之间的联系，为灾害信息搜集、地图制作与发布提供参考。

3）考虑时空组合的避险行为组织

除了防灾空间、防灾设施等有形规划以外，防灾生活圈建设还包括两个重要内容：首先是居民协会的设立（齋藤貴史等，2017）。居民协会是基于居民邻里合作精神建立的自发性防灾组织，地方政府与民间组织加入社区防灾建设，完成平时防灾训练、避难场所的整建，应对突发公共事件和有效开展防灾活动的情况，安排和组织临时避险行为。此外，居民协会还是居民和政府交流意见的场所，并协助维护、实践和完善地区防灾计划和防灾制度。

其次就整体灾害防救效能而言，直接面临灾害威胁与冲击的社区是降低灾害脆弱度、减少人员伤亡和经济损失的关键因素。由于工作空间与居住空间的分离，灾害发生时同一家庭的家庭成员可能分别在不同的空间中。特别是对于老年人、儿童等移动性较差的特殊人群而言，其活动空间大多在社区内，社区邻里互助对于其在灾后第一时间的避险行为具有重要意义。因此，在防灾生活圈内，应以 5—10 个家庭为基本单元组织灾后避险行为，充分发挥"自助、互助、他助"的精神，以减少灾害损失。

总结日本防灾生活圈的建设经验，既有优势，也有不足。它的优势在于把防灾体系建设常态化，通过自主参与、自主组织等方式来提高居民的防灾意识与防灾能力，实现灾前—灾中—灾后的全过程防灾。除空间建设外，还突出社会治理在防灾救灾中的作用，尤其是社区的重要作用。它的不足在于侧重特殊情境下的灾难应对，而忽略了城市日常管理中的安全需求；以设施数量或固定的时间空间尺度划分防灾生活圈，忽略了人在空间中的移动以及可能面临的风险等。

6.2.2 中国城市安全供给的研究与实践

1）面对广域自然灾害的防灾减灾规划

相比于日常性、地方性的风险，非日常性、突发性、广域性的灾害破坏性更强，因此我国防灾减灾规划最初多关注重大灾害（特别是自然灾害）的救助与减损。自 1989 年《中华人民共和国城市规划法》提出"城市规划应考虑城市防灾减灾的要求"以来，我国共出台了四部防灾减灾规划，防灾体系建设从单一灾害走向综合型，从灾后管理走向灾害全过程管理。近年来，国内各大城市在新一轮的国土空间规划编制过程中，在城市层面，城市安全的顶层设计也逐步加强，可分为规划体系外与规划体系内两支（王志涛等，2019），如图 6-5 所示。2018 年应急管理部的成立，进一步推进了综合防灾减灾和韧性城市的建设，在规划中落实城市安全内容成为重要命题。

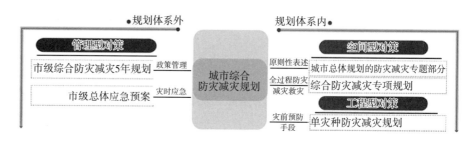

图 6-5　现行城市综合防灾减灾规划体系

作为影响城市发展的重要因素，防灾减灾规划受到自然灾害、公共管理、城市规划等多个领域研究者的关注。在研究主题上，围绕城市防灾减灾规划的现状（王志涛等，2019）、城市灾害的种类识别、不同灾种的形成机制（赫磊等，2019）等开展许多研究。针对现有规划的不足，学者围绕设立综合减灾示范社区（周洪建等，2013）、构建防灾空间与避难场所的评价指标体系（高晓明，2009）、推进村镇综合防灾减灾规划（李军等，2018）提出建设性意见。总体来看，目前的防灾减灾规划研究逐步走向综合，即基于多种灾害影响、考虑灾害全过程的需求及灾害的连锁效应、综合采用工程性与非工程性措施相结合的手段，并加强政策指引和信息化设计的综合研究。

2）面对新型安全灾害的城市安全防控

随着对城市风险因素认识的深化，城市安全研究对象逐渐从地震、洪涝等传统灾害向公共卫生与社会安全等新型灾害转变，研究重点也逐渐从灾后应急救援与风险防控，到灾时应急联动响应与风险监测，再向常态化的应急管理、风险评估与预警转变（王义保等，2019）。目前，城市安全研究突出表现为三个特征：城市风险识别的常态化、城市运行监测的动态化、城市管理单元的精细化。

城市风险识别的常态化。在城市系统运行安全的需求下，常态化的城市问题识别能降低灾害发生的可能性，减少灾时损失。城市体检即针对城市发展过程中一系列社会管理和公共服务问题而进行的现状分析与评价，依托空间分析与数据挖掘技术，根据城市发展过程中可能存在的问题制订"城市体检"指标以及"健康"参考值，为解决"城市病"与区域管理问题提供决策支持（龙瀛等，2019）。

城市运行监测的动态化。城市体检实际上仍然是以空间为核心的人、地、事、物、组织的静态管理。2015年北京清华同衡规划设计研究院有限公司首次提出"城市体征动态监测"（林文棋等，2019），推进城市系统的实时监测、直观展现和科学治理成为新的发展趋势。类比于人体系统，城市巨系统可被视为生命体，其运行状态的指征就是"城市体征"（柴彦威等，2018）。城市体征诊断从实时与常态两个时间尺度出发，整合从普查区到市域多个空间尺度的道路系统、人口状况、土地利用等静态数据和人流、物流等动态数据，在动态决策方面进行创新实践（徐勤政等，2018）。

城市管理单元的精细化。城市运行监测数据动态化的同时，城市运行状态监测的单元也逐渐精细化。2004年，北京市东城区首先提出了城市网格化管理的新概念（陈海松，2019），探索"万米单元网格管理法"，建立城市管理、社会治理和公共服务等内容于一体的城市综合网格化管理服务平台，实现"多网格合一"的高效管理（王江波等，2019）。借助"城市大脑"平台的发展，能够实现从网格到市域的数据搜集、问题识别与风险预警，提高城市系统的安全性能与服务水平。

与日本地震、火山喷发等广域自然灾害多发的地理国情不同，我国广域自然灾害发生频率相对较低，但在具有中国特色的户籍制度影响下，城市中的人口流动性更强，需要更多地关注社会安全等新型灾害，因此城市安全治理发挥着重要作用。网格化管理、城市体检、城市体征诊断等地方实践的理念在一定程度上能够弥补防灾生活圈常态化和流动性管理不足的问题。然而，已有实践仍是以设施为主的城市安全规划与治理，社会运行和软性服务方面偏弱，对人的行为以及行为—空间的互动关系理解不足，多元主体参与社会治理的积极性也较低。从居民日常活动出发，基于时空行为并以居民需求为核心的生活圈规划更能满足未来发展的需要。因此，时空行为研究结合生活圈规划是未来城市安全体系建设的重要途径。

6.3 安全生活圈规划

6.3.1 安全生活圈规划的三个方向

借鉴日本建设经验与我国已有实践，未来城市安全体系建设应从面对非日常灾害的、偏静态的城市防灾生活圈，向兼顾日常与非日常风险的、流动性导向的城市安全生活圈转变。相比于防灾减灾规划与防灾生活圈规划，未来安全生活圈规划应突出以下三个方向（表6-1）：

表6-1 防灾减灾规划、防灾生活圈规划、安全生活圈规划对比

分类		防灾减灾规划	防灾生活圈规划	安全生活圈规划
规划理念	规划原则	提高灾时响应能力，减少灾中灾后损失	提高灾前整备能力，提高居民防灾意识与自助他助能力，减少灾中灾后损失	兼顾日常与非日常性风险，打造平灾结合型生活圈
	规划要素	单一空间规划	空间规划与社会规划	时空协同规划与社会规划
	治理单元	具有固定边界的空间单元的地域性治理	具有固定边界的空间单元的地域性治理	以人的行为为基础，突破地理边界的流动性治理
实施路径	空间尺度	城市—区域—社区	个体—家庭—邻里—区域	个体—家庭—邻里—社区生活圈
	空间划分	以避难据点为核心	以小学、初中为核心	以小学或社区公园为核心
	设施配置	千人指标与服务半径	以人的行为与需求为导向	以人的行为与需求为导向
	治理主体	以政府或防灾部门为主体	以社区为基础	以社区生活圈作为新的治理单元
	治理方式	自上而下的治理	自下而上的治理	自下而上的治理
	平台依托	灾害信息平台	开放GIS平台、灾害信息平台	开放GIS平台与整合所有信息的城市大脑

1）兼顾日常与非日常风险，构建平灾结合型生活圈

相比于灾后的复原（Recovery）能力，安全生活圈应更强调城市的整备（Preparedness）和应变（Response）能力（黄圣凯，2009），把安全建设融入平时的城市运行过程中。安全生活圈不仅针对极端天气、洪涝等自然灾害，而且强调人流拥挤、交通拥堵、环境污染等突发安全事件，整合不同空间尺度（全国性、城市性与地方性）、不同时间尺度（日常性与非日常性）、面对不同人群尤其是特殊人群（儿童、老年、孕妇等）的风险因素，挖掘不同风险因素的共性与特殊性，以及应对

方案。

2）以"人"的安全需求为导向的多维协同规划

个体与设施、个体与其他个体的时空组合，反映了设施对个体的"意义"以及个体设施使用与社会交往的多样化需求。安全生活圈与社区生活圈紧密结合，将居民行为习惯与社区设施统筹考虑，进行空间要素的时空协同规划。安全生活圈不仅强调设施配置，而且关注人的行为本身，特别是在城市应急事件发生时人的避难行为引导。

3）从地域性治理走向流动性治理

空间中的人与物并不是静止的，而是不断流动的，时空行为效应被置于变化的情境来理解。时空行为研究强调从基于地方（Place-Based）向基于人（People-Based）的视角转变。相比于传统的封闭、固定、约束式的地域性治理（吴越菲，2019），安全生活圈更强调开放、弹性、引导式的流动性治理模式。在流动性治理背景下，安全生活圈不再是具有固定物质空间或边界的范围，而是超越城市基础空间单元、依托人的活动空间划分的弹性区带（柴彦威等，2019a）。

6.3.2 安全生活圈概念与功能

基于以上分析，从平时与灾时、地域性与流动性两个维度提出安全生活圈的概念框架（图 6-6）。安全生活圈是以社区生活圈为基础，依托城市监测与预警平台，实时精准识别、研判和预测城市日常与突发风险、满足不同人群安全需求、实现居民行为引导的平灾结合型综合管理圈。安全生活圈综合考虑实际的都市情境，全面考虑应急事件发生时的人（可动员人数、救灾对象）、事（灾害种类和影响程度）、时（发生的时间）、地（地点、发生范围）、物（可动用的物资）等因素，以及各个因素之间的关联，结合平时与灾时、地域性治理与流动性治理，构建人地耦合、供需匹配的城市安全体系。

安全生活圈在四种情境下发挥重要作用。平时—地域性治理情境强调安全生活圈内医疗、避险、生命支撑类设施配置的合理性与公平性，保障城市安全体系的常态供给；通过分析人群的年龄、性别等社会经济属性，实现对城市居民的常态安全需求检测。平时—流动性治理情境强调通过对社区不同人群的行为模式进行分析，对居民的行为习惯和设施使用密度进行分析，实现常态行为检测；通过城市体征诊断进行风险的识别与优化，减少城市潜在不安全因素。灾时—地域性治理情境强调通过对城市防灾设施的空间分布和承载能力进行监控，协调应急状态下紧急物资的合理分配与公共空间的灾时管理。灾时—流动性治理情境强调通过对人口的时空分布瞬时变化与移动模式进行检测，发现并预测不同地区的人口激增状况或人流移动情况，实现城市动态需求检测。通过对人行为模式的分析与居民避难行为的监控引导，实现城市动态行为引导。

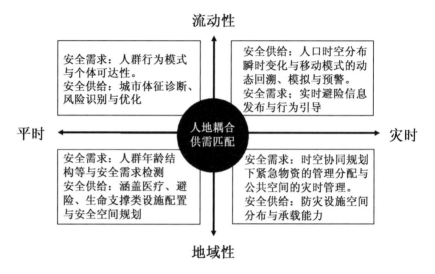

图 6-6　安全生活圈的概念框架

6.3.3　安全生活圈实施路径

1) 空间划分

安全生活圈以社区生活圈为基础，以中小学或社区公园为核心，根据社区内居民 15 min 步行实际可达范围为准。安全生活圈之间可能有重叠但无空缺，同一街镇下的几个安全生活圈不跨越街镇行政边界。

安全生活圈规划的空间示意图如图 6-7 所示。选择社区为单元进行划分，是因为社区既是城市灾害与日常风险破坏的直接对象，也是城市安全体系规划和建设的重要抓手。特别是对于某些移动性较弱、受灾风险更大的特殊群体而言，如老年人、儿童、残疾人等，其在社区中直接面临风险的可能性更大，社区涵盖了其大部分的日常活动空间。在安全生活圈内，划分不同层级的避难空间，根据不同人群属性，尤其是特殊人群的空间认知、步行速率与行为习惯配置防灾空间、避险通道。城市大脑是安全生活圈风险信息汇总与发布的主要平台，社区岗亭是基层信息发布的重要窗口，应建立岗亭与岗亭之间、岗亭与大脑之间衔接顺畅、联动迅速的机制，以提高城市的灾时应对能力。

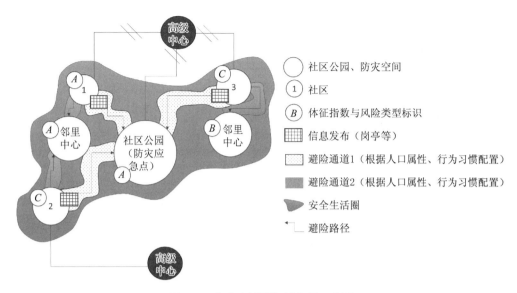

图中图例：

社区公园、防灾空间

① 社区

Ⓑ 体征指数与风险类型标识

▦ 信息发布（岗亭等）

░ 避险通道1（根据人口属性、行为习惯配置）

▒ 避险通道2（根据人口属性、行为习惯配置）

◤ 安全生活圈

← 避险路径

图6-7　安全生活圈规划空间示意图

2）设施配置

安全生活圈内的设施配置应包括避险空间类、医疗救助类、生命支撑类、应急指挥类四类设施，按不同风险等级与服务范围配置社区级—街区级—城市级设施（图6-8），同时应考虑平灾结合性、个体可达性与共享性。就平灾结合性而言，社区绿地、开放空间等需满足短时避险与救援的基本要求，平时用于居民休闲活动，灾时则进行功能转换用于防灾避难；城市公园、体育场、学校操场等需满足国家避难设施的标准，平时兼具休闲、娱乐和健身等功能，灾时迅速转变为应急避难中

	避险空间类	医疗救助类	生命支撑类	应急指挥类
社区级	社区绿地	社区卫生站	超市	社区居委会
街区级	街区公园、社区广场等	紧急医疗服务中心	大型超市	安全生活圈中心
城市级	避难场所	应急医疗机构、体育馆、展览馆	物业用房、仓库、工厂	城市大脑

图6-8　安全生活圈内设施配置

心。就个体可达性而言，除空间距离可达以外，还需要考虑时间可达与认知可达，通过设施的分时分人群供给，减少因时间资源配置不均衡及设施开放时间的非弹性化所导致的时间排斥（柴彦威等，2016），强化社区居民对周边避难场所、应急标识及逃生路线的感知，降低灾害损失。就共享性而言，安全生活圈的边界是根据人的行为划分的弹性区带，能够通过协调配置与共享来突破刚性行政边界，实现安全设施在不同社区之间的共享。

3）安全性评级

为了提高城市灾前整备能力，使防灾过程常态化，需要通过城市体征诊断进行安全生活圈的日常安全性评级（图6-9）。安全性评级主要包括以下步骤：①采集多源数据，包括人口数据（年龄结构、性别结构等）、建成环境数据（房屋、道路交通、基础设施等），以及居民个体行为与认知数据（手机信令、微博签到、出行APP、GPS调查等位置数据，活动日志数据，微博、微信、大众点评等社会舆情数据，认知地图数据）等。②构建安全生活圈多维指标。供需耦合度指标主要从常态人口结构和动态居民行为角度来分析人口的安全需求与设施安全供给的匹配程度，重点关注特殊人群与特殊行为；设施适宜性指标针对设施的安全性、时空可达性、共享性等方面进行评级。③构建综合指数，对安全生活圈进行安全性评级。④决策优化。根据安全性评级进行问题识别，对有可能发生紧急情况的安全生活圈发布预警，实施应急预案。在长期的动态监测与反馈过程中不断调整优化安全生活圈的设施配置与时空规划。

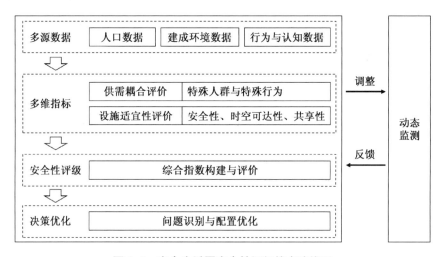

图6-9　安全生活圈安全性评级技术路线图

4）社会协同

安全生活圈以社区生活圈作为基本治理单元，适度突破社区空间边界，促进相邻社区公共设施与服务的协同和共享。防灾生活圈的建设经验表明，社区与邻里是城市安全体系建设与社会规划最基本也是最重要的主体。在常态情境下，居民的日常行为大部分在社区生活圈内进行，纳入个体日常感知风险有利于更精准地识别日常活动空间中的不安全因素。在应急态情境下，良好的社区治理与邻里的相互熟识能够促进灾后第一时间的自助与互助，防止灾害蔓延，减少灾害损失。由安全生活圈进行应急物资分配与公共空间的灾时管理，分时分人群利用公共设施，减少个体时空组合所带来的风险。

作为一种自下而上式的规划，安全生活圈鼓励居民自主识别与共享空间中的风险信息，通过居民安全协会建设等多元主体参与的规划模式，提高居民参与社区安全建设的积极性，并尽可能满足居民的差异化需求，实现城市安全供需匹配。

6.4 本章小结

在"以人为本"的规划要求下，社区生活圈规划逐渐取代传统的居住区规划成为城市基本空间的规划模式。以社区生活圈为基础，安全生活圈的提出进一步拓展了社区生活圈的原有维度，表明社区生活圈规划正在从改善物质空间、保障基本生活、体现社会公平等基础性议题，走向社会治理下沉、满足多元需求、提高社区韧性等提升性议题。作为一个创新性的规划理念，安全生活圈体现了城市规划"谋事于前"的前瞻性。然而，由于社区生活圈的时间定义、治理主体、划分技术方法等尚未明晰（柴彦威等，2019a），依托于社区生活圈的安全生活圈的规划落地面临着许多现实挑战，其中最难的是如何构建社区的人际关系网络和熟人社会，发挥邻里作用和自下而上的自组织力量，实现社区自治与共治。由此可见，安全生活圈规划需要在未来开展更多的探索实践，既要形成可推广的经验，又要因地制宜，合理制定本地区的物质规划、时空规划和社会规划。

7 时空行为与建成环境规划

      建成环境与时空行为之间的关系研究已经成为城市规划与设计领域最为重要的理论依据之一，亦是城市规划、城市地理、交通规划等多学科交叉的重点领域。根据时空行为交互理论，建成环境会直接且相对快速地影响城市居民的时空行为，而人的时空行为则相对间接且缓慢地重塑建成环境。一般而言，研究者通过分别测度建成环境要素和出行行为指标，并建立两者关系的计量模型，估算建成环境与时空行为之间的联系。

      本章安排如下：第 7.1 节从密度、多样性、设计、目的地可达性和公共交通临近性五个角度分别介绍了使用最为广泛的建成环境测度指标及其基本特征和计算方法（张文佳等，2019）。第 7.2 节从出行和活动的角度分别介绍了时空行为的基本特征和量化方法。第 7.3 节从因果效应、中介效应、调节效应和非线性效应的角度分别介绍了目前学界主要关注的建成环境和时空行为之间的复杂关系。

7.1 建成环境规划与测度

      建成环境的定量测度一直是西方城市规划学的分析基础。从 20 世纪 70 年代开始，建成环境分析侧重在城市尺度以多个城市为分析单元，测度城市整体的空间结构与形态，主要包括城市的人口规模与密度、城市的就业分布特征、城市基础设施（如公交设施拥有情况）、城市形状、路网结构等。20 世纪 90 年代以来，随着微观空间与行为数据的丰富，社区建成环境研究成为主流。在研究初期，学者们主要是从人口密度、土地利用类型、职住关系等单一指标对建成环境进行刻画，尚未形成一致的分析框架。直到塞维罗等（Cervero et al.，1997）提出了基于密度（Density）、多样性（Diversity）和设计（Design）的"3D"指标体系，在学界引起了巨大的反响。随后，尤因等（Ewing et al.，2010）又进一步将"3D"拓展到"5D"，增加了目的地可达性（Destination

Accessibility）和公共交通临近性（Distance to Transit）。目前，"5D"指标体系已成为国内外建成环境量化分析的主要测度依据。此外，也有研究加入需求管理（Demand Management）和人口统计特征（Demographics）指标，形成"7D"体系。事实上，这两项指标并非直接刻画建成环境，仅与其存在密切联系。

在社区尺度上，建成环境经常被等同于土地利用。其中，密度、多样性和设计指标侧重于描述社区内部的服务、设施与工作等资源的分布特征与可达性，而目的地可达性和公共交通临近性侧重于刻画社区与外部环境之间的联系，反映其在城市区位中的优劣。本章围绕"5D"框架下的建成环境指标展开论述。

7.1.1 密度

密度是最为常用的建成环境要素，反映单位用地面积上所承载的人类活动强度。密度指标是多样的，这与"用地面积"和"人类活动"的差异化定义有关。其中，"用地面积"可以是社区用地总面积、某一类型用地面积（如居住用地）、建筑面积等，"人类活动"则采用人口总数、就业总数、某一类人或工作的数目、住房总数、家庭总数等要素表征。

常用的密度指标包括人口密度、就业密度和建筑密度三类（表7-1）。其中，人口密度类指标是最常采用的，包括人口密度、家庭密度和特定类型人群密度等（Ewing et al.，1996；Kockelman，1997；Kuzmyak，2009；Munshi，2014）。在针对特定类型人群的研究中，也出现了老年人口密度和学生密度等指标。就业密度类指标相较于人口密度类指标往往反映出更为复杂的土地利用强度特征，细分包括就业密度、特定类型工作密度（如零售业）、商业活动密度等。建筑密度类指标侧重于反映土地开发的强度，包括建筑密度、公寓密度和独立住宅密度等指标。此外，随着移动设备的普及，手机信令大数据和基于手机APP用户的地理位置数据（如百度地图、热力图）等大数据的丰富为人类活动密度的测度提供了更实时、动态的数据来源和测度方法。

增加社区密度通常会对出行等时空行为产生影响。例如，尤因等对1996—2009年30多篇美国城市的相关研究进行元分析（Meta-Analysis），发现小汽车行驶里程数（VMT）相对于人口密度和就业密度的平均弹性系数均较低，为−0.04和0。这说明增加1%的人口密度和就业密度仅减少0.04%和0%的VMT（Ewing et al.，2010）。人口密度对VMT有显著影响，但影响程度很小，而就业密度对VMT的影

表 7-1　常用土地利用密度指标及其计算方法

指标类型	指标名称	计算公式
人口密度类	人口密度	人口总数/总面积
	家庭密度	家庭总数/总面积
	特定类型人群密度	特定类型人群总数/总面积
就业密度类	就业密度	就业人口数/总面积
	特定类型工作密度	特定类型工作从业人数/总面积
	商业活动密度	商业活动从业人数/总面积
建筑密度类	建筑密度	建筑物基底面积/总面积
	公寓密度	公寓总数/总面积
	独立住宅密度	独立住宅总数/总面积

响则不显著。同时，提升人口密度与就业密度可以增加公交和步行出行，但其弹性亦均较低（0.04—0.07）。史蒂文斯（Stevens，2017）利用 2005—2015 年 37 篇实证文献进行了类似的元分析，发现了类似的影响趋势，但是 VMT 相对于人口密度的平均弹性系数增加到－0.15。

基于这些实证分析，学者们普遍认为，密度提升可以减少小汽车出行，鼓励公交和非机动出行，只是在弹性大小的理解上形成两种截然不同的观点：一方认为，弹性太小说明增加密度的效率并不高，因此不值得鼓励密度化政策；另一方则认为，即使弹性很小，增加密度仍然可以有效地减少不可持续的出行，而且密度的增加往往伴随着其他建成环境指标的改善（如混合土地利用提升），带来更可持续的行为结果，其综合效果是有效的（Ewing et al.，2017）。也有研究指出，密度增加在带来好处的同时也可能带来不利，即所谓的"紧凑城市悖论"（The Compact City Fallacy）和"开发强度悖论"（The Paradox of Intensification）。过高的密度可能会带来拥堵、犯罪、污染、公共健康等城市问题，因此，密度对时空行为可能存在非线性的影响（Yang et al.，2012）。而且，西方城市是在过低密度的蔓延式开发模式下提倡的密度提升和紧凑发展，这与中国城市面临的高密度扩张背景不一样，提升密度在中国是否带来更多的不可持续的行为后果值得更多探讨。

7.1.2　多样性

多样性通常包括土地利用多样性和业态多样性两类，反映社区内满足不同活动需求的用地设施分布。其中，土地利用多样性刻画各种土地利用类型的数量、面积、比例及其混合程度、差异性与相似性等。对多样性的探讨可以追溯到雅各布斯的经典著作——《美国大城市的死与生》。针对美国当时多数社区内单一的土地利用类型，雅各布斯认为，混合土地利用可以让社区更安全、街道更适合步行，且社区活力更好。然而，也有后续研究发现，土地混合利用与社区构成多样性并不一定会使得社区更安全，反而可能会降低社区的安全和认同感，给日常活动和出行带来负面影响（Zhang，2016；Cervero et al.，2017）。

多样性的测度取决于如何划分用地或业态类型，可细分为居住用地、商业用地、工业用地、公共服务机构用地、教育用地、医疗用地、公园绿地、文化宗教用地等。常用的一类指标是用地的占比或设施点的密度（表7-2）。另一类是土地利用的混合程度，其量化目前尚未有统一标准。早期的分析多采用职住平衡水平，即社区内的就业与居住人口比例（Frank et al.，1994）；部分研究也采用零售商业和住房数目的比例，即所谓的"商住平衡"（Cervero et al.，2006）。后来，大多数文献采用土地利用混合熵指数（Entropy Index）和差异性指数（Dissimilarity Index）来测度。熵指数用来计算社区内不同用地类型的均匀分布程度（Frank et al.，2009）。熵指数越高，社区的土地利用类型越混合，多样性程度越高。土地利用差异性指数则测度每一个地块单元周边临近单元的土地利用类型与之相似或不同的程度（Cervero et al.，1997；Munshi，2014）。此外，业态多样性多指不同类型的产业混合程度，主要体现在建筑物单体层面，常用指标包括建筑物纵向业态混合率和具有两种以上业态的建筑比例等。

相对于单一用地用途，混合土地利用往往会带来更可持续的行为结果。尤因等（Ewing et al.，2010）的综述分析发现VMT、公交和步行出行相对于混合熵的弹性系数分别是−0.09、0.12和0.15，说明增加土地利用混合程度可以减少小汽车的使用，并增加公交和非机动出行。而在史蒂文斯（Stevens，2017）的综述里，VMT相对于混合熵的弹性则下降为−0.07。总体而言，增加土地利用的混合水平比提升密度对于减少汽车出行更为有效。如果为了改善时空行为而提倡社区多样性，那么将面临两个值得注意的问题：一是是否存在"过度的"混合，即社区生活圈内是否应该规划各类土地用途越平均越好，还是存在一定合理的比例。二是区别于西方城市受制于普遍的单一用地开发模式，中国城市大多具有较高的土地利用混合度，高密度地区甚至存在垂直的功能混合，如何在高混合的背景下考虑多样性与时空行为的联系值得深入研究。

表 7-2 常用土地利用多样性指标及其计算方法

指标类型	指标名称	计算公式
土地利用占比类	特定类型用地比例	特定类型用地面积/总面积
	特定类型机构密度	特定类型 POI 数量/总面积
土地利用多样性类	职住平衡	就业人数/居住人数
	商住平衡	零售商业数量/住房数量
	土地利用混合熵	$$\sum \frac{P_j \ln P_j}{\ln J}$$ 式中，J 为土地利用类型的总数；P_j 为第 j 种土地利用类型所占的比重（$j = 1$，2，3，…，J）
	土地利用差异性	$$\sum_j^K \sum_i^8 \frac{X_i}{8K}$$ 式中，K 表示研究区内所包含的所有格网的总数；j 表示第 j 个格网；当以直角坐标网格进行划分的时候，i 表示比邻每一个中心小格的 8 个格子；当周边小格存在与中心小格不一样的土地利用类型时 $X_i = 1$，否则 $X_i = 0$
业态多样性类	具有两种以上业态的建筑比例	建筑业态在两种以上的建筑物数量/建筑物总数
	建筑物纵向业态混合率	商业综合体内的业态混合熵

7.1.3 设计

社区设计要素主要表征社区内较为微观的物质形态特征，包括各类设施、建筑、场所、街道等的设计要素，以满足从步行、公交出行到汽车出行，从居住到就业，从通勤、休闲购物到体力活动等需求（Frank et al.，2005）。具体而言，设计要素通常包含设施设计、场所设计、街道设计、安全设计四个方面（表 7-3）。

设施设计反映城市基础设施的覆盖情况，包括公园、绿地和停车场等建成环境设施在社区中的比重，如路灯、交通信号灯、行道树等设计要素在社区中的密度等指标。场所设计则注重建筑地块的分布和形态，包含地块的平均面积、方格状地块比例、道路长度—地块数量比例等。而街道设计指标则包括不同类型街道的中心线的密度、不同类型道路交叉口的分布情况以及路线直线系数和连通性指数等反映道路网结构的

表 7-3　常用社区设计指标及其计算方法

指标类型	指标名称	计算公式
设施设计类	设施场所平均面积	设施场所总面积/设施场所数量
	设施场所占比	设施总面积/总面积
	设施要素密度	设施要素数量/道路总长度
场所设计类	地块平均面积	地块总面积/地块数量
	方格状地块比例	方格状地块数量/地块总数
	道路—地块比例	道路总长度/地块数量
街道设计类	路网密度	道路总长度/总面积
	各类型道路密度	各类型道路长度/总面积
	各类型道路平均宽度	各类型道路总宽度/道路数
	桥梁密度	桥梁长度/总面积
	不同数量交叉口比例	断头路、3条、4条、5条及以上道路交叉口数量/交叉口总数
	道路交叉口密度	道路交叉点数/总面积
	连通性指数	十字路口数/交叉口总数
安全设计类	人行天桥密度	人行天桥数/总面积
	自行车道是否隔离	隔离（1），不隔离（0）

指标。其中，道路类型按照主次可分为主干道路和支线道路等，按照用途可以划分为公路、自行车道和人行道等。安全设计则主要注重与出行安全相关的物质空间要素，如人行天桥密度和自行车道是否隔离等指标（Frank et al.，2005）。

社区设计通常对出行行为和体力活动等具有最直接的影响（Zhang et al.，2018b），如网格状的路网设计相对于树叶脉络形设计（如在汽车导向的郊区）更适合于步行。比如，增加1%的路网密度或十字路口密度可以减少0.12%的VMT以及增加0.23%的公交出行和0.39%的步行（Ewing et al.，2010）。而增加1%的十字路口比例可以降低0.12%的VMT、增加0.29%的公交出行，但减少0.06%的步行。总体而言，社区设计要素对VMT的影响比密度和多样性高，仅次于目的地可达性要素。

在"5D"中，设计的改善对于提升公交使用和步行行为最为有效。许多西方城市的路网和场所设计是为了汽车出行方便，而忽略了公交和非机动出行，因此设计要素的改进是缓解汽车依赖和促进可持续出行的重要手段。然而，在中国的城市中，虽然汽车拥有率和汽车出行比率在上升，但公交和非机动出行仍占据很大的比例，如何通过设计来满足不同交通方式的出行需求是实证分析的关键所在。

7.1.4 目的地可达性

目的地可达性是指从社区到达活动目的地的便捷程度，与社区周边乃至整个城市的土地利用强度和分布情况有联系，并与交通网络、活动时间安排和个体偏好均有密切联系（Geurs et al.，2004）。可达性可划分为多种类型，如社区可达性和区域可达性、基于地方和基于个体的可达性、预期与真实的可达性、潜在与实证的可达性等（Handy，1993；Niedzielski et al.，2014）。

目的地可达性更多是指基于地方的可达程度，其计算方法也有多种。例如，第一类测度是指到达某一类设施或中心点的直线或路网距离（或成本），常用的有到 CBD 的距离、到最近社区的距离、到最近服务设施的距离、到多个就业中心的平均距离等。这类指标只考虑到通达成本，并没有考虑可达范围所提供的各种机会差异。第二类测度则是指在一定的通达范围内，基于某种出行方式（如小汽车、公交车或步行等）的就业机会或设施供给总数，如 0.5 h 内（或 1 km）开车可到达的范围内的就业机会和设施数目等。第三类测度则假设城市内的就业市场和服务设施对居民均有影响，只是其影响随着距离的增加而衰减，常采用重力模式进行计算（表 7-4），是更为综合测度的可达性指标。

表 7-4　常用目的地可达性指标及其计算方法

指标类型	指标	计算方法
区位临近性	社区是在城市中心区或郊区（或几环以内）	是（1），否（0）
	到达不同等级中心地（或设施）的距离	居住地到目标点的道路长度或直线距离
累积机会可达性	累积机会的就业（或设施）可达性	在一定可达范围内（n km 或 m min 内），通过某种出行方式，包含的就业人数或机构设施的数量
重力模型的可达性	距离衰减的就业（或设施）可达性	$$Acc_i = \sum P_j f(d_{ij})$$ 式中，P_j 是城市中第 j 个社区或区域内的就业机会或设施数目。d_{ij} 是社区 i 到 j 的距离。$f(d_{ij})$ 是一个距离衰减函数，简单设为距离的倒数 $[f(d_{ij})=1/d_{ij}^a]$ 或指数衰减形式 $[f(d_{ij})=\gamma\exp(\alpha d_{ij})]$。其中 α、γ 需要通过重力模型来进行校准

较高可达性的社区一般对应着较低的 VMT 和较高的非机动出行。尤因等（Ewing et al.，2010）发现，增加 1% 的基于汽车的就业可达性，可以减少 0.2% 的 VMT 和增加 0.15% 的非机动出行。而 VMT 相对于到达城市中心的距离与基于公交的就业可达性的弹性系数分别为 -0.22 和 -0.05，对应的弹性值在史蒂文斯（Stevens，2017）的分析中则为 $+0.01$ 和 -0.07。总体来说，基于汽车出行的就业可达性对 VMT 的影响在"5D"中最大，而到达市中心的距离等区位因素的影响则不明确，可能取决于城市形态与空间结构，在单中心与多中心城市中会存在较大差别。

7.1.5 公共交通临近性

公共交通临近性测度从社区中心到达最近的公交站点的距离。也有研究基于到达最近交通站点的距离、一定可达范围内的公交站点密度和一定可达范围内是否存在某种公交站等要素进行测度（表 7-5）。按照出行方式的不同，公交临近性可划分为公共汽车临近性、地铁临近性、共享单车临近性等。此外，也有部分研究测度高速公路入口的临近性，以此作为与公交邻近性相反的指标。

一般而言，离公交站点较近，汽车使用的可能性会降低，VMT 有

表 7-5 常用公交临近性指标及其计算方法

指标类型	指标	计算方法
公共汽车临近性	到达最近的公交站点的距离	直线距离、最短路径距离
	公交车站密度	公交车站数量/总面积
	一定范围内是否存在公交站	是（1），否（0）
	最近的站点为公交车站	是（1），否（0）
地铁临界性	到达最近地铁站的距离	直线距离、最短路径距离
	一定范围内是否存在地铁站	是（1），否（0）
	最近的站点为地铁站	是（1），否（0）
共享单车临近性	附近共享单车的平均密度	共享单车停放点数量/总面积
	到达最近的共享单车集中停放点的距离	直线距离、最短路径距离
	一定范围内是否存在共享单车	是（1），否（0）
高速公路入口临近性	到达最近高速公路入口的距离	直线距离、最短路径距离
	高速公路入口密度	高速公路入口数量/总面积
	一定范围内是否存在高速公路入口	是（1），否（0）

所降低，而公交使用率会增加，且非机动出行也会增加。基于尤因等（Ewing et al.，2010）的估算，减少 1% 到最近公交站点的距离会降低 0.05% 的 VMT，增加 0.29% 的公交出行和 0.15% 的非机动出行。相应的弹性系数与史蒂文斯（Stevens，2017）在其综述中的表述也十分接近。然而，在公交站点和地铁站点分布密集的中国大城市里，出行方式更为多样，公交临近性的影响是否突出有待进一步的探讨。

7.2　受建成环境影响的时空行为类型

相较于建成环境，对于时空行为的分类和测度则更贴近生活经验和感性认知。从行为地理学的角度来看，时空行为可以划分为出行行为和活动行为两类。其中，出行行为按照出行目的、出行主体、出行时段等因素的差异进行划分，并采用距离和时间进行测度；活动行为则多依赖于活动内容的差异进行划分，相应的量化方法则会根据研究体量和研究深度的差异有所不同。此外，基于出行链的研究则将出行和活动进行序列比对，相较于单一的出行或活动研究它更加贴近现实情况，也更具有研究的科学性和复杂性。

7.2.1　出行行为

出行通常被定义为从地理空间中的一个地点转移到另外一个地点的过程，并且这一过程包含出行频率、出行距离、出行模式、目的地的空间位置等要素。出行行为按照出行目的的不同可以划分为通勤行为和非通勤行为，按照出行方式的不同可以划分为机动出行行为和非机动出行行为。此外，也存在诸如按照出行行为发生时段不同（高峰出行和低峰出行）、行为主体不同（老年人出行和青年人出行）等为导向的其他分类方式。

在研究视角上，出行可以在个人或家庭尺度上从非聚合的角度进行研究，也可以在城市和区域尺度上从聚合的角度进行研究。其中，一方面，非聚合类的个体和家庭数据更适合用于探讨建成环境和出行行为之间的关系，因为这一类型的数据可以支持更复杂的行为模式模型；同时，这一类型的数据也可以很好地应对"生态学谬误"的问题，而这一点在聚合研究中很难解决。另一方面，由于近年来智能手机的普及促进了手机信令数据、GPS 定位数据和社交软件定位数据的发展，以及大数据分析技术的成熟，城市和区域尺度上的聚合类研究对于揭示人口流动的规律刻画提供了新的方法，也为未来更加全面地认识建成环境和行为模式的关系提供了全新的视角。

1）通勤行为

通勤行为是指在一种特定时间内，居民因工作原因在居住地和工作地有规律的空间往返行为，包括以工作为目的的通勤和以上学为目的的通学。由于工作和上学活动的特性，通勤和通学行为往往表现出周期性和集中性特征，使得特定时间或特定区域人口流动的强度急剧变化，所造成的城市拥堵现象是制约城市可持续发展的重大难题。建成环境对通勤行为的影响主要体现在城市的空间结构、职住平衡、公共交通建设和道路设计方面，原则上城市的就业中心多集中于城市少数的一个或几个核心地区，而居住地则更为分散。同时，公共交通工具和私家车成为实现人口移动的主要载体，提升公共交通站点的可达性有助于增强其在通勤行为中的占比，道路设计则会直接影响到私家车作为通勤工具的使用强度。

2）非通勤行为

非通勤行为是以工作和上学以外活动为目的的出行行为的总称，主要包括以购物、休闲和就医等为目的的出行。与通勤行为不同，由于非通勤出行的目的和出行时间具有多样性，其时序特征并不明显。此外，相较于通勤行为的刚性需求，非通勤行为的需求更具弹性，普遍认为，非通勤出行受到建成环境，尤其是社区土地利用影响的程度更明显。另一个新出现的研究热点就是针对非就业人员的非通勤行为研究。相较于具有固定通勤需求的人群（如上班族和学生），非就业人员（如家庭主妇、退休人员和求职者等）对于出行的选择更加灵活多样，这种日常出行的灵活性对交通规划和政策实施已产生深远的影响，研究中多表现出在相同的建成环境背景下，不同类型人群出行模式的类型正在逐渐分化（Bricka，2008）。

3）机动出行行为

机动出行是指以机动车辆为出行工具，从出发地到达目的地的出行过程，通常包括私家车出行和公共交通工具出行模式。由于机动车出行，尤其是以私家车为出行工具的出行行为的增加会产生交通拥堵和环境污染问题，以及间接导致肥胖等慢性病在城市内的传播。因此，主流城市规划研究中一个重要的研究议题在于如何通过优化建成环境进而减少私家车的使用，即公共交通导向的城市发展（Transport Oriented Development，TOD）。建成环境对于机动车出行行为的影响的弹性通常被认为是较为有限的，且公共交通出行和私家车出行通常表现出互补的趋势（Ewing et al.，2010）。其中，相较于密度、土地利用多样性和街道设计的低弹性特征，就业可达性和交通可达性往往表现出相对较高的弹性。

4）非机动出行行为

相较于机动出行行为，非机动出行旨在强调动力来源于非燃油机驱动的出行模式，在建成环境的相关研究中主要包括步行和自行车出行等。首先，非机动出行行为不会产生化石燃料的消耗，有助于缓解空气污染；其次，非机动出行行为的增加有助于分担城市道路中日益增长的交通压力，进而缓解拥堵；最后，非机动出行行为的增加也有助于增强行为主体的身体素质，降低肥胖等慢性病的患病几率。因此，主流研究大多聚焦于通过优化建成环境来提升非机动出行的强度和比例。此外，近年来共享单车产业的兴起，也促进了国内外关于公共自行车的研究，研究围绕公共自行车站点布局及其影响机制，出行需求预测，运行、管理和调度系统模型，以及使用与影响机制等诸多方面展开（Fishman et al.，2014）。对于非机动出行的研究视角主要来源于两个领域：一种是城市和交通规划领域，将非机动出行视为出行模式的一种，与机动出行并列起来，其中建成环境对非机动出行的影响通常被认为主要来源于三个方面，包括出发地建成环境和目的地建成环境，以及连接二者的路径的建成环境（Lee et al.，2013）。另一种是健康和预防医学领域，将非机动出行视为体力活动的一部分，既包括与交通有关的出行，也包括休闲娱乐的出行。

7.2.2 活动行为

活动行为通常被认为是行为主体为实现某一目的而在特定场所进行的活动。活动是组成人类社会行为的主要部分，是实现生产劳动、锻炼身体、购买和消费、休闲娱乐的途径，因此，活动行为通常也被划分为工作活动、体力活动、购物活动和休闲活动等。

1）工作活动

工作活动是指以获取经济报酬为目的的生产、经营和服务活动的总称。作为现代社会维持个人和家庭基本生活、获取报酬、实现个人发展的基本途径，工作活动是一种广泛存在且占劳动力投入比重最大的活动类型。然而，学界普遍认为，建成环境对行为主体所从事的工作活动的影响非常有限。一方面，工作活动的目的明确，通常不能完全由行为主体的主观认识所掌控；另一方面，相较于其他类型的活动，行为主体对工作活动收益的刚性需求在很大程度上削弱了建成环境可能造成的影响。

2）体力活动

体力活动是指任何由骨骼肌收缩引起的导致能量消耗的身体运动。

对于体力活动相关研究的兴起主要源于城市居民的健康问题，由于久坐型生活方式所引发的非传染型慢性病正逐渐威胁当代居民的健康，体力活动不足已成为健康城市发展的制约因素。对于体力活动的测度通常关注活动的持续时间、发生频率、活动强度、活动类型和模式。不同研究领域对体力活动所采取的测度方法也不尽相同。城市规划和城市地理认为对体力活动产生影响的因素通常来自三个层面，包括个体属性、社会属性和建成环境属性。其中，个体属性涉及个人的经济、教育和就业等要素；社会属性关注人际关系、社会资本、健康政策等要素；而建成环境属性包括可能影响到体力活动的设施、场景等要素。公共健康领域则主要关注不同强度体力活动的合理分配和适宜的体力活动量的分析与识别等。

3）购物活动

购物活动是指以购买商品为主要目的的活动行为。信息与通信技术（Information and Communication Technology，ICT）的迅速发展助推了网络购物的迅速发展，给传统的实体店购物带来了明显的冲击。网络购物与传统的实体店购物之间的关系是多种关系并存的混合效应，至少包含替代、补充、修正和中立四类关系（Mokhtarian，2004）。此外，对购物行为产生影响的因素可归纳为商品类型、经济社会属性、建成环境三个方面。其中，商品类型通常根据商品的性质是否容易通过网络信息而准确判断分为搜索型和体验型两类，搜索型商品更适合在网上搜索、体验和购买，而体验型商品更多地依靠实体店搜索和体验；经济社会属性方面涉及性别、年龄和收入等基本因素，互联网网龄、上网时长和网络搜索商品的频率等与网络购物高度相关的因素，购物时是否在意时间成本、价格成本以及是否有冒险精神、冲动消费等购物态度因素；建成环境方面通常认为，居住区周边的土地利用方式和购物的可达性对购物活动具有一定的影响。

4）休闲活动

休闲活动是指在工作以外的时间内自愿从事与谋生和获取报酬无关的，且由行为主体的兴趣和喜好参与的活动。早期对休闲活动的研究主要是时间利用调查，研究不同个体或群体在自由时间数量上的差异，近年来学者们着眼于不同群体的活动方式和影响因素，解析居民休闲时间的分配以及休闲与生活质量的关系。目前，影响休闲活动产生的因素主要源于休闲活动产生的决策过程受个人主观偏好的内在制约，同伴的人际制约，以及时间、金钱或信息等外在结构性制约（赵莹等，2016）。其中，个人主观偏好制约因素包括兴趣爱好、心理状态、能力等；人际制约因素包括同伴的态度、偏好、领导者的影响等；结构性制约因素包括时间、信息的获得、成本（如费用、交通时间等）、设施问题（如场所、拥挤程度等）、安全等。此外，也有部分研究关注上述制约因素对不同人群的作用，以及特殊群体的休闲活动及影响因素。

7.3 建成环境与时空行为的多元关系

由于对建成环境和时空行为关系认知的限制，以及统计模型在早期的单一化，传统研究大多基于直接的线性假设，以量化各类建成环境因子对不同时空行为的固定弹性为主要目标。然而，随着认知理论的不断加深，城市发展过程中系统的复杂性不断增加，导致城市所面临的社会、环境问题不断加剧，建成环境与时空行为的多元关系探讨逐渐成为研究的热点话题。

这里，根据城市规划与城市地理学领域近年来所关注的研究热点，从二者之间本体论层面上的因果效应、认识论层面上的中介效应和调节效应，以及方法论层面上的非线性效应逐一展开，对每一种效应的概念内涵、形成机理和影响效用进行论述，并选取部分研究案例进一步说明其主要的应用领域。

7.3.1 因果效应

因果效应（Causal Effect）是指成因对结果影响过程中的必然联系，二者变化的过程存在时间上的先后次序，既包含联系的强度和方向性，也存在一个明确的因果机制。根据空间行为理论，环境可以影响人的行为，而人的行为又会反作用于环境的演化，二者在不断相互影响的过程中互为因果，而论证建成环境与时空行为之间的因果关系通常是基于定量化的相关性测度和定性的逻辑推演相结合的方式。一般认为，相较于截面数据，基于面板数据进行因果关系的论证具有较强的说服力。值得注意的是，基于回归方程得到的因果论证，无论是截面数据还是面板数据，都只是统计学意义上的因果关系，而非真实的因果关系，即"伪因果关系"。此外，因果效应可以根据事件发生时间间隔的不同，划分为长期效应和短期效应。研究因果效应，尤其是识别长期效应和短期效应，对理解建成环境和时空行为之间互馈的影响机制，以及论证规划方案的预期效果具有重要意义。

关于因果关系论证的案例研究较为有限，此类型的研究通常需要具有一定时间间隔的面板数据。例如，曹新宇等（Cao et al.，2007）以美国北卡罗来纳为研究区，基于社会调查所获取的两期问卷数据，发现居民自身的流动性和购买力对购买汽车具有较强的因果作用，而部分建成环境要素则具有较弱的影响。此外，也有学者从长期效应和短期效应的角度分析了建成环境对车辆行驶里程的因果关系。张文佳等（Zhang et al.，2015）以1997年与2006年两期在美国奥斯汀地区的问卷调查数据为基础，基于纵向多层模型发现，土地利用混合度和街道密度对车辆行驶里程的影响存在差异，通过实施增加人口和街道密度等政策对减少车辆行驶里程的影响在短期显著但长期不显著，而土地混合利用政策的长期影响更显著。上述研究反映出面板数据在建成环境和时空行为关系研究中的重要性，说明采用基于截面数据分析得出的建成环境与交通行为之间的关系可能在长期来看并不适用。

7.3.2　中介效应

中介效应（Mediated Effect），也称间接效应（Mediation Effect），是指成因在影响结果的过程中，除两者之间的直接影响过程外，还存在一个或多个中介因素，成因可通过影响中介因素来进一步影响结果，形成一条或多条间接的影响过程。在建成环境和时空行为研究不断深入的过程中，研究者发现现实存在一类因素（如犯罪、就业等），它们受到建成环境的影响，进而再影响特定的时空行为，其形成机理通常被认为是受到行为主体的决策过程和经济理性等因素的作用。一般而言，对于中介因素的定量化研究大多依赖于路径分析和结构方程模型来构建因变量和中介变量的内生关系。中介效应的应用是研究者对于建成环境与时空行为之间关系认知不断深化的表现，研究中介效应有利于帮助规划师摆脱直线思维，从更加多元、全面的角度思考城市规划的影响。

中介效应的应用可能会带来对影响过程全新的认识。一项在美国得克萨斯州奥斯汀地区的研究，通过引入犯罪作为中介变量，探索了建成环境对公共交通使用量的直接和间接影响过程。研究发现，虽然人口密度的增长和土地利用混合度的增加会直接增加公共交通的使用量，但是也会显著增加公交站附近的犯罪率，一旦政府公布的犯罪事件超过某一阈值后，将会间接地对公共交通的使用量产生负面影响（Zhang，2016）。上述研究成果对传统研究中普遍认为的人口密度、土地利用混合度与公共交通使用量之间存在的正相关关系提出挑战。此外，此类中介效应也可能是由出行行为因素之间的内生关系所引起的。例如，一项近期在北京的研究发现，虽然人口密度的增长可能会直接缩短私家车的出行距离，但是在职住距离和汽车拥有量的中介作用下，同时可能存在大幅度增强机动出行距离的间接影响路径。随着人口密度的不断增加，人口密度与机动车出行距离形成的总体效应表现为先减弱后增强的关系（Zhang et al.，2020）。

7.3.3　调节效应

调节效应（Moderation Effect）是指成因在影响结果的过程中可能受到一项或几项调节因素的影响，使得因果之间的联系程度不断变化，在数学过程中表现为自变量与因变量之间的弹性受到调节变量的影响，这一概念实质上与我们通常所认识的情景效应（Contextual Effect）具有相似的内涵。调节效应广泛存在于建成环境要素与时空行为的关系之中，调节变量通常会根据建成环境要素的差异和不同时空行为的导向而有所不同，并且在一条既定的影响过程中可能会同时存在多个调节变量。调节效应的形成机理可追溯到复杂系统理论，本质是时空行为决策是一个由多种因素共同形成的随机结果，并且各类因素之间又可能会影响其他因素对结果的影响路径，从而产生不同的发生情景并形成调节效应。与中介效应类似，研究调节效应的意义在于不断修正和校准已有的对于建成环境和时空行为关系的定量化测度。同时，明晰不同情景下的建成环境和时空行为关系可能出现的差异，在认知上有助于解释此类研究在不同国家和城市所得到的差异化结论，在实践中可以探讨某一规划政策在何种条件下更为有效。

考虑到调节效应中场景的差异，部分学者从建成环境对政策效用调节的角度展开研究。例如，一项在美国得克萨斯州奥斯汀市的研究发现，在不同的土地利用结构背景下，定价策略对非通勤出行行为对私家车的依赖程度具有不同的影响。同时，人行道密度和土地混合利用度两种建成环境因素间的交互作用也会强化彼此在减少驾驶行为中的效用（Zhang et al.，2018a）。此外，也有学者从活动行为调节作用的角度研究了建成环境对居民身心健康的影响。例如，一项在北京的研究发现，在不同的交通通行体力水平程度下，社区建成环境对居民的身心健康具有不同程度的影响，特别是在增强公交、地铁站点可达性与社区社交网络的连通性后，二者之间影响的程度明显增强（杨婕等，2019）。

7.3.4　非线性效应

非线性效应（Nonlinear Effect）是相对于线性效应的一个概念，它强调结果不再随着成因的匀速变化而相应地发生均匀的变化，即两者的函数关系不再是一条直线。在现实背景中，出行行为不再随着建成环境的变化而遵循某一固定弹性发生相应的变化，其形成机理一方面来源于行为决策的随机性；另一方面是建成环境因素对出行影响的边际效用不断变化的结果。同时，机器学习算法（如决策树模型）的发展和普及又为研究非线性效应提供了新的技术手段，对于非线性效应的研究已经成为规划和交通研究中的热点话题。此外，我们通常所讲的阈值效应也属于非线性效应中的一种特殊情况，即当因变量随着自变量变化到某一数值（门槛）后，不再继续随自变量的变化而变化，或仅有微弱变化的现象。研究建成环境与时空行为间的非线性效应，客观上使研究结果不再拘泥于变量之间固定的斜率系数，而是对两者的影响过程进行更为细致的刻画，可为不同类型的城市和交通规划尤其是详细规划提供精细化的指导与建议。

已有部分研究从不同的角度进行了有关非线性的尝试（图7-1），但总的来说，关于非线性效应的讨论在建成环境与时空行为领域尚处于起步阶段。例如，一项在美国俄亥俄州的研究发现，当人口密度为0—30人/km² 时，工作日的人均机动车行驶距离为47—52 km；而当人口密度高于 30人/km² 时，工作日的行车距离明显缩短到 38—40 km

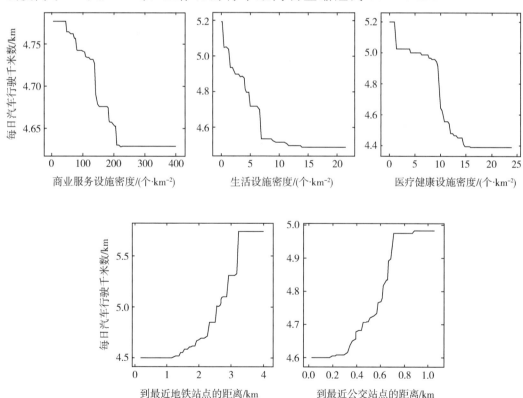

图 7-1　建成环境变量与每日汽车行驶千米数的非线性关系

(Ding et al.，2018)。此外，随着近年来国内关于生活圈规划的兴起，社区土地利用要素的非线性和阈值效应的研究也逐渐增多。例如，一项关于北京社区生活圈规划的研究发现，生活圈内的商业服务设施、生活设施、医疗健康设施的合理规模应依次不少于 200 个/km²、10 个/km²、15 个/km²，以及居住地到达最近公交站点和最近地铁站点的合理距离应分别小于 0.3 km 和 1.2 km（Zhang et al.，2021）。

7.4　本章小结

建成环境与时空行为联系的研究在西方已经有将近 40 年的发展历程，对于西方国家而言，这一研究已经具备了丰富的理论体系和实证基础，然而在中国这一研究仍处于初始阶段。中国当前的城市研究多侧重在行为一侧，对建成环境的测度还没有形成系统的分析框架。因此，首先，本章回顾了建成环境测度框架，并对"5D"指标及其计算方法进行了系统介绍和评述，批判地简述了各种建成环境要素对出行行为的影响；其次，从出行行为和活动行为两个角度对时空行为进行了基础类型划分，并分析了不同类型行为的基本特征和主要影响因素；最后，结合因果效应、中介效应、调节效应和非线性效应四种不同的效应，探究了建成环境与出行行为之间可能存在的复杂关系。然而，由于建成环境与时空行为研究在国内起步较晚，目前主要是将西方发达国家较为成熟的研究模式和理论应用于国内的案例，西方语境下的建成环境要素是否适用于中国城市仍值得更多的探索。

如前文所述，密度、多样性和设计等"3D"指标均是直接应对西方低密度、单一土地利用、汽车导向开发等城市蔓延特征。而中国城市面临不一样的城市扩张方式，许多大城市反而存在过高密度、高度混合用地和道路基础设施不足等问题。在中国城市背景下，如何测度和评估"5D"等建成环境指标是相关研究的难点和关键。同时，影响中国居民时空行为的建成环境要素是否有与西方不一样的特征，甚至不一样的类型，这些均需要大量的实证分析来完善。如何根据现有的基础数据来更好地量化我国城市的建成环境要素，构建更加具有针对性的分析框架，更好地对接 2018 年新发布的《中国城市居住区规划设计标准》（GB 50180—2018）和社区生活圈规划等政策指南，都是迫切需要解决的科学问题。

社区建成环境要素测度的空间单元仍需深入地比较分析。西方文献中常采用 1/4 mile ［约 400 m，约等于一个街区（Block）的大小］、1/2 mile 和 1 mile 作为社区空间范围的划定，然后在不同空间范围内进行

"3D"指标的计算，而可达性与邻近性的计算则往往与空间范围的划定无关。不同的范围划定对基于社区的建成环境测度会造成不一样的结果，从而影响其对时空行为影响评估的精准度，导致所谓的可塑性面积单元问题（Modifiable Areal Unit Problem，MAUP）与地理背景不确定性问题（Uncertain Geographic Context Problem，UGCoP）等。此外，中国的社区建成环境测度的空间范围选择是否应该与西方一样，还是应该有自己的标准，仍需探讨。一个可以参考的方案是《中国城市居住区规划设计标准》（GB 50180—2018）中明确提出的 5 min、10 min 和 15 min 生活圈居住区，对应着 300 m、500 m 和 1 000 m 的步行距离范围。在实证研究中，更重要的是需要通过多方比较来确定更合理的社区空间范围。

8 时空行为与智慧社区规划

　　近年来，智慧城市作为一种先进的理念与城市发展战略吸引了社会各界的广泛关注，被列入《国家新型城镇化规划（2014—2020 年）》中，成为中国城市发展的重要战略方向，也引发了信息科学、城市规划、城市管理等领域学者的关注与讨论，学者们在智慧城市的概念、内涵、发展状况、对策建议、实施技术等方面展开了大量的研究与探讨（巫细波等，2010；甄峰等，2015）。与此同时，住房和城乡建设部以及国家发展和改革委员会的智慧城市试点工作也进一步促进了智慧城市规划与实践在全国各地的推进。

　　在智慧城市的实践中，由于社区具有相对适中的空间尺度及其在城市生活和社会管理中的重要作用，智慧社区成为推进智慧城市试点的热点领域。2014 年住房和城乡建设部发布了《智慧社区建设指南（试行）》，要求每个智慧城市建设试点必须创建和实施智慧社区项目；随后，民政部从社区治理和服务的角度强调要加强智慧社区建设（李国青等，2015）。然而，相较于对智慧城市的广泛关注，学界对于智慧社区概念和内涵的探讨相对不足。并且由于市场主体在设备和技术上的优势，智慧社区的发展逐渐被企业和市场所引导，演变成以智能设备和技术促进社区管理工作的便利化为发展目的（王萍等，2017），因此，有必要对智慧社区的概念、内涵和实践进行梳理，为未来的社区发展、规划与治理提供依据和建议。

　　在西方城市地理学理论中，社区是以相互依赖为基础的具有一定程度社会内聚力的地区，居民之间具有共同意识和比较亲密的社会交往（保罗·诺克斯等，2005）。我国在单位制解体以后，社区已逐渐替代传统的单位大院成为城市居民日常生活的基本单元，社区也成为居民参与公共事务管理和公益事业建设的主要场所，社区的功能正在日益丰富与深化，社区在城市及社会运行中的作用也在日益增加（张纯等，2009）。同时，我国的社区发展面临着政府主导性过强、社区组织体制落后、公民参与意识薄弱等障碍，造成社区文化与归属感的缺乏，以及居民间社交纽带的缺失，亟待具有突破性的发展策略（李东泉，2013）。中共中央、国务院在2017年出台了《关于加强和完善城乡社区治理的意见》，也突出"以人民为中心"作为社区的发展思想。因此，本章主要探讨居民时空行为视角下的智慧社区规划与治理研究。

8.1 智慧社区的起源与概念

8.1.1 智慧社区的起源与发展

智慧社区的概念与建设的雏形源于西方。20世纪80年代，美国总统宣布成立了"智能化住宅技术合作联盟"，引导新技术进行住宅设计和建造。其后，一些地方自发地开展了提升基层社区组织信息化水平的实践，一般称之为"社区数字化"或者是"电子社区"。

1）20世纪末的智慧社区口号

1992年，圣地亚哥大学的国际通信中心（International Center for Communication）在研究中发现，对于从市政府到地方学校的各类经济与社会组织而言，传统的实践无法对20世纪后期快速的技术变化与复杂的社会经济挑战做出有效的回应。这一组织正式提出"智慧社区"的口号，以此作为应对这一问题的策略，并从1997年开始致力于智慧社区的建设与推广，出版了《智慧社区指导手册》《加州智慧社区实施指导》等成果。

该组织将智慧社区界定为有意识地努力使用信息技术来改变其区域内的生活与工作，这是一种显著的、根本性的而非增量式的改变方式（Communications ICF，2011）。这种努力的目标不仅仅是对技术的利用，更重要的是让社区准备好迎接全球化的、知识经济的挑战（胡小明，2011）。在技术上它体现为无所不在的网络联系，并运用这种联系将市民纳入网络化的活动中，范围从电子化的政府服务、远程医疗、远程教育再到电子商务。技术仅仅是手段，创造力与创新是智慧社区建设的核心。因此，早期的智慧社区运动被认为是出于培育知识经济时代所需要的技术劳动力，以及复兴经济基础被信息经济所动摇的社区的考虑，是一种扩大信息技术使用者的基数的策略（Moser，2011）。

随着信息技术普及程度的日渐提高，以及创意阶层的产生对城市与社区发展的影响，近年来智慧社区逐渐走向"创造性社区"的建设（Eger，2011）；"培育劳动力"意义上的智慧社区实践也在逐渐减少，仍在实施中的芝加哥智慧社区项目针对的仅是五个中等及低收入社区的居民与组织的信息化基础设施建设与使用的提升。

"智慧社区"口号的影响逐渐减小，但它不同于其他信息经济应对策略之处在于，它的成功依赖于本社区内的居民，它号召政府、相关产业、教育者及市民的共同协作而非依赖单独的某一团体（Moser，2011）。尽管此次智慧社区运动的影响力相对有限，但其强调社区参与、市民社会等社区发展导向的建设理念，以及多年研究积累的经验成果等对智慧社区的构建具有启发意义。

2）基于新技术的智慧城市与智慧社区

2008 年爆发的金融危机孕育了以物联网为代表的新技术革命（巫细波等，2010），以此为契机，2008 年底 IBM 公司（国际商业机器公司）所提出的智慧地球的理念获得了各界的高度关注，被世界各国作为应对国际金融危机、振兴经济的重点方向，并引发了一场席卷全球的智慧革命。智慧地球以更透彻的感知、更全面的互联互通、更深入的智能化为基本特征，其核心是以一种更智慧的方法通过利用新一代信息技术来改变政府、公司和人们交互的方式，以便提高交互的明确性、效率性、灵活性和响应速度（IBM 商业价值研究院，2009）。

2009 年，IBM 公司进一步提出了智慧城市的概念，使其成为智慧地球应用领域之一，也是智慧地球概念实践的基本单元。IBM 商业价值研究院（2009）认为，智慧城市是运用先进的 ICT 技术，将城市运行的各个核心系统整合，从而使整个城市作为一个宏大的"系统之系统"，以更为智慧的方式运行。作为信息领域的盈利性企业，IBM 公司对智慧城市的定义具有一定的局限性，而学界对智慧城市的概念与内涵也存在诸多讨论，表现为技术主义与人本主义之争，也有学者强调二者的结合，提出了智慧城市是人本城市与信息技术有机结合的产物（Batty et al.，2012；孙中亚等，2013；柴彦威等，2014c）。

随着智慧城市的实践在全球各城市推进，社区以其适当的空间尺度与相对完整的体系结构受到越来越多的关注，智慧社区开始成为智慧城市的重要应用领域，进而形成了"智慧地球—智慧城市—智慧社区"的实践体系，以及与智慧地球、智慧城市一脉相承的智慧社区概念。

8.1.2 智慧社区的概念与内涵

虽然国内外智慧社区的探索和实践较多，但是关于智慧社区的概念却并未达成共识。各国、各组织、我国各部委以及学者们均提出了多种智慧社区的概念。

整体上，国外对智慧社区的理解侧重于通过新技术的综合应用来实现社区的可持续发展。如智慧社区论坛（ICF）将智慧社区概括为在网络经济对传统经济提出挑战的背景下，社区利用信息技术等措施来促进社区的健康与可持续发展。智慧社区国际研究网络将智慧社区定义为带有如下未来特征的社区：ICT的新应用和基于网络的服务为居民、机构、地区提供更好的医疗保健、教育培训和商业机会（ICF，2011）。美国迪比克市认为，智慧社区指的是采用一系列新技术将社区的所有资源都连接起来，从而侦测、分析和整合各种数据，并智能化地做出响应。而日本在理解智慧社区的过程中，更多地强调通过节能减排、新生能源等为智慧社区的基本设施提供更长久、可持续的能源动力（Li et al.，2011b）。

国内的政府部门主要将智慧社区作为一个智慧城市建设的最小实施单元，关注社区各类资源的整合与信息系统的构建，并强调智慧社区综合平台在其中的重要作用。如2015年《上海智慧城市建设发展报告》中指出，智慧社区是运用信息技术搭建的一个综合平台。从社会组织的意义上讲，智慧社区的实质是一个聚集各种社会主体、集中各种利益与需求、在一定水平上直接配置部分社会资源而集聚多样化社会功能的综合性枢纽。住房和城乡建设部在《智慧社区建设指南（试行）》中将智慧社区定义为通过综合运用现代科学技术，整合区域人、地、物、情、事、组织和房屋等信息，统筹公共管理、公共服务和商业服务等资源，以智慧社区综合信息服务平台为支撑，依托适度领先的基础设施建设，提升社区治理和小区管理现代化，促进公共服务和便民利民服务智能化的一种社区管理和服务的创新模式，也是实现新型城镇化发展目标和社区服务体系建设目标的重要举措之一。

国内关于智慧社区的概念理解相对较为综合。例如，有学者在智慧城市概念的基础上提出，智慧社区指充分借助物联网和传感器技术，通过物联化和互联化将人、物、网络互联互通，形成现代化、网络化和信息化的全新社区形态，涉及智能楼宇、智能家居、智能交通、智能医院、智慧民生、智慧政务、智慧商务和数字生活等诸多领域（康春鹏，2012）。此外，社会建设领域的学者较为强调社区管理与服务水平的提升，智慧社区是以提高服务水平、增强管理能力为目标，针对居民群众的实际需求及其发展趋势和社区管理的工作内容及其发展方向，充分利用信息技术来实现信息获取、传输、处理和应用的智能化，从而建立现代化的社区服务和精细化的社区管理系统，形成资源整合、效益明显、环境适宜的新型社区形态（王京春等，2012）。在我国将推进国家治理体系和治理能力现代化作为全面深化改革总目标的背景下，管理学领域的学者认为智慧社区的建设承载着国家基层社会治理体系与治理能力现代化建设的重任，智慧社区的建设对基层治理体系、模式与方向的变革与创新具有重大意义（姜晓萍等，2017；王轲，2019；吴旭红，2012）。智慧社区建设不仅是国家刚性制度结构与柔性的现代技术之间的互动与调适性过程，而且是现代技术与多元社会治理体系相互作用的结果（李云新等，2017）。

可见，无论对于城市社区的建设、治理与发展，还是智慧城市的应用与实践，智慧社区均具有重要意义，并且已经受到了广泛的关注。然而，已有的探讨并未就智慧社区的概念达成共识。在对国内外智慧社区概念进行梳理的基础上，我们认为，智慧社区应该强调以居民为核心、以人为本。基于此，本章提出倡导人本导向的智慧社区概念，即以物联网、云计算、移动互联网等新一代信息技术为手段，在政府、相关产业与居民互联与协作的基础上，通过社区规划、治理、服务等各环节的智能化形成高效、可持续、具有较强内聚力的社区，其核心是通过创新的手段来提高居民的生活质量。

8.2 智慧社区的实践探索

8.2.1 国外的智慧社区实践

2009 年 IBM 公司提出智慧城市概念之后，智慧社区的实践开始在美国、英国、日本、新加坡等地广泛开展。在国外智慧社区的建设实践过程中，大多采取标准化措施作为管理支撑和管理手段，如英国电子服务发布（E-Service Delivery，ESD）标准平台在地方社区标准化工作中发布的各类电子服务标准、新加坡政府构建的电子政务协同工作框架——政府服务技术框架（Service-Wide Technical Architecture，SWTA）等。

国外智慧社区的建设实践涉及智能能源（电、水、汽、热）、节能设施、废弃物管理、环境管理、道路交通、智能建筑、健康照护、智慧安防、教育与文化、养老、专门人群服务、电子政务等各个方面的内容。根据国外智慧社区的建设思路、框架与关注点的共性与差异，可以总结出它们普遍强调运用新技术来满足居民需求与打造可持续社区，因此具有技术导向、人本导向、环境导向等特征（Neirotti et al.，2014）。

8.2.2 中国城市社区的信息化改造

自中国经济市场化转型以来，计划经济体制下形成的单位制无法满足经济社会转型的需要，逐渐开始解体，单位制主导社会基层组织制度逐渐由社区制所取代（何海兵，2003）。社区冲破了传统单位大院的空间束缚，逐渐还社区以居住、生活功能为主的社会群体组织单元本质。在社区尺度内，土地混合化与功能综合化得到弱化，但在街道、区镇、城市更大尺度上却得到增强，土地资源和服务设施在市场化机制的推动下得到更优的配置，城市空间结构发生重组，居民生活跨出社区的物理围墙，出现多样化、复杂化转变。在中国新型城镇化发展的新形势下，城镇发展逐渐从注重经济增长转向以居民生活为核心的发展新模式（夏学銮，2002；陈岩，2007），居民生活质量的提升成为社区管理与服务的核心目标（费孝通，2002；柴彦威等，2014c）。

1）社区网格化管理的现状

社区网格化管理是社区治理的创新，经过近 20 年的发展，尤其是近 10 年的全面普及，使得中国社区建设初步完成了信息化改造。在城市信息化发展的要求下，城市网格化建设以街道、社区、网格为范围对象，通过对社区地图、房屋、楼栋、人口、党建、安全、纠纷等民政和治安信息的数字化，实现即时、联动的社区信息化管理。尤其是对社区内发生的矛盾与纠纷、安全隐患、社会治安等事件实现了即时监察、调整与治理，并通过构建不同角色模块和打造互动平台，为社区居民与各级管理者提供了交流互动的平台，实现了不同等级社会管理部门与同一等级不同管理部门之间的协同处置，这样他们可以及时听取社区居民的意见与建议，并反馈社情民意。社区网格化管理运用技术化手段将被动、分散式管理转化为主动监测、系统式管理，这样既提高了社区管理的效率，在公众参与、多方互动方面取得了一定成效，也是和谐社区建设与社区信息化建设的重要成果（李鹏等，2011）。

社区网格化管理为社区管理与服务的智慧化提供了良好的基础，包括：通过社区管理综合平台的建设，基本实现了社区基础信息的电子化，为社区智慧化管理和社区聚合服务提供了良好的信息化基础；细化了社区管理单元，虽然单元划分未必完全合理，但管理网格的细分仍为社区精细化管理与服务提供了借鉴和支撑；社区管理人员得到了一定的信息化技能培训，包括上级职能部门、居民委员会、物业管理委员会、网格管理人员等均进行了信息化技能实践，积累了相关经验。

2）社区网格化管理的问题

社区网格化管理作为社区基层管理的手段创新，虽然在社区管理与服务信息化建设上取得了一定的效果，为智慧社区建设打下了一定的基础，但依然存在诸多问题，也应是下一阶段社区管理与服务提升亟须解决的问题。

社区网格化建设是面对社区管理者建立的，实质是针对民政信息、安全信息、矛盾与纠纷解决的社区治理模式创新。居民委员会作为行政基层组织的代表，行政化偏向仍然较重；社区网格化建设重管理而轻服务，社区的服务功能未能得到有效发挥，社区居民的主动性与积极性没有被充分调动（陈志强等，2007）。但随着政府组织机构作为社区建设单一主体地位被逐渐打破，社区居民参与社区建设的主动性开始增强（魏娜，2003）。居民是社区建设的主体，社区的信息化与智慧化建设亟须实现从面向管理者向面向多元主体，尤其是面向居民的转变。但社区信息化服务多以天气、停车、限行等简单化、静态信息发布为主，居民多层次、多样化的需求难以得到充分满足。为此，要从居民实际需求着眼，从居民时空行为分析入手，提供满足社区居民切实需求的服务，实现从传统社区管理模式向智慧社区服务模式的转化。

与此同时，社区网格化管理实际上是以空间为核心的人、地、事、物、组织的静态管理，社区网格往往由社区管理者根据空间面积、人口数量等标准进行划分，具有较强的主观性和简单化弊端，且以静态管理为主，缺乏科学合理的网格划分手段和技术，导致社区网格化管理功能不能有效发挥，缺乏对与人相关信息的动态监测且未能及时提供针对性服务（邢月潭，2008；马贵侠，2013）。空间划分往往依照社区物理空间内的楼栋分布，未考虑社区内部空间与社区周边设施存在的紧密关联，很少从社区居民的需求出发进行目标定位，未能实现以空间为基础到以人为基础的转变，导致社区人本化建设不足。

此外，社区信息化建设长期以来各自为政，建设内容与水平参差不齐。虽然社区网格化建设有指导性文件，但具体执行方法差异较大，且缺乏建设标准的约束与支撑及统一的建设规范引导，使得中国社区网格化建设较为混乱，难以在更高行政管理部门实现快速集成管理，不利于社区服务业务的推广和第三方服务的接入，最终阻碍了社区信息化进程（陈家刚，2010）。目前，社区网格化建设多侧重于信息化管理平台的建设，信息系统滞后，数据库建设、专业的系统维护和升级缺乏。虽然重视社区信息化的硬件建设，但单一化、静态的电子展牌对社区居民信息服务很有限，其他信息化硬件设施建设不足，缺乏与社区管理和服务相关的其他终端设备的配套与衔接，各网格之间的信息缺乏联动（李鹏等，2011）。

8.2.3 中国的智慧社区实践

智慧社区可被视为我国社区信息化演进的高级阶段（常恩予等，2017）。随着"智慧城市"建设在我国的兴起，智慧社区建设很快被提上了日程。社区作为城市治理的基本单元，智慧城市建设最终要落实到每个社区的治理和服务上面，因此智慧社区建设是智慧城市建设不可或缺的重要支撑和组成部分。基于这种认识，我国各级政府、相关企业和学界纷纷倡导并大力推进智慧社区建设（李国青等，2015；梁丽，2016）。在中央层面，住房和城乡建设部要求每个"智慧城市"建设试点城市必须创建和实施智慧社区项目，民政部也从社区治理和服务的角度强调要加强智慧社区建设。在地方层面，许多地方政府对智慧社区建设非常重视，创造各种条件予以推进。与此同时，许多企业出于开拓市场和营利的目的，也纷纷从规划和技术的角度推出了自己的智慧社区建设方案。

2014年5月，住房和城乡建设部办公厅发布了《智慧社区建设指南（试行）》，对智慧社区的评价方法、总体架构和支撑平台、包含的内容和建设运营等方面给出了指导性要求。北京、上海、深圳、佛山等不同城市也推出了相关的地方标准与导则。然而，由于市场主体在智能化设备和技术手段应用上的优势，部分智慧社区的实践脱离了学界和政府部门讨论的范畴，其发展逐渐被企业和市场引导，演变成以智能设备和技术促进社区管理工作的便利化。

2016年10月，民政部出台了《城乡社区服务体系建设规划（2016—2020年）》，明确指出城乡社区工作的重点是要增强城乡社区服务功能，要求各地大力推动"互联网＋"与城乡社区服务的深度融合，积极探索多元主体共同参与的合作治理模式。2017年6月，中共中央、国务院出台的《关于加强和完善城乡社区治理的意见》进一步明确实施"互联网＋社区"行动计划，加快互联网与社区治理和服务体系的深度融合，探索网络化社区治理和服务新模式，推进全国范围内的社区智慧化建设。可见，互联网和城乡社区治理与服务的深度融合已成为智慧社区发展和建设的重要方向。

在我国已有的智慧社区实践中，以政府为主导的智慧社区建设强调社区管理的信息化，而以企业为主导的智慧社区注重产品的推广与营利，在这些智慧社区的设计中，居民被作为管理和服务的对象，而非智慧社区的核心主体。同时，智慧社区的实践存在以下问题：①多元主体的参与度不强，居民的主体性未能得到充分发挥；②各试点项目特色不鲜明，重点不突出，对社区差异和多样化的居民需求关注不足；③社区服务过度强调技术导向和便捷化导向，为居民提供足不出户的便捷，却可能进一步导致人们日益远离社区公共生活；④对社区的社会、文化环境建设关注不足，社会网络、共同信念、社区认同等要素的构建相对缺乏（申悦等，2014；柴彦威等，2015a；常恩予等，2017）。

8.3 人本导向的智慧社区规划

已有的智慧社区规划和实践中存在以系统和技术为核心而非以居民为核心、重管理而轻服务等诸多问题。由此，我们提出人本导向智慧社区的模式与架构。

人本导向智慧社区在运营模式方面强调政府、企业与居民的共同协作。政府部门通过出台相关政策、设立应用示范工程、培育关联产业、购买相应服务对智慧社区的建设与发展进行引导；企业通过产品研发、模式创新参与智慧社区的建设，以及相应平台的运营与维护；居民是智慧社区的核心要素与服务对象，通过享受社区公共服务、购买个性化增值服务以及参与社会化互动协作来参与智慧社区的实践。

在架构方面，人本导向的智慧社区同样需要以整合多源数据的数据中心作为支撑，并涵盖智慧化规划、信息化管理、个性化服务、社会交往等方面的应用（图 8-1）。与一般性的智慧社区相比，对于人本导向的智慧社区而言，居民个体的数据尤为重要，可以通过政府部门数据抽取和对居民进行调查获得，居民在参与个性化服务与社会交往的过程中也会生成相应的个体数据，具体内容包括居民的社会经济属性、家庭关系、社交网络、日常活动与出行、车辆拥有、健康状况等。在个体数据的基础上，可以实现针对不同居民需求的智慧化规划、信息化管理、个性化服务与社区交往。

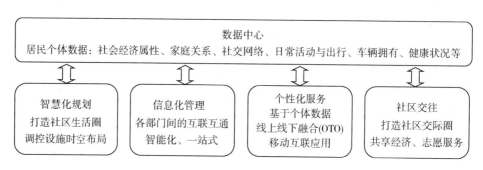

图 8-1　人本导向的智慧社区架构

8.3.1　基于居民需求的社区规划与生活圈打造

随着城市中的社区逐渐多元化和异质化，社区居民的生活质量受到普遍关注，原有以社区物质环境设施建设和更新完善为核心内容的住区规划已不能满足现实需求，社区规划应具有更强的需求导向，进而表达居民个体的主客观需求（塔娜等，2010）。基于居民需求实现社区规划的智慧化是人本导向智慧社区的前提与基础，同时，人本导向智慧社区的建设与发展也为社区规划提供了更多了解与响应居民需求的机会，促进社区规划的焦点从物质环境向居民日常生活转变。

从居民的需求出发推进社区规划的智慧化，一方面通过为居民提供社区规划的参与平台，了解其主观需求，实现社区规划在分析、编制、执行等不同阶段的居民参与；另一方面基于居民个体数据，分析其日常活动与出行特征及其与个人属性的关系，了解不同群体差异化的客观需求。而通过社区智慧化规划平台的搭建，则可以实现主观与客观、个体与整体的兼顾，实现供需的优化配置。

在了解需求的基础上，从居民的日常生活出发，打造社区生活圈，从空间和时间两个维度加以考虑，同时兼顾不同属性群体。分别从社区生活空间和社区生活时间出发，通过分析居民日常活动的空间与时间特征，发现社区设施空间与时间配置的不足之处，实现生活空间与生活时间的优化。而智慧社区数据中心对各种设施与资源信息的整合，为从时空整合的角度出发、兼顾不同群体的需求、实现社区设施时空布局的调控提供了平台与可能。例如，调整公共设施在不同时段内的开放功能，针对不同群体的设施利用情况制订社区服务设施的时间管理方案，最终平衡设施的供给与需求，实现社区资源的优化配置。

8.3.2　面向居民的个性化服务

个性化服务是以人为本理念最直接的体现。在大数据时代，个性化服务已逐渐成为图书情报、信息通信、电子商务、医疗卫生等诸多领域的发展趋势，而面向居民日常生活的个性化服务也是人本导向智慧社区的重要组成部分和未来发展方向。

基于对居民个体数据的挖掘，可以利用手机、计算机、GPS 导航仪、LED 显示屏等终端来实现个性化的信息发布。随着智能手机的普及，基于移动应用实现个性化服务的定制逐渐成为新的发展方向，居民日常生活所涉及的交通、购物、休闲、医疗等方方面面均可以通过手机或其他移动终端来实现服务的个性化，而智慧社区则可以通过对政府、企业、公共服务部门等各类资源的整合，为社区居民提供各类个性化的服务。例如，根据居民在社区卫生中心的健康档案及其日常活动与运动的情况，向居民提供个性化的健康风险评估以及日常饮食、运动的方案，还可以结合实时体征感知设备，以及性别、年龄、收入、职业等个人属性加以综合考虑。

8.3.3 社区交往与社区精神的重构

由于中国社会独特的历史和人文生态环境，政府在社区发展中起主导作用，而社会组织没有得到充分发育，造成我国社区居民广泛认同感和积极参与性的缺乏，以及社区归属感和社区精神的缺失（丁元竹，2007）。而信息时代所出现的网络空间以及在此空间所呈现的人与人的新型交往形式，改变了人们的生活方式、行为方式与思维方式，也为社区居民之间的社会纽带的建立提供了契机。已有的智慧社区建设在政府部门或信息技术（IT）企业的主导下，对社区交往与归属感的重视程度不足，因此人本导向的智慧社区强调社区交往与信任的重构。

微博、微信、公告板系统（BBS）等常见的社交网络服务已被应用于现有的智慧社区建设中，但由于其线上线下融合（Online to Offline/Offline to Online，OTO）能力有限，它们促进居民进行社区交往的动力不足。网络社区只有将居民日常生活所涉及的方方面面进行线上线下融合，才能够真正促进社区发展。共享经济理念为居民日常生活的OTO提供了可能性，它通过交易商品使用权而非所有权，谋求商品使用价值的最大化，创造多赢。国外已有一些共享经济的实践，通过互联网来实现物品（车、工具、宠物）、空间（临时居住）、时间（拼餐）、技能、生活方式等的共享。而智慧社区提供了一种具有一定信任基础、综合性的分享平台，通过社区居民之间的各类共享行为（如拼车、拼餐、物品互借等），实现线上线下的互动交往，在建立一定的鼓励与信任评价机制的基础上，将促进居民间的相互信任，重构社区归属感与社区精神。

8.4 智慧社区规划的建议

智慧社区建设应以人为核心，依托社区管理网格化建设，以社区动态规划为指导，通过移动互联设备感知、多网融合和数据抽取—转换—加载（ETL），利用智慧社区聚合服务技术、智慧社区居民自主与互助服务技术、智慧社区本地化第三方服务集成技术和智慧社区设施与环境监测技术，实现智慧社区的精细化服务，并通过国家颁布的智慧社区建设指标与评价体系对社区管理与服务的智慧化水平进行评价和反馈，促进社区管理与服务智慧化的不断提升。

8.4.1 社区管理的智慧化实现

1) 充分利用社区网格化建设成果

社区管理的智慧化发展应充分依托社区网格化管理的已有基础，打破传统基于空间的治理思路，从居民行为分析出发，实现社区管理网格的科学划分，向以人为核心的社区治理模式转变。居民社群日常行为早已冲破了社区的物理"围墙"，往往依托社区周边各类设施的供给，不同居民个体或居民社群的日常空间会经常出现空间重叠和共享，即社区生活圈。高时空精度的居民行为数据是测度社区生活圈的合理范围和进行社区生活圈规划的重要基础。在大数据时代背景下，社区居民时空行为和社区周边设施利用状况能得到迅速有效的获取和整合（秦萧等，2017；甄峰等，2014）。基于居民时空行为特征，利用海量数据挖掘、地理计算、智能分析、地理叙述等方法来科学测度社区生活圈，将社区周边合理范围纳入社区规划的边界，将社区规划聚焦社区生活圈规划，动态科学地划分社区网格，了解社区居民的生活需求和生活方式，制订基于不同网格、不同人群、不同行为的社区治理方案。

2) 从社区网格化管理到社区智慧化管理

依托社区网格化管理的信息化基础和网格化框架，在网格的智慧化再识别与确定边界的基础上，通过各个网格内移动互联的感知设备进行与设施、人口、环境、行为、健康等社区相关的信息数据监测，借助移动通信网、互联网、广播电视网等多网融合技术来实现社区数据的传递与汇聚，运用多网格综合服务统一接入技术、面向主题的服务聚合及服务管理技术、多网格综合服务多渠道统一受理技术等社区管理网格化技术以及社区居民自主和互助服务技术等社区服务精细化技术，并在面向服务的体系架构（SOA）基础上搭建基于网格的智慧社区管理与服务平台，实现人口、设施、环境、物业、停车、能源、管线等核心内容的网格化管理，以及智慧家居、智慧健康、智慧养老、智慧出行、智慧缴费、智慧家政、信息发布等智慧社区的精细化服务（图8-2）。

在建立社区规划动态化、社区管理网格化和社区服务精细化的技术标准体系下，实现智慧社区规划、管理与服务不同技术体系之间的耦合互通和无缝对接，解决技术标准不统一的问题，促进社区信息化和智慧化建设。

首先，社区网格的划分不应单独依据人口、建筑或空间面积等静态信息进行划分，而应充分结合"人"本身的群体特征与行为特征。具体而言，社区设施、社区管线等静态社区管理网格的划分可以依据设施空

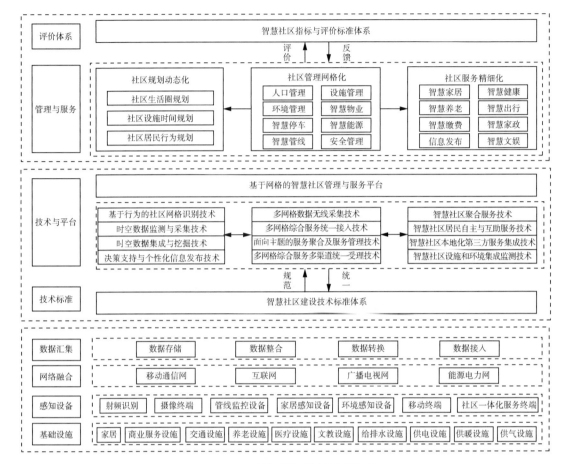

間布局、空間面積等進行划分，但与人相关的商业服务、养老服务、文体服务、医疗保健服务、交通信息服务等动态社区服务网格具有动态性、复杂性，且往往超出社区的物理边界，因此动态社区服务网格的划分应充分考虑人的群体特征和行为特征。

其次，基于社区静态网格和动态网格划分的智慧化，在不同网格内通过标准、互通、共融的时空数据监测与采集技术、多网格数据无线采集技术和智慧社区设施与环境集成监测技术等进行精细化地监测和数据采集。通过多网格时空数据的集成和挖掘，并结合多网格综合服务统一接入技术和智慧社区本地化第三方服务集成技术，实现数据的转化、集成和挖掘；进而利用智慧社区聚合服务技术、智慧社区居民自主与互助服务技术，基于面向服务的体系架构，建立智慧社区综合管理服务平台，并通过决策支持与个性化信息发布技术来实现社区服务的动态化、精细化和智慧化。

8.4.2 社区服务的智慧化实现

1) 以时空行为研究为知识基础

社区服务的智慧化应从人本理念出发，基于对居民时空行为的模式挖掘和需求分析，整合社区生活圈与城市尺度范围内设施供给的时空信息，对社区生活圈范围内的设施进行时间规划，为居民提供针对性、个性化的服务，实现社区居民行为的高效、低碳、健康引导。

时空行为研究提供了一套实现社区服务智慧化的理论与方法，其核心为时间地理学与行为地理学。时间地理学强调行为的时空制约，而行为地理学则强调行为的主观偏好与选择，两者的相互补充不断充实了日常生活的地理学研究框架。随着与移动通信技术和地理信息系统的结合，一方面，推动了社区建设的公众参与，社区居民通过参与社区规划编制与社区设计方案和对社区管理服务的反馈建议，提高了社区自治和参与度；另一方面，定位技术使得社区居民时空行为动态数据的监测与捕捉成为可能，通过行为数据生成的自动化、共享化与智慧化，以及时空行为的模式分析与需求挖掘，实现了社区服务的智慧化，这也是社区服务待开发的重点领域。

2) 社区服务智慧化与行为引导

传统的社区规划以社区物理空间为内容，以物质规划为核心，仅仅侧重于社区内部设施布局与功能优化，导致社区静态规划没有充分考虑社区居民的主体性特征，而社区动态化规划才是社区服务智慧化发展的基础。社区动态规划以人为核心，是基于居民行为的日常生活地理学研究与规划的结合，将社区生活圈作为社区居民服务的空间范围，通过社区生活圈内设施时间规划与有效调控，并结合行为与空间相互作用机制来解剖和挖掘居民需求，提供面向居民的服务引导，实现社区服务的智慧化。

一方面，通过服务设施的时空供给与调控来实现行为与设施的时空关系耦合。社区居民生活的时间维度表现为以人为主体的个人时间利用和以物为主体的设施（商业服务、医疗、养老、公共交通、停车等）时间利用，设施时间规划以社区公共服务、公共空间作为规划对象，将设施时间利用状况与居民的移动—活动行为和设施时空利用状况相匹配，从时间维度实现社区内设施资源的优化配置（柴彦威等，2014c）。社区设施时间规划的范围不应局限于社区物质空间内部，还应包括社区生活圈的整个空间范围，如社区周边购物设施时间配置、工作地—社区错时停车等都是通过社区设施时间规划与调控来实现社区服务的智慧化。

另一方面，通过针对性、个性化的信息服务，引导社区居民行为。研究社区居民长期时间尺度和短期尺度下时空行为所产生的社会响应机制，剖析时空行为背后所隐含的丰富内涵。在社区居民行为时空规律和需求偏好分析的基础上，遴选有针对性的信息及次序选择集，利用社区公告管理模块、个人通知管理模块、短信管理模块和其他智慧化移动信息发布终端等手段，并充分结合无技术壁垒的第三方服务，通过短期行为的引导和干预，形成长期惯常行为的改变，促进智慧、健康、低碳的行为模式与生活方式的形成，同时推动社区的可持续发展（肖作鹏等，2012）。

8.5 本章小结

在人本城市与和谐社会建设的大背景下，更加关怀社区、关怀社区中的人，营造更宜居的社区环境、倡导更健康的生活方式、提高社区生活质量成为社区建设的核心目标，也亟须促进社区管理与服务的智慧化。智慧社区已成为当前推进智慧城市试点及应用的热点领域，以互联网和城乡社区治理与服务的深度融合为特色的智慧社区仍是未来城市社区发展、建设和治理的重要方向。

近年来，社区网格化建设奠定了社区信息化的基础，但仍可发现智慧社区建设硬件设施、感知设备依然不足，数据采集、整合与共享及平台建设仍然不够。同时，在智慧城市实践的浪潮中，我国各级城市对智慧社区展开探索，构建了智慧政务、智慧产业、智慧民生等综合服务系统，提高了政府管理和服务的效率。然而，已有的智慧社区建设政府主导性较强，强调物联网、云计算等信息技术和各个业务系统，而忽视了作为社区核心要素的居民，缺乏居民的认同与参与，对社区差异和多样化的居民需求关注不足，过度强调技术导向和便捷化导向，对社区的社会、文化环境建设关注不足，成为社区信息化的产物。

智慧社区的规划与建设应更加强调以人为本和对人的服务，时空行为研究从居民时空行为出发，通过居民行为与空间的作用关系以及居民之间的社会关系，挖掘空间—行为互动机理，最终面向社区居民服务，提供个性化服务、调控社区居民的日常生活活动、塑造智慧的社区生活方式，进而提升社区生活质量。社区规划应突破社区物理空间，基于居民时空行为分析，对空间进行重新划分，实现社会空间意义上的再社区化，重新构筑社区居民的生活空间，提升社区管理与服务的智慧化水平。

结合城市管理学、城市地理学、时间地理学、行为地理学、移动通信技术及地理信息系统等学科的国内外前沿交叉领域，深入挖掘社区居民的日常生活需求并及时做出行为引导和个性化信息服务等的精细化、智慧化响应，并将其应用于智慧社区综合管理服务平台，接入智慧城市公共信息平台，以居民为核心，通过社区居委会、物业委员会和市场服务企业等多元主体的互动，促进社区管理决策的科学化、提高我国社区服务效率、推进社区居民服务的个性化与精细化。

9 时空行为与交通拥堵治理

交通拥堵是当代大城市普遍面临的重要城市问题，也是城市交通规划亟须解决的"城市病"，给经济社会和环境发展带来了经济损失、能源损耗、空气污染和温室气体排放等众多负面影响，产生了昂贵的城市负外部性（Small et al.，2007；周江评，2010；雷洋等，2018），制约了我国城市化的可持续发展（Han et al.，2018）。国内快速的城市化进程导致了城市土地利用分布不均及公共交通供给不足，同时机动车和停车位需求的不断增加加剧了城市交通拥堵（郭继孚等，2011；刘治彦等，2011；陆化普，2014）。因此，对于交通拥堵的研究是城市交通规划十分重要的内容，本章主要从交通拥堵的空间与行为政策研究、交通拥堵的政策感知两个部分出发（张文佳等，2021），探讨交通拥堵治理的空间政策和基础设施政策的政策效果以及人民对于交通拥堵治理政策的接受度。

9.1 交通拥堵治理的空间与行为政策研究

据高德地图（2020）估算，2018 年我国超过 61％的城市在通勤高峰时段处于缓行状态，13％的城市处于拥堵状态。2019 年 9 月，中共中央、国务院发布的《交通强国建设纲要》首次将"城市交通拥堵基本缓解"纳入了"交通强国"建设的发展目标中，解决城市交通拥堵迫在眉睫。因地制宜地制定城市治堵政策旨在促进城市交通系统的高效运作，减少拥堵所导致的社会经济损失，辅助城市土地和经济等系统的有效运行，最终优化城市复杂系统的运作，促进我国城市化的有效、健康和可持续发展。因此，明晰交通拥堵的成因、机理以及各类缓解政策的可行性是当前城市交通、城市地理与城市规划领域的热点话题。

交通拥堵治理需要辨析拥堵所产生的原因，即结构性和非结构性因素（祝付玲，2006；Skabardonis et al.，2003；Dowling et al.，2004）。结构性因素包括人口规模快速增长、交通基础设施建设滞后、城市空间布局不合理、汽车出行成本过低、公共服务资源短缺与可达性低、土地利用配置不合理等，而非结构性因素则指因交通事故、道路维修等特殊性事件。本章主要关注结构性因素，侧重于综述空间与行为相关的治堵政策，包括空间政策（如城市空间结构调整和土地利用政策等）与基础设施政策（如道路和公共基础设施投资政策等），着重探讨这些政策的理论基础、实证发现及其存在的问题。

现有的综述研究主要从拥堵的成因、城市个体的拥堵治理政策（Toh et al.，1997；吴迪，2016）、现有的拥堵缓解政策（刘晓，2010；Isa et al.，2014；林雄斌等，2015；雷洋等，2018）以及各种拥堵治理政策的缓解作用（Downs，2004；Litman，2007；周江评，2010；Beaudoin et al.，2015）等角度出发，较少对拥堵的测度进行系统综述，亦缺乏针对多种空间与行为政策的比较综述研究。因此本节聚焦拥堵的结构性因素，系统归纳和描述引导可持续出行行为的空间政策（如城市空间结构调整和土地利用政策等）与基础设施供应侧政策（如道路和公共交通基础设施投资政策等）在交通拥堵治理方面的理论探讨、学术争论焦点、实证分析以及当前亟须解决的问题等。最终探讨交通拥堵治理分析如何加强在空间与行为视角上的深入研究，并讨论缓解中国城市交通拥堵的空间与行为政策措施。

9.1.1 基于出行行为的交通拥堵测度

交通拥堵测度和评价指标是拥堵研究的基础工作，对于拥堵状况的掌握、横纵向比较分析尤为重要。虽然已有学者对城市交通拥堵测度指标进行了归纳分析（祝付玲，2006；Aftabuzzaman，2007；Rao et al.，2012；郑淑鉴等，2014），但是多数分析不够全面，且受到传统数据的限制。而随着大数据与新数据的出现与丰富，交通拥堵的测度指标也在不断地发展与完善中。根据已有的测度评价方法，这里将交通拥堵测度指标归纳为五大类型（表 9-1）。需要说明的是，构建指标本身就是一个信息降维的过程，并不能体现全部的拥堵信息，可从数据获取难度、定义是否简单明确（用户是否容易理解）、是否可以直观反映拥堵程度、是否具有时空可比性等多个维度进行优劣分析。

交通拥堵测度指标的五大类包括以下方面：

（1）基于出行距离和拥堵里程。该类指标通过某路段或某区域内部的车辆行驶里程数变化、拥堵路段长度来测度交通拥堵程度。有些研究则以个人汽车行驶的千米数以及道路拥堵里程为拥堵测度指标。比如，北京交通发展研究院提出的道路交通运行指数（北京市质量技术监督局，2011），美国得克萨斯州交通运输研究所提出的道路拥堵指数等（Hanks et al.，1989；Schrank et al.，1993，1997）（表9-1）。虽然人们对拥堵所导致的拥堵里程和出行距离的增加比较容易理解，但是出行距离的增加并不能直观反映拥堵程度，并且道路交通运行指数和道路拥堵指数的计算逻辑较为复杂，不够直观。道路拥堵指数不能反映拥堵程度等级，并且不利于进行区域/城市间的横向比较。道路交通运行指数可以进行横向比较，但是无法反映不同道路类型的影响。

（2）基于出行时间。例如，欧洲和美国部分区域采用由 TomTom 公司提出的基于实际出行时间相对设计出行时间（自由流速状态）变化的 TomTom 出行指数（TomTom，2020）。基于相似原理，各学者提出了出行时间的拥堵指数（Taylor，1992；D'Este et al.，1999）、出行时间指数（Lomax et al.，2005）、道路交通运行指数（源自道路交通运行指数系统网站）等（表9-1）。这类指标易被大众理解，能够为识别主要问题提供指导（Rao et al.，2012），但是，各个专家和公众对于自由流速的出行时间的认知存在差异，不同道路类型的自由流时间不同。因此，部分基于比率度量的出行时间类测度指标对特定的道路类型的测度是有限的，对区域拥堵的测度也不是很有效（Aftabuzzaman，2007）。同时，拥堵指数、出行时间指数缺少参照标准，只能反映拥堵的相对程度，无法反映绝对程度。

（3）基于出行速度。这类指标包括平均出行速度、平均出行率（平均出行速度的倒数）、高峰期的名义速度（高速公路和主干道速度的加权平均值）以及基于以上三者的衍生指标，比如通道移动指数（Lomax，1988）、INRIX 拥堵指数、速度减缓指数（Ter Huurne et al.，2014）以及由上海市城乡建设和交通发展研究院提出的道路交通状态指数（张扬等，2016）等（表9-1）。速度指标可直观反映拥堵后果，数据易于获得。但是，基于速度的参数依赖自由流速，而不同区域、道路类型、个体和专家对于流速阈值的认识存在较大差异，难以达成共识，因此横向比较较为困难（Rao et al.，2012）。并且，这些指标不能反映道路类型对于交通拥堵的影响，通道移动指数和速度减缓指数也只能反映是否拥堵，不能反映拥堵程度。

（4）基于道路交通量。20世纪50年代，美国初版《道路通行能力手册》首次提出基于道路实际承载力和道路容量比例关系（Volume Capacity Ratio，V/C）来衡量道路使用强度，并被广泛用来测度道路拥堵水平。1985年第二版《道路通行能力手册》在 V/C 指标基础上提出服务水平概念，直观定义道路拥堵的不同水平（Roess et al.，2014）。服务水平指标易被大众理解，数据易于获得（Rao et al.，

表 9-1 基于出行行为的拥堵指标定义、公式、测度标准与应用尺度

分类		定义、公式和测度标准	应用尺度		
一级分类	二级分类		道路	城市区域	城市
基于出行距离和拥堵里程	道路拥堵指数指标 (Roadway Congestion Index, RCI) (Hanks et al., 1989; Schrank et al., 1993, 1997)	定义：不同类型道路（高速公路和主干道）的每日行车英里数（DVMT）和每日车辆英里数除以车道里程数（PLM）的加权平均值。 $$RCI = \frac{DVMT_{freeway} \cdot PLM_{freeway} + DVMT_{arterial} \cdot PLM_{arterial}}{13\,000 \cdot DVMT_{freeway} + 500 点 DVMT_{arterial}}$$ 测度标准：RCI≥1 表示存在拥堵；RCI<1 则表示城市道路经历周期性的严重拥堵，城市区域不拥堵		✓	
	道路交通运行指数（Traffic Performance Index, TPI）（北京市质量技术监督局，2011）	定义：依据《城市道路交通规划设计规范》（GB 50220—95）划分的道路等级，基于道路路段速度分别统计快速路、主干路、次干路和支路中处于严重拥堵的路段里程比例，进而以里程数比例作为权重进行加权，确定道路网拥堵里程与道路交通运行的转换关系来计算道路交通运行指数。 测度标准：畅通（0—2）、基本畅通（2—4）、轻度（4—6）、中度拥堵（6—8）和严重拥堵（8—10）		✓	✓
基于出行时间	TomTom 出行指数 (TomTom, 2020)	定义：每个城市全年的实际出行时间相比自由流状态下出行时间的增速百分比。 TomTom 出行指数 $= \dfrac{实际出行时间 - 自由流状态下的出行时间}{自由流状态下的出行时间} \times 100\%$ 测度标准：根据拥堵指数将城市分为四个等级：>50%、25%—50%、15%—25%、<15%			✓
	拥堵指数 (Taylor, 1992; D'Este et al., 1999)	拥堵指数 $= \dfrac{实际出行时间 - 可接受的出行时间}{可接受的出行时间}$	✓		

分类		定义、公式和测度标准	应用尺度		
一级分类	二级分类		道路	城市区域	城市
基于出行时间	出行时间指数（Travel Time Index, TTI）(Lomax et al., 2005)	出行时间指数 $=\dfrac{\text{高峰期的出行时间}}{\text{自由流速度的出行时间}}$		✓	✓
	道路交通运行指数（源自道路交通运行指数系统网络）	定义：采用多源数据融合算法来计算全市各条道路、各个片区以及全市路网的平均车速和出行时间。通过实地调查和专家评分等方法建立出行时间与交通指数的换算模型，由点及线、由线及面推算路网指数、片区以及全市不同空间范围的交通指数。测度标准：畅通(0—2)、基本畅通(2—4)、缓行(4—6)、较拥堵(6—8)和拥堵(8—10)	✓	✓	✓
	通道移动指数（Corridor Mobility Index, CMI）(Lomax, 1988)	定义：个体移动速度除以一些标准值。$$CMI=\dfrac{\text{车辆行驶速度}\times\text{每车道的高峰时间车流量}}{100\,000(200\,000)}$$测度标准：该值小于1表示该路段在高峰期间正在经历交通拥堵	✓		
基于出行速度	INRIX拥堵指数（郑淑鉴等，2014；Cookson，2018）	定义：某路段某15 min时间段内的INRIX拥堵指数为自由流速相比实际流速的行驶速度变化百分比。全市某15 min时间段内的INRIX拥堵指数为该城市各个路段15 min时间段内的INRIX拥堵指数和路段长度加权平均值。该城市某月的月度INRIX拥堵指数为该月时间段内全市的INRIX拥堵指数的平均值。道路尺度：$A_{ij}=\left(\dfrac{RS_{ij}}{AS_{ij}}-1\right)\times100\%$ 城市尺度：$B_j=\dfrac{\sum_{i=1}^{N}(A_j\cdot L_i)}{\sum_{i=1}^{N}L_i}$, $II=\dfrac{\sum_{j=1}^{M}B_j}{M}$ 式中，A_{ij}表示15 min路段i的INRIX拥堵指数；B_j表示15 min统计间隔内全市的INRIX拥堵指数；N表示城市内路段的数量；II表示15 min间隔的月度INRIX拥堵指数；L_i表示路段i的长度；RS_{ij}表示路段i第j个15 min间隔的参考速度；AS_{ij}表示路段i第j个15 min间隔的实际速度；M表示15 min间隔总数	✓		✓

分类		定义、公式和测度标准	应用尺度		
一级分类	二级分类		道路	城市区域	城市
基于出行速度	速度减缓指数（Speed Reduction Index，SRI）（Ter Huurne et al.，2014)	定义：拥堵情况和自由流速情况下的相对速度变化。 $SRI = (1-$ 实际出行速度 / 自由流速出行速度 $)\times 10$ 测度标准：当 SRI 为 4~5，会发生拥堵	✓		
	道路交通状态指数（Traffic State Index，TSI）（张扬等，2016)	定义：以道路行驶速度为核心。 路段交通状态指数 TSI=（自由车速-实际车速）/自由车速×100 结合里程长度和车道数因素，加权计算整体路网的交通状态。 测度标准：畅通（0~30），较畅通（30~50），拥挤（50~70），堵塞（70~100)	✓	✓	
	拥堵度（Degrees of Congestion，DC）指标（郑淑鉴等，2014)	定义：某路段实际或历史交通量与一天（24 h）或白天（12 h）的评价基准交通量之比。 $DC=(\omega \cdot Q)/C$ 式中，ω 为权重系数；Q 为实际交通量；C 为基准交通量。 测度标准：DC<1 表示畅通；$1\leq DC<1.75$ 表示拥堵和拥堵时段逐渐增加；$DC\geq 1.75$ 表示慢性拥堵		✓	
基于道路交通量	服务水平指标（Level of Service，LOS）（Roess et al.，2014)	定义：根据道路实际承载力和道路容量比例关系（Volume Capacity Ratio，V/C）值，将道路运行状况的好坏分为 A—F 六级，各等级的 V/C 比分别为 LOS A（0.00~0.60），LOS B（0.61—0.70），LOS C（0.71—0.80），LOS D（0.81—0.90），LOS E（0.91—1.00），LOS F（大于 1.00）。 测度标准：当等级为 E,F 时，道路状况达到拥堵和拥堵严重水平	✓		
	拥堵里程的持续时间指标（Lane Mile Duration Index，LMDI）（Cottrell，1991)	定义：每个城市地区的 LMDI 值为各个高速公路路段拥堵路段的长度和拥堵持续时间乘积的总和除以拥堵路段总数，其采用年平均日交通量[V/C 或年平均日交通量（AADT）/C]来判别拥堵路段，当 V/C>1（LOS 为 F 级）或 AADT/C>9 时，路段产生拥堵。 $$拥堵里程的持续时间指标 = \frac{\sum_{i=1}^{N} 拥堵路段的长度 \times 拥堵持续时间}{拥堵路段总数}$$		✓	✓

分类		定义、公式和测度标准	应用尺度		
一级分类	二级分类		道路	城市区域	城市
	路段延误（Segment Delay）；个体路段延误（Individual Segment Delay）；总体延误（Total Delay）（Lomax et al.，1997）	路段延误［分钟（车辆维度）（Vehicle-Minutes）］=（实际出行时间－可接受出行时间）×高峰期车辆数量 路段延误［分钟（人口维度）（Person-Minutes）］=路段延误（Vehicle-Minutes）×车辆占有率 个体路段延误用路段延误，拥堵出行量（Volume）或出行人数加权拥堵道路长度］，拥堵道路长度来评估。 总体延误为通过道路或者城市区域内个体路段延误总和	√	√	√
基于延误水平	延误率、相对延误率、延误比率（Lomax et al.，1997）	延误率（Delay Rate）=实际出行率－可接受的出行率 出行率（Travel Rate）=出行时间/路段长度 相对延误率（Relative Delay Rate）=延误率/可接受的出行率 延误比率（Delay Ratio）=延误率/实际出行率	√		
	出行延误（Lomax et al.，2005）	出行延误=每日车辆行驶里程数（DVMT）/平均拥堵速度－每日车辆行驶里程数（DVMT）/平均自由流速	√	√	√
	拥堵严重指数（CSI）（Lindley，1987；Turner，1992）	用每百万车辆行驶里程数（VMT）的总延误时长（小时）来衡量高速公路拥堵情况	√	√	√

注：TomTom是一家主营业务为地图、导航和GPS的公司；INRIX是一家交通分析和车辆服务公司。

2012），但只能表示特定路段或区位的拥堵，无法反映总体情况（Byrne et al.，1995），而拥堵度指标和拥堵里程的持续时间指标可以反映整体情况。该类指标可进行道路/区域/城市间的横向对比。但有时会产生误导，尤其是在接近临界值的区间上（Hamad et al.，2002）。另外，该类指标无法反映道路类型对于交通拥堵的影响。

（5）基于延误水平。出行延误是指驾驶者在道路拥堵时所花费的时间/成本与自由行驶或最高限速行驶时间/成本之间的差距。该类指标是出行时间的组合指标，因使用了延误概念而被划分为第五类。学者基于对延误的不同理解提出了多种测度指标，包括路段延误、个体路段延误、总体延误、延误率、相对延误率、延误比率（Lomax et al.，1997）、拥堵严重指数（Lindley，1987；Turner，1992）以及由美国得克萨斯州交通运输研究所提出的出行延误概念（Lomax et al.，2005）等。该类指标本质为实际出行时间与自由流出行时间的相对差值或比值，因此其同样受限于自由流的民众认知差异和道路间差异。

以上指标的详细定义、测度标准与公式以及应用的空间尺度在表9-1里进行了归纳。在以上测度指标中，除第四类指标（基于道路交通量）从道路的供给需求角度出发，其他类指标皆从个体出行行为角度出发。总体而言，各学者和交通机构根据其对于交通拥堵的认识以及数据的可获得性，提出了不同拥堵衡量指标。每种指标既具备其独特性，又存在一定的片面性，根据研究目的的不同而有所区别。

交通拥堵的经济学分析认为，当小汽车出行所造成的边际社会成本大于边际私人成本时，驾驶者个人的出行总量会超过社会期望的最优出行需求，从而导致相对的过度出行和过度拥堵，进而产生市场失灵。该类市场失灵可通过定价政策来调整。理论上，向每位驾驶者的每次出行征收相应的庇古税（Pigouvian Tax，即出行产生的边际社会成本和边际私人成本间的差额费用）是解决交通拥堵的最优定价策略。根据供求理论，定价政策可以使道路上汽车的均衡数量低于未考虑拥堵外部性时的均衡出行量，增加小汽车使用者的实际成本，减少汽车的使用和出行，进而缓解拥堵，提升社会福利水平。大量理论与模拟研究均认为最优定价策略（即最优拥堵税）是缓解城市拥堵、纠正拥堵负外部性的有效措施（Zhang et al.，2016a；2016b）。

最优拥堵税在实际中往往难以衡量，其在时空上均存在差异，在现实中很难实施，学者对于道路定价政策的可行性与可操作性仍然存在较大争议（Anas et al.，2011；Borins，1988；Richards，2008）。例如，经济学者普遍认为征收拥堵税等定价政策是弥补拥堵负外部性的最优策略；规划学者则多认为定价策略的实施成本过高，而好的路网设计和土地利用布局反而被规划师认为是更好的制度策略（Santos，2005；Winston，2000）。在全世界的城市交通实践中，虽然很少有最优拥堵税的实际案例，但很多城市采取次优拥堵税策略，如新加坡的警戒线收费（Cordon Charges）政策（Santos，2005）、伦敦的中心区区域拥堵收费（Area-Wide Pricing），以及美国高速公路的高占用收费车道（Wellander et al.，2000；Ewing et al.，2010）等。

9.1.2 影响出行行为的空间政策：城市空间结构和土地利用政策

通过调整城市空间结构和土地利用布局等来缓解城市交通拥堵的空间政策也得到了广泛研究。城市与交通经济学研究经常比较定价策略与空间政策的优劣，往往认为空间政策可以对拥堵缓解产生两个方面积极的影响：第一，空间政策可以作为纠正市场失灵的替代政策（Solow，1972；Zhang et al.，2018a）。理论研究发现，无论是单中心模型还是多中心模型，通过空间政策增加城市中心居住密度、减少边缘密度，可以达到与最优定价政策同样的社会福利效果（Zhang et al.，2018a）。如果城市可以实施最优的定价政策和最优的空间调整，两种政策的经济效率是可等价的、可替代的，这说明空间政策有其价值，不过在现实中两种最优策略均很难实现（Zhang et al.，2018a）。因此，文献中更多的是在讨论次优的空间策略，包括城市增长边界（Brueckner，2007）、郊区产业园区（Zhang et al.，2016a）、多中心结构（Li et al.，2019）、紧凑土地开发等（Li et al.，2019；Ewing et al.，2018）。第二，空间政策是纠正规划失灵的必要手段。规划失灵是指规划干预限制了市场期望的土地开发模式，导致对汽车的过度依赖和道路拥堵（Winston，2000）。研究者和政策制定者通常采用两种纠正规划失灵的办法来缓解拥堵：一是放松土地利用的规划管制；二是通过土地利用规划改革来更好地支持市场所期望的紧凑发展模式，如混合土地开发以及公共交通导向的城市发展模式。在西方背景下，通过研究发现过低密度的分区管治会导致过度的汽车导向发展模式；同时，TOD和新城市主义社区的市场供应由于受到管治的限制而无法满足实际的市场需求（Levine，2006）。此外，规划失灵还可能加剧居住空间不匹配的问题，即有些居民所居住的地方与实际偏好之间存在错位（Schwanen et al.，2004；Frank et al.，2007）。因此，如果规划失灵现象较为严重，空间政策就不仅仅是定价策略的替代方案（以缓解市场失灵），还是治理规划失灵的必然手段，因为定价策略往往也无法直接调节规划失灵（Zhang，2015）。

然而，空间政策的现实效果和可行性仍然存在争议。盖尔斯特等（Galster et al.，2001）和卡辛格等（Cutsinger et al.，2005）区分了七类可能影响交通拥堵的土地利用特征，包括密度、连续性、集中度、向心性、土地混合利用程度、邻近性与可达性、单中心（多中心）城市结构。下面侧重从紧凑型（相对于蔓延型）的城市土地利用模式和多中心（相对于单中心）的城市空间结构两个方面来评估空间政策的治堵效应。

1）紧凑型（相对于蔓延型）的城市土地利用模式

紧凑型的城市土地利用模式包括人口和就业密度、城市土地覆盖密度和城市增长边界等城市土地形态密度以及土地混合利用三个方面（Ahlfeldt et al.，2019）。在理论上，紧凑型的城市土地利用模式既可能带来拥堵，又可能缓解拥堵所带来的效率低下，与前文说到的对于规划失灵的治理效果一样。而在实证研究中，紧凑型的城市土地利用模式对于缓解拥堵的作用也尚未清晰（Ewing et al.，2018；Li et al.，2019）。通过研究发现，交通拥堵与小汽车行驶里程数（Vehicle Miles Traveled，VMT）和出行起始点和终点的出行对（Orgin-Destination Pairs，OD 对）的集中度呈现正相关关系（Ewing et al.，2018）。当其他变量不变时，增加 VMT 和 OD 对集中度通常会增加城市拥堵水平。一方面，相较于蔓延型发展的城市，紧凑型城市是更加密集、土地利用更具有多样性以及良好设计的模式，进而降低 VMT；而蔓延型的发展会加剧对小汽车的依赖，产生长距离的汽车出行和道路拥堵（Ewing，1997；Downs，2004；Gillham，2002）。另一方面，部分学者认为城市扩张是"交通的安全阀门"，即郊区化是解决拥堵的主要和成功的方法（Gordon et al.，1997）。例如，郊区蔓延会将道路需求转移到交通拥挤程度较低的路段，并远离城市的主要中心，从而减少 OD 对的集中，缓解拥堵。所以在理论上，紧凑型发展的拥堵缓解作用取决于向心集聚与离心蔓延这两对相反力量的相对强度（Ewing et al.，2018）。但是，现有的实证研究多数发现紧凑型的城市发展模式并不能缓解城市交通拥堵（Ewing et al.，2002；Sarzynski et al.，2006；Ewing et al.，2018）。国内的相关实证研究还很少，已有研究发现城市紧凑度和拥堵间存在显著的正相关关系，也就是紧凑型城市反而可能带来更多的交通拥堵（Li et al.，2019）。

此外，理论上最优的定价策略会带来城市边界的收缩、面积变小、密度提升等紧凑发展特征（Zhang et al.，2016b），所以不少研究探究城市增长边界（UGB）政策是否能缓解交通拥堵所带来的负外部性及其所带来的社会福利下降等问题（Pines et al.，1985）。然而，模拟和实证结果亦存在较大争议。一方面，类似于定价政策，城市增长边界政策限制对土地的利用，增加城市密度，减少出行距离，使得城市更加紧凑，进而缓解交通拥堵所带来的负外部性（Pines et al.，1985；Arnott，1979；Downs，2002）。相反，有些学者发现城市增加边界可能并不是一个有效的治堵政策（Brueckner，2007；Kono et al.，2012）。例如，有研究通过数值模拟发现，城市增长边界政策并不能显著减少郊区到城市的通勤，反而使得人们迁移到更拥挤的地区（Anas et al.，2006）。同时，虽然城市增长边界政策使得城市更加紧凑，但是其抑制了拥堵所带来的城市扩张需求，并不是纠正市场失灵的有效政策（Zhang et al.，2016b）。而且，该政策需要对土地市场进行大规模的调整或限定，忽视了背后的边际成本，通过显著控制郊区的土地来减少日均出行量有可能会产生更多的经济损失。

2）多中心（相对于单中心）的城市空间结构

城市空间结构对拥堵缓解的作用也是当前学界争论的焦点（Li et al.，2019）。有研究发现多中心的城市空间结构可以缓解交通拥堵。根据协同定位（Co-Location）假说，即居民和工作者会改变其居住地或工作地，进而适应恶化的交通拥堵（Kim，2008）。多个就业中心让居民更有可能居住在离工作地较近的地区，进而减少车辆行驶里程，缓解交通拥堵（Gordon et al.，1985）。另外，单中心城市的出行流通常集中在通往城市中心的放射性道路上，而多中心城市的出行流分布在城市次级中心内部或者次级中心之间。因此，多中心的城市空间结构可以分散出行流，进而缓解拥堵（Susilo et al.，2007）。相反，也有不少研究认为，多中心的城市空间结构并不一定能减少交通拥挤。在协同定位假说中，并不能保证出行者在同一区域生活和工作，以及保证生活在次级中心的出行者去城市主要中心消费（Li et al.，2019）。随着消费城市的兴起，人们越来越关注便利设施和生活质量（Glaeser et al.，2001），而城市各中心的基础设施，尤其是高质量活动设施的分布并不是均衡的，主要集中在城市主要中心（Meijers，2008），因此仍将产生更多的长距离出行，最终增加 VMT 和 OD 对的集中度，反而会加剧城市拥堵。

另外，城市存在一个最优的中心数量，如果数量较少可能会导致大量人口、就业以及商业活动在这些中心聚集，导致拥堵所产生的负外部性大于企业集聚所产生的正外部性，产生过度拥堵，导致集聚不经济现象（Zhang et al.，2016b）。而数量过多则有可能导致城市的工商业等产业布局分散，无法达到集聚经济效应，并且城市各中心间的通勤增加，反而会加剧城市交通拥堵。例如，一项分析中国城市中心数量和拥堵间的研究发现当城市中心超过 4 个时，增加城市中心数量会加剧拥堵

(Li et al.，2019)。

9.1.3 影响出行行为的交通基础设施供应侧政策

1) 道路基础设施供应政策

根据供需理论，在空间允许的条件下修建新的道路或者增加现有道路的容量是缓解交通拥堵的有效方法（Ewing，1993；Lakshmanan，2011；Antipova et al.，2012），但是在实证中，不少研究却发现了相反的争议性结论。该争议与诱导出行以及所谓的"公路拥挤第一定律"密切相关（Downs，1962；Noland，2001；Cervero，2002；Duranton et al.，2011；Hsu et al.，2014）。诱导出行是指道路容量增加反而会导致小汽车出行量的增加（Duranton et al.，2011），有一些潜在的出行需求受限于过去道路拥堵的影响而没有得到满足，在道路拓宽、短时间内拥堵下降的前提下，这些潜在的出行需求就会兑现，反而加剧了交通拥堵。实证分析也发现，道路容量的增加会带来以下变化：①在短期内可能会引致小汽车出行量在高低峰时段上的重新布局，如有些人为了躲避高峰期拥堵而选择在低峰期出行，在道路扩张后则会重新选择在高峰期出行；②带来出行模式的转变，如由公共交通转向小汽车出行；③带来道路选择的变化，如从原来拥堵的路段转到新建路段上（Cervero，2002）。所有这些由于道路扩容而产生的小汽车出行行为变化均与诱导出行密切相关。而从长期来看，道路扩容还可能引起住房和企业在空间上的重新布局，如离城市中心更远，最终可能产生更长距离的出行（Downs，1962；Noland，2001；Cervero，2002；Hsu et al.，2014；Duranton et al.，2011）。诱导出行的存在会降低道路投资对于交通拥堵的缓解作用，甚至反而会出现道路建设越多拥堵越严重的现象，即所谓的"公路拥挤第一定律"（Downs，1962）。

已有许多文献围绕诱导出行来验证"公路拥挤第一定律"是否在实证上存在，通常通过测度城市小汽车出行量对于道路容量的弹性系数来评估。当弹性系数大于1时，即1%的道路容量的增加所产生的诱导出行大于1%时，道路投资扩容会加剧拥堵。而当弹性系数小于1时，道路基础设施的建设则可以缓解交通拥堵。然而，实证结果仍不清晰。例如，通过研究一些美国和日本的城市案例发现，弹性系数接近或者大于1（Duranton et al.，2011；Hsu et al.，2014；Garcia-Lopez et al.，2017），说明道路投资并不能缓解拥堵，甚至会加剧拥堵。而有些研究在美国和中国城市发现，弹性系数小于1，说明道路扩容可以缓解拥堵（Hymel et al.，2010；Bian et al.，2016）。

同时，对于交通拥堵的缓解效应也可能因道路类型与城市区位而异。譬如在中国，通过研究发现，道路投资是中小城市缓解拥堵的有效策略。还有研究发现，除了西北地区，中国其他地区的小汽车出行量对于道路容量的弹性系数范围为 0.27—0.51（Zhao et al.，2012a）。城市道路供给增加可以减少出行需求，缓解道路拥挤情况，并且对于工作日的缓解作用要大于周末（Bian et al.，2016）。而且在城市主要区域增加道路供给比限制小汽车出行更能显著缓解交通拥堵，但是大城市已经有了密集的道路网络并且缺乏土地，道路建设难以实现。此外，也有学者指出并不能简单定论说增加道路容量就能缓解或加剧交通拥堵（Zhang et al.，2019c）。他们通过空间一般均衡模拟发现，在社会福利最大化的假设下，城市存在最优的道路容量且随区位而有所不同。如果理论上最优的道路空间存在，那么简单说增加或减少道路容量会带来社会福利的提升均是有问题的。在这种情况下，所谓的"公路拥挤第一定律"是不存在的。

2）公共交通基础设施投资政策

通过公共交通基础设施投资来缓解城市交通拥堵是当前许多大城市所采用的治堵政策（潘海啸，2010；Anderson，2014；Beaudoin et al.，2015）。但是在理论探讨中，公共交通的治堵效果和可行性仍备受争议。一方面，许多研究支持公共交通对道路交通拥堵的缓解效应，认为公交或者地铁等会替代小汽车出行。研究发现，高质量的、舒适的、可负担的、等级分离的、能够服务于城市中大部分交通走廊和目的地的公共交通系统能更好地成为小汽车的替代品（Litman，2015a，2015b）。例如，新的移动导航和支付系统可以使公共交通更加方便（Bouton et al.，2015）；地铁等重轨比小汽车更具有速度优势（Litman，2007；Aftabuzzaman et al.，2011）；TOD 模式可以减少在公共交通站点周边居民的汽车出行。这些作用均可以增加公共交通的使用率，缓解交通拥堵。另一方面，根据交通拥堵的高峰期定律（Duranton et al.，2011），小汽车数量在交通拥堵的高峰期会达到道路的最大容量，因此公共交通并不能缓解高峰期的交通拥堵水平（Duranton et al.，2011；Beaudoin et al.，2017）。而且，公共交通可能仅在短期内有效缓解拥堵（Beaudoin et al.，2015，2017），因为根据"公路拥挤第一定律"，公共交通在长期内会诱发人们的潜在需求。

在实证文献中，基于公共交通工作人员罢工期间、公共交通处于瘫痪状态数据的自然实验分析发现，公共交通系统对于拥堵的缓解异常重要（Lo et al.，2006；Anderson，2014；Adler et al.，2016；Bauernschuster et al.，2017）。同时，研究发现地铁系统可以有效缓解道路交通拥堵，提高城市内部的机动性（Pang et al.，2017；Yang et al.，2018a；Albalate et al.，2019），但是公交系统对于拥堵的缓解作用则可能有限（Duranton et al.，2011；Albalate et al.，2019）。不同类型的公共交通对于拥堵的缓解作用与其本身的技术和布局方式是密切相关的，比如轨道交通布局在较大和人流比较密集的区域，其缓解拥堵的作用显得较为显著。国内学者也有分析轨道交通的拥堵缓解作用。例如，有研究发现地铁线路的拥堵缓解效果呈驼峰状，拥堵高峰期的运行速度在线路开通后的最初几周内增加，然后稳定保持在增加5%，最终在12个月后保持稳定。而且缓解效果主要集中在地铁站点周边的线路，并且随距离站点的距离增加而递减（Gu et al.，2018）。如北京每条地铁线路的开通都能在短期内减少约15%的延误时间，早高峰的缓解效果最为显著（Yang et al.，2018a）。

9.1.4 关于交通拥堵治理政策的讨论焦点

本节在理论与实证上评述了当前交通拥堵治理的空间政策与基础设施政策这两个供给侧治堵策略，发现相关分析多集中在欧美、日本等发达国家，而在国内较为缺乏实证研究。而且，各种空间与基础设施政策对交通拥堵的缓解作用仍存在较大分歧，在不同时段与地方情境下均存在不一样的结论。

第一，治堵空间政策的现有研究主要围绕紧凑型的城市土地利用模式（城市密度、土地利用混合度、城市增长边界等）和多中心的城市空间结构（就业中心数目与分布、职住平衡等）对交通拥堵的影响，但仍需更多城市的纵向实证分析，以评估治堵政策的实效性。国内研究则对职住平衡等城市空间结构的关注度较高，对土地利用模式的关注较少。现有研究的不足集中在三个方面：① 空间政策具有多尺度性，如在社区尺度与城市尺度，而现有研究并未形成多尺度的分析框架和研究范式。②研究多围绕城市中已实行的政策展开，对尚未实施的政策（如城市增长边界政策）预期评估较少。③整体实证研究较少，缺乏足够的案例与理论发现相比较。因此，未来研究还需要加强立足国内城市的交通拥堵缓解政策的理论探讨，增加和细化各种空间政策在多尺度上的研究，探讨与各级国土空间规划相符的治堵空间政策。

第二，道路基础设施政策的研究争论点聚焦在诱导出行行为，欧美和日本学者进行了大量的实证探讨，然而国内较为缺乏相关的实证分析。另外，现有研究大多采用道路长度（路网密度）指标来测度道路基础设施的投资，而道路规模受道路长度（路网密度）和道路等级的共同影响。因此，未来研究需要加强实证研究，结合大小数据的优势，研究道路长度和道路等级等不同维度投资对于出行行为的直接与诱导影响及其交通拥堵效应。

第三，公共交通基础设施政策的学术争论点在于公共交通整体及各子系统对道路交通拥堵的缓解作用是否显著。目前有限的实证研究多发现地铁系统可以有效缓解交通拥堵，而公交系统则因案例而异，并且在公共交通建设的不同阶段，公共系统对拥堵的缓解作用有所不同。未来实证研究需要结合城市的多种公共交通方式来分析公交系统的拥堵缓解作用，特别是在国内缺乏相应数据与实证分析的情况下。

此外，多数理论和实证研究尚未考虑城市土地、交通和经济等子系统的相互作用过程与机理，对各类政策的研究分析都比较独立于各子系统，缺乏对时空因素的探讨。因此，未来研究应该多依托整合多系统的城市模型，注重各子系统的相互作用，在理论和实证研究中比较分析定价政策、空间政策和基础设施投资政策等单一政策和组合政策的拥堵缓解效应。同时，应多注重时空过程，考虑各政策的动态变化过程和各因素在道路、区域、城市等不同空间尺度上的作用与效应。

这里主要基于治堵政策的理论和实证探讨来分析结构性的治堵政策对于交通拥堵的缓解作用，没有从公众认知和接受度角度进行分析，下面将分析交通拥堵治理政策的公众支持度。

9.2 交通拥堵治理政策的公众支持度

9.2.1 交通拥堵治理政策感知

交通拥堵是大城市所面临的重要问题，许多城市寻求解决方案，如道路定价、交通限行，但重要的问题是公众将如何接受这些措施。有些人可能不接受定价政策，因为他们认为自己将是净输者，或者一些人可能更愿意接受定价政策，因为他们相信整个社会都会受益。这些观点会影响个人支持或不支持政策的倾向（Bonsall et al.，1992）。一些城市实施道路拥堵费政策失败了，如英国的曼彻斯特（2005年）、爱丁堡（2007年），美国的纽约（2008年），荷兰（2010年），丹麦的哥本哈根（2012年），这在很大程度上是因为这些政策往往饱受争议，由于公众的抵制很难实施（Nilsson et al.，2016）。斯德哥尔摩第一次公投有 2/3 的民众反对（Eliasson，2014），哥德堡的反对率为 57% （Hansla et al.，2017），缺乏公众和政治上的认可是推行交通拥堵治理政策的主要障碍（Hysing et al.，2015）。

为了提高交通拥堵治理政策的公众接受度，一些城市通过公投来寻求民众支持，然而爱丁堡、曼彻斯特、纽约的失败案例都证明了这种方法在实施时有困难；一些城市通过政策试行来提高政策的接受度，如哥德堡、斯德哥尔摩都通过这种方法使公众态度变得积极。然而，同样的政策由于当地政治和地理背景的不同会产生动态的效果，新加坡、伦敦和瓦莱塔实验结果的冲突都清楚地说明了这一点。除去不同城市的文化背景，拥堵税还受到城市环境、心理感知、政府信任度等各种因素的影响。公众对拥堵税的支持度受哪些因素影响是一个复杂的、重要的研究问题。目前各种因素如何直接或间接地影响公众的接受度尚且缺乏清晰的解释。受研究方法的局限，传统方法多采用描述统计、多元回归来探索因素对接受度的影响，表现为两者间的简单联系。研究发现，政策接受度与个人经济水平、汽车依赖性、交通系统特性、心理因素（如城市交通状况感知、城市环境感知、政策公平性感知、政策有效性感知）等有直接的关系。

　　社会接受的三个方面，即社会政治、社区和市场的政策接受，这里所诠释的属于"社区接受"的范畴，指的是当地的利益相关者——当地居民的接受程度（Batel et al.，2013）。多个城市的失败案例告诫了政策制定者，即使是少部分的反对也能导致政策的整体失灵，因此很多文献研究了拥堵税政策接受度的影响因素。例如，政策实施所带来的个人成本和短期社会福利；政策信息宣传和公众对措施有效性、公平性的信心；政策对城市经济和就业的影响；政策面对的不同通勤模式者，即汽车使用者、公共交通使用者和步行者；个人经济属性，如男性，高收入群体可能会有更低的接受度；私家车拥有量和拥堵程度。

9.2.2　建成环境、空气污染感知与交通拥堵治理政策的公众支持度

　　本节使用结构方程模型，采用北京大学和清华大学进行的 2017 年北京社区调查数据来研究交通拥堵治理政策支持度、城市环境感知与建成环境之间的直接、间接关系。把与政策支持度、政策感知相关的因素作为内生变量，具体可以分为三个方面：①支持度。参考舒蒂玛等（Schuitema et al.，2010）的划定，把政策实施前居民的态度称为接受度（Acceptability），把政策实施后居民对政策的态度称为满意度（Acceptance）。我们调查了居民对北京市未来将要出台的拥堵税的支持度，以及北京 2008 年出台的单双号限行政策的满意度。②城市环境感知。采用拥堵感知和污染感知两个变量来表示人们对于城市环境的感知（Sugiarto et al.，2017），代表居民对于交通拥堵问题和空气污染问题

严重性的问题意识。③感知有效性。感知有效性指人们对于政策预期效应的期望，即居民在多大程度上相信交通拥堵治理政策能够缓解交通拥堵和环境污染，它是一种居民对于政府信任度、政策公平性、对政策的主观信念等的综合表现。

在控制了建成环境和社会经济属性后，研究发现内生变量之间存在直接的因果关系（图9-1）。

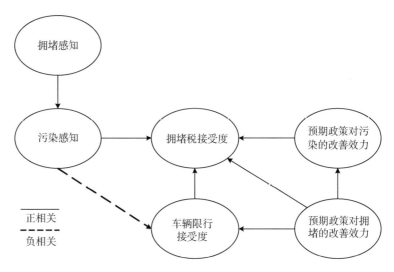

图 9-1　环境感知与政策接受度的关系

研究发现，城市环境感知会直接影响政策支持度。小汽车拥堵税的支持程度与空气污染感知呈现显著关系；感知到居住社区周围空气污染严重的受访者更愿意接受拥堵税政策，空气污染感知每增加一个量级，支持拥堵税的发生比率是不支持拥堵税的1.19倍；但是，拥堵税的接受度与交通拥堵感知无显著性关系，证明居民对于居住区周围由于汽车尾气导致的空气污染的关注程度大于交通拥堵本身，也许相比于通勤的拥堵，由拥堵产生的污染才是人们更关心的问题。因此，可持续目标可能是中国在政策推行过程中需要重点关注的方向。

感知有效性也是一个政策支持度的直接影响因素。当我们通过加强政策的执行度、政策公平、信息公开等方法来提高居民对政策的感知有效性时，居民对政策的支持程度就会增加。当居民对政策改善环境能力的信任度增加一个单位时，支持拥堵税的发生比率是不支持拥堵税的1.35倍。当居民对政策改善拥堵能力的信任度增加一个单位时，支持拥堵税的发生比率是不支持拥堵税的1.85倍。基于已经出台的限行政策，支持限行政策的居民，即对限行满意度更高的居民也会更支持拥堵税。

同时研究发现，在人们的认知中，交通拥堵和环境污染有很密切的关系。当人们认为通勤非常拥堵时也倾向于认为汽车尾气会带来严重的空气污染。当人们认为交通拥堵税或限行政策能够缓解交通拥堵时则倾向于认为政策同样能带来环境收益。

9.3　本章小结

交通拥堵是近些年城市的主要问题，各个地方都将缓解交通拥堵作为城市发展的主要目标。国内治堵政策多集中在以限号限行为主的限制需求的行政政策上，对于其他政策的投入较少。因此分析各类治堵政策对于拥堵的缓解作用以及居民对各类治堵政策的接受度研究异常重要。

通过分析可以发现，各类政策的治堵效果因案例而异，且国内实证研究较少，需加强理论和实证研究。各个城市应该立足理论与实证研究，聚焦结构性的拥堵缓解措施，推行使用空间政策和基础设施供应侧政策等，亦可与拥堵税等政策进行比较讨论。尤其是中小城市在如火如荼的建设过程中应考虑中远期发展，在规划初期应优化城市空间结构和道路布局，避免城市过度拥堵的产生或加剧。大城市因其空间和土地利用模式已相对成熟，空间调整与道路建设成本较大，可多注重公共交通尤其是轨道交通的优化和投资建设。

10 时空行为与通学圈规划

在当代社会，教育既是经济成功的关键因素，也是促进社会流动与融合的重要渠道。在全球化背景下，教育还是提升国家及地方竞争力的重要手段。因此，促进教育质量的提升和教育消费的均衡是各国政府重要的任务。同时，在优质教育资源稀缺的条件下，居民对教育资源的竞争及相应的社会空间分异是比较普遍的社会关切。2019 年发布的《中国教育现代化 2035》就是在新的时代背景下，对上述发展方向和居民需求的回应。在规划领域，作为公共服务的基本组成部分，学校的类型、选址、规模等具体内容的规划落地一直是城乡规划的一部分内容。在新型城镇化背景下，生活圈研究与规划成为实现以人为本发展的重要工具，学校布局及日常通学规划是生活圈规划的一个重要组成部分。

通学圈的形成与变化是教育资源供给与教育消费者选择互动的结果，即资源供给与相应居住区居民在一定空间范围内的组合。这一组合过程被政治、经济、文化等社会过程所塑造，又反过来对这些过程造成广泛影响。同时，这一组合具有明显的动态特征，学校的设施、师资和管理会调整变化，学生会在毕业后离开，与此相伴发生的可能是居民迁居及日常通学模式的改变。因此，对通学圈的理解和规划就需要把握空间、资源、主体及时间等关键要素及其相互关系。

就满足研究和规划需求而言，教育地理和时空行为及其结合为在传统规划之外提供了新的视角和内容。教育地理侧重于提供理解通学圈的社会空间视角与内容。地理学对教育活动的研究可以追溯到 20 世纪初期，教育资源的分布、群体之间的分异是其中的重要内容。21 世纪以来，随着教育研究的空间转向、教育活动范围的延伸、地理学对教育现象更多的关注，该领域的研究呈现出新的面貌和特点，被认为是"新"的教育地理（Waters，2016）。其中，教育活动对社会空间的形塑（Thiem，2009）、教育消费者作为主体（Holloway et al.，2010）等分析视角为理解包括通学圈在内的教育现象提供了新的思路。时空行为侧重于提供解读通学圈的方法论。时间地理学的企划、地方秩序嵌套等理论概念为解读通学圈的行为选择与组织提供了重要的理论工具。不同于传统侧重于按人均指标提供教育资源的规划思路，新的理解将通学圈视作动态、开放及具有日常规律的地域活动系统，将为通学圈规划提供新的思路和内容。

10.1 通学圈的概念与构成

10.1.1 通学圈的概念

目前还没有一个关于通学圈的基本定义。主流的通学研究基本是从城市交通的视角来分析居住地和学校之间的交通联系状况及其与建成环境等的关系（汤优等，2017）。另有少部分研究从学生家庭的视角来分析通学的时空特征及相应的制约因素（王侠等，2018a）。但从实际来看，通学是学生为实现到校学习的派生性行为。这一行为的产生，是通学的主体（学生及其陪护人员）在城市空间中结合自身条件做出出行决策并付诸实施的结果。因此，为了完整地描述和解释通学这一行为，必须将与通学行为有关的居住区、学校、二者之间的通道以及与通学行为密切联系的工作等其他活动地点作为一个整体考虑（图10-1）。基于此，这里将通学圈定义为：由居住区、学生就读学校及之间的通学通道构成的连续体所覆盖的地域，是包括居住、学习等日常功能的城市空间的一部分。

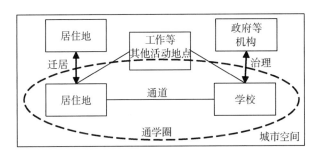

图 10-1 通学圈的空间构成

在实际中，居住地与学校并非一一对应的简单关系。学校具有阶段性，不同阶段对通学距离的要求差别很大。同时，不同类型学校之间的政策不同，如在很多国家，私立学校是不受学区限制的。即便对于最主流的公办义务教育学区划分而言，也存在一个居住区对应不同的学校。而目前国内很多地方在尝试推行多校划片政策，将加强居住区与学校对应的复杂性。因此，实际中的通学圈在构成上是不同大小、不同范围通学圈的嵌套与组合（图10-2）。

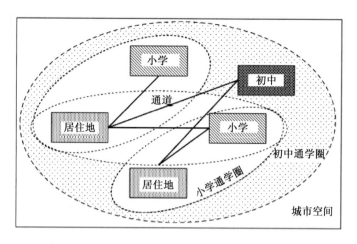

图 10-2　义务教育阶段通学圈的嵌套与组合

10.1.2　通学圈的构成

从本源来说，通学圈的形成是居民将教育消费作为日常活动的一部分，在从家庭企划的视角做出安排的基础上形成的出行与活动空间的叠加组合。因此，从活动—移动系统的角度来看，理解通学圈构成的关键包括空间、主体和秩序三个方面（图 10-3）。其中，空间主要指通学圈的物质构成，重点是底层空间、设施设备和空间结构三个部分。

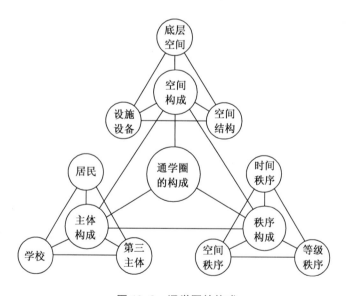

图 10-3　通学圈的构成

底层空间指通学圈形成和变化的城市空间基础和前提,既包括自然方面的气候、地形,也包括人工方面的道路与交通状况、土地利用等建成环境状况以及学生家庭成员的就业地点等与通学关系密切的活动地点。底层空间为通学的发生提供了基本的条件、可能和制约(何玲玲等,2017)。

设施设备指与通学直接相关的物质设施与工具,包括三个部分,即居住地设施、学校设施和交通设施与工具。居住地设施通过居住环境来影响人口结构并产生相应的资源拥有状况与教育需求构成,并基于此形成相应的学习安排与通学企划。学校设施通过学校质量来影响教育消费者的构成,同时也是学校安排具体教育教学活动的基础。例如,充足的场地可以为不同类型的课后活动创造条件,进而影响家长接送子女的安排。交通设施与工具直接影响通学行为的模式,如家庭汽车拥有情况、校车通行状况、公共交通构成等。

空间结构指前述底层空间及设施设备的空间关系,特别是居住地、学校、就业地之间的空间关系与联系通道,这些直接影响通学圈的范围和通学以及其他出行的模式。

主体构成是通学圈内活动发生决策与行为的主体,主要包括学生及其家庭构成的消费者主体、学校及其管理机构等构成的资源供给主体和社区、家长就业单位等直接影响通学圈活动企划的第三主体。

居民作为教育活动的消费者,同时也是就业、生活等城市活动的主体。从长期家庭企划来看,居民一般通过购买住房获得相应通学圈内教育活动的消费资格。这一过程同时也会受到就业等其他家庭活动的影响。从日常家庭企划来看,家庭通过统筹不同成员的活动需求,将学生的通学出行作为一个部分予以考虑,实现一定条件下的最优安排。

学校是学习活动的主导者,为学生提供具有一定质量和特色的教育资源。学校并非完全独立的主体,一方面受到国家及地方教育相关制度和政策的约束,另一方面需要对学生及其家庭的特点和需求进行适应和调整。

第三主体是对通学及学习活动组织安排产生直接影响的机构。其中,社区既可以与家长互动,也可以与学校互动,通过提供资源、组织协调等,促进通学与教育教学活动的改善与提高。家长就业单位主要通过工作任务的时空安排形成家长参与学生通学及学习活动的制约。

秩序构成是通学圈相关主体各自的活动组织与安排在通学圈内形成的组合与嵌套,表现为地方活动的规律性与秩序性,体现的是通学圈的复合活动规律。秩序体现为不同活动的时间秩序、空间秩序及活动之间的等级秩序(高等级主导低等级)。从主体与类型来说,通学圈主要涉及以下三大类活动:

第一类为生活活动,包括睡眠、就餐、个人事务、照顾家人、休闲娱乐等。这类活动在空间需求上以家内活动为主,时间方面也相对固定,具有较强的日常规律性。

第二类为生存性活动,最主要的就是工作,其他还包括就医以及购物。通常工作活动都具有较强的时间和空间要求,而就医、购物等具有时间方面的灵活性。

第三类为学习活动,是通学圈中具有核心地位的活动,通常也具有相对严格的时间和空间要求,特别是在空间方面,要在学校实现。时间方面的弹性也较小,如部分学校提供服务性的课后辅导活动,可以适当降低约束的刚性。从活动的等级来说,睡眠、学习、工作等具有更高的等级,对其他活动具有主导和制约作用。但高等级活动之间的紧张和冲突关系都难以协调,如学习活动和工作活动在时间上的争夺和空间上的分离往往导致通学出行企划的困难。

10.1.3 通学圈的功能

通学圈是覆盖居住和教育功能的一部分城市空间,这一空间又会直接影响到工作以及其他生活活动的安排。从主导功能来说,通学圈包括儿童教育和宜居生活两个部分。儿童教育不仅包括儿童在学校所获得的正式的理念、知识及能力教育,也包括儿童在通学过程中所获得的非正式的社会性教育,如遵守交通秩序、合作互助等。宜居生活主要指科学合理的学习活动和通学需求通过降低对家庭成员其他活动的制约,为适宜的生活创造便利和条件。具体而言,两个方面的功能表现为公平、安全、效率和健康四个维度的具体目标(图 10-4)。其中,公平维度面向优质教育资源的配置,其他维度主要面向通学出行及其社会影响。

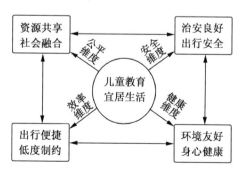

图 10-4 通学圈的功能与目标

1)以公平为导向实现资源共享与社会融合

公平公正是基础教育特别是义务教育最根本的价值观和追求目标。

教育资源配置的差异会导致通学圈内居住区人口、教育资源质量与学习活动、通学模式等核心内容的分异。从这个角度来说，漠视居民对优质教育资源的追求及相应的社会空间分异是不能理解通学圈的形成与活动发生的，也不能通过对通学圈的规划来促进教育的发展。

通学圈的公平包括资源共享与社会融合两个具体方面。教育资源，特别是优质教育资源的均衡与共享是各国政府义务教育的重要目标。以中国为例，在 2019 年印发的《中国教育现代化 2035》中，提出了"在实现县域内义务教育基本均衡基础上，进一步推进优质均衡"的目标。从资源配置来讲，通学圈是实现均衡的基本载体，只有实现了通学圈之间教育资源的均衡，才能实现资源的共享。同时，资源的均衡，特别是学校质量的均衡是缓解优质教育资源竞争基础上社会空间分异的基本前提。

社会融合是指不同社会背景的学生在学校之间的分异程度低，不同群体能够以学校和通学圈为平台实现较多的交往互动，从而促进社会融合。实现这一点，不仅需要教育资源的相对均衡，以避免因追求优质资源而导致的分异，而且需要社会群体，特别是优势群体在理念上认可、在行动上支持群体互动。在现实中，优势群体经常认为与某些群体接触会受到污染（Butler et al.，2007），从而避免与其进入同一学校。但就社会整体和长远利益而言，避免隔离与割裂，促进相互理解与融合，是必然的选择，因而也是通学圈的核心功能目标。

2）以安全为导向实现治安良好和出行安全

大量研究已经发现安全是决定通学出行模式极为重要的因素之一（Zhou et al.，2010；陆化普等，2014）。作为通学圈目标的安全有两个方面的内容：第一个方面是良好的社会治安环境，这一方面是基础性的，也是被居民直接感知和理解的，会直接影响就读学校的选择以及具体的通学方式，包括交通方式、陪护人员等（Lee et al.，2013）。通常而言，社会治安环境好的地区，居民更倾向于选择公共交通，更有可能形成基于信任的社会组织，通过协调资源和行动来化解通学出行中所形成的制约。如家长通过集体行动与企业合作，定制出行。同理，在校车开行的影响因素中，协调政府、学校、交通等主体形成规范、安全的管理模式具有重要的地位（余柳等，2011）。第二个方面是与通学直接相关的出行安全。其实安全性在任何出行道路的设计中都处于绝对重要的地位。例如，在步行规划和设计中提出，步行空间改善的目标包括安全性、安全感、便利性、连续性、舒适性、系统一致性和吸引力等内容（Fruin，1971）。关于通学出行安全在具体研究中已有较多的论述（McMillan，2007），涉及道路设计、交通管理等多方面的内容。例如，在对步行巴士的研究中发现，路面材质、信号灯的设置、电力设施的安全防护等都是影响出行安全的具体内容（刘梦茹等，2019）。再如通学道路的设计应保证有足够宽度的步行空间以及采取一定的人车分离措施，并尽量满足连续性，以及适当设置照明、围栏等设施的要求，以保障行人的安全。

3）以效率为导向实现出行便捷和低度制约

通学出行的效率导向包括缩短空间距离和节约时间、降低家庭成员的制约两个方面。对于第一个方面而言，通学出行与其他出行一样，存在少走路、快到达的便捷性需求。过长的通学距离将会导致更多的机动出行方式，而这又会进一步对学生的健康、社交及心理造成负面影响（Lee et al.，2013）。同理，过长的通学时间耗费也会导致更多的机动出行（Mehdizadeh et al.，2017）。进一步来看，过多的通学时间耗费将与学生的睡眠、学习以及其他活动发生冲突，并会影响学生的身心健康和学习成绩。因此，以效率为导向，降低通学距离和时间是通学圈的一个基本要求。

降低制约的需求源自多数通学出行都有陪护人员，特别是家长参与这一特点，并由此产生了与通学相关的"住、教、职"之间的相互制约关系（王侠等，2018a）。从国内实际情况来看，上学出行与家长上班通勤在时间上存在重叠和竞争关系，而放学回家的出行又普遍早于家长下班通勤，形成与就业单位时间安排的冲突。因此，如何通过通学圈内居住、教育及就业地点布局的优化，不同活动类型秩序的调整及相互关系的优化，降低通学出行与家长工作与生活安排的矛盾，是通学圈必须面对的问题。反之，这一矛盾将转化为整体的社会负担，给家庭生活、职工就业以及城市交通等带来负面影响。就降低制约的目标而言，包括减少陪护人员数量、降低陪护要求以及时空方面的灵活性等内容。

4）以健康为导向实现环境友好和身心健康

从学生日常活动空间及其对学生的影响来看，通学道路绝不仅仅是连接居住地与学校之间的一条通道，通学出行也不仅有位移功能。相反，通学方式与通学环境会对学生的身心健康及成长带来复杂影响。健康导向的通学就是着眼于此，从出行方式和出行环境两个方面来实现通学过程对学生的积极影响。出行方式的健康主要依靠积极通学来实现，以步行和骑自行车为代表。对于学生而言，在校学习阶段是其成长最重要的时期，积极的通学方式不仅对学生阶段，而且对将来的身心健康有积极、重要的影响（Zhang et al.，2017a）。反过来，作为身体活动一个重要组成部分的积极通学比例的降低，会促使肥胖等一系列身心健康问题的出现（Mehdizadeh et al.，2017）。这是各国政府及研究者特别关注学生积极通学状况，并提出多种措施提升其比重的原因。

在通学过程中，学生会与通学环境互动。在这一过程中，良好的通学环境，会对学生产生积极影响，并促使学生更多地使用和参与到环境中。反之，则对学生造成多种多样的负面影响。如研究发现，密度更大的树荫和更多的步行道覆盖会鼓励儿童步行通学，而过大的街区和过多的交叉路口则有相反的作用（Lin et al.，2010）。良好的通学环境依赖于良好的环境设计，以实现由美学感知、舒适性和吸引性等构成的空间品质（王侠等，2018b）。通过与通学环境的积极互动，不仅可以激发学生更多的体力和休闲活动，而且可以促进学生的社会交往、心理等方面的健康发展。应当说，这也是教育与学生健康发展的必要组成部分。

总体而言，通学圈涵盖了学校、居住区及相应的城市地域，既是城市空间的基本组成部分，也是学生日常活动的核心范围。对通学圈的理解既需要从整体上概括其功能，更需要对其各个部分及其相互联系状况进行细致分析。下面将分别从教育资源的空间分异、教育导向的迁居、教育社会空间分异和日常通学行为等方面解读通学圈的研究现状特征。

10.2 通学圈相关研究现状

10.2.1 教育资源的空间分异研究

1）教育资源空间分异的基本特征

资源供给的空间分异是教育地理研究的传统内容，其中学校分布及其变化的描述性分析是最基础的部分（Bradford，1990）。国内外的研究都涉及从国家到学校之间多个空间尺度之间的差别。对于理解和规划通学圈而言，最重要的分异是都市区或城市内部的分异。

在西方国家，由于学区是教育资金投入的重要单元，学区之间教育资源的分异受到了很多研究，而学区内学校之间的分异相对较少（Rubenstein et al.，2007）。从思路来说，大体上存在空间格局—形成机制—社会效应的框架，即从描述分异现象入手，进而分析其形成与变化的内在机制，并向分异的复杂影响延伸（Hones et al.，1972）。通过大量学区之间的研究发现，教育资源的分异与所在学区的社会经济状况直接相关，即社会经济条件好的学区拥有更多和更优质的教育资源，包括生均支出、优秀教师比例等（Unnever et al.，2000）。通过更进一步的研究发现，资源方面的优势还会进一步转化为学生的获得（Sander，1993）。同时，在学区内的学校之间也存在资源的差别，特别是在包含学校数量多的大学区内，而资源往往会向富裕家庭子女多的学校倾斜

（Rubenstein et al.，2007）。从整体的空间差别来看，郊区学校在资源上更有优势，而城区和农村地区的学校相对不利（Smith et al.，2016）。

整体而言，国内研究对资源分异格局的刻画较多，而对形成机制及社会影响的分析相对较少（袁振杰等，2020）。相关研究发现，在城市范围内，不同区位的学校之间存在显著的分异。以大连市的小学为例（刘天宝等，2018），根据资源构成特点，可以将学校分为五种类型，即高水平均衡型、中水平均衡型、低水平均衡型、校舍较强型和师资较强型。这些学校在空间上呈现出中心—边缘圈层布局特点，中心城区的学校在资源方面更具有优势。南京的案例研究显示，学校之间在资源方面的显著差异，无论是规模还是质量都存在明显的空间分化（涂唐奇等，2019）。其中，教育质量作为吸引学生流动的核心因素，在空间方面表现出了明显的核心—边缘结构，行政区内的极化现象突出，老城区的传统名校以及部分郊区的新建学校优势突出。

2）教育资源空间分异的主要影响因素

教育资源空间分异的形成是多种因素作用的结果。第一个方面是经济因素，它具有重要的影响。在很多西方国家，学校所在学区是十分重要的资金来源，学区的经济状况会直接体现为学校资源的数量和质量（Rubenstein et al.，2007）。国内目前主要以县区为单元推动教育均衡，因而各地区的经济条件对本地的资源具有重要影响。第二个方面的因素为社会空间结构变化，即人口分布及社会空间格局的调整。西方城市普遍经历的郊区化导致了城市与教育社会经济发展水平的分化、国内大规模的城市化人口流动导致了乡村地区学生数量的减少，这些都改变了教育资源的供需关系，并引起了空间分异的变化。第三个方面是资源供给模式的变化。无论是国内还是国外，公立学校之外其他类型学校的建设、学校财政投入来源结构的变化都会导致教育资源分布的变化。此外，国内推动的学区制、集团化办学等也会改变资源的供给。第四个方面是历史因素的影响。在国内，单位制度下形成的优质学校、转型期曾推动建设的实验学校等优质学校延续了资源上的优势（陈培阳，2019）。除前述几个重要的因素外，学校管理等其他方面也会引起资源分布的变化。

10.2.2　教育导向的迁居研究

迁居现象普遍存在，导致迁居的原因也是多种多样。其中，教育主导的，或者说主要以更好的教育消费为主要目的的迁居仅是很小的一个部分，因而在迁居的相关研究中并不多见（宋伟轩等，2015）。从迁居发生的空间范围来看，教育导向的迁居包括城市内的迁居和从乡村到城市的迁居两个类型。第一个类型，主要是中产阶层等优势群体通过购房及迁居获得市内或郊区优质的教育资源，并给居住区带来相应的影响。对于优势群体来说，除了选择就读不受学区限制的私立学校外，迁居是获得理想教育资源的主要选择。以美国为例，促进种族融合的政策构成了白人离开的推动力，而白人的离开导致了学区之间种族分异的强化（Logan et al.，2017）。在国内，主要表现为中产阶层通过购买学区房而获得优质教育学校的入学资格，并形成了学区中产阶层化现象（Wu et al.，2016b）。第二个类型的现象和研究主要在国内，也被称为教育城市化（秦玉友，2017），指为了让子女获得更优质的教育资源，农村家庭从乡村向城镇迁居的现象。这一现象的发生与我国农村人口减少、乡村撤点并校以及城镇拥有更好的教育资源和家长教育观念的转变有直接关系。从效果来说，学生在获得城镇教育资源的同时，也导致了班额过大、生均资源不足以及新的教育公平等问题。从家庭来说，这一现象会提高教育成本，导致家长异地务工及家庭离散等问题（蒋宇阳，2020）。

除前述两部分研究外，在很多迁居原因的研究中，都涉及优质教育资源对迁居群体的吸引作用（South et al.，1997；冯健等，2004）。例如，美国的调查发现，在20世纪80年代，有5.6%的跨州迁居的主要目的是上学（Long，1988）；北京的研究发现，重点学校的优质教育资源构成了部分家庭在家庭生命周期特定阶段向内城或远郊区迁居的重要推动力量（冯健等，2013；王宇凡等，2013）。反过来看，临近优质教育资源则构成了迁居离开的阻力（杨振山等，2019）。

10.2.3　教育社会空间分异研究

1）社会空间分异的表现

教育分异深受制度和地理环境的影响（Boterman et al.，2019）。20世纪90年代以来，在许多西方国家，市场化进程推动了教育资源供给的多元化和择校自由的扩大（Boterman et al.，2019），加之教育分异相关制度的调整（Reardon et al.，2012），基础教育的分异出现了扩大的趋势（Reardon et al.，2014）。这一变化也与人口、居住空间的变化存在复杂的互动关系，形成了不同于以前的教育分异景观，也被称作分异的2.0版（Dorsey，2013）。从都市区尺度来看，大的分异主要在郊区与城区和农村之间（Roscigno et al.，2006）。郊区学生无论在家庭资源还是学校资源都具有相对优势，并将这一优势延续到了学习成绩等教育收获的领域。教育的社会空间分异与社会经济地位及种族的分异是相互呼应的（Vasquez Heilig et al.，2013），因而学校之间的分异会反映和产生新的社会分异。

在国内，虽然基础教育不同领域的竞争与分化给居民带来了明显的经济压力和集体焦虑（王蓉，2018），但社会空间分异的研究还不多。其中，部分研究对部分弱势群体获得教育资源的情况进行了分析。如以北京为案例的研究发现，流动儿童和公立小学资源之间存在不匹配的现象，集中在城郊结合地区的流动儿童在获得公立教育资源，特别是优质公立教育资源上存在空间上的障碍（郑童等，2011）。以专门接收低收入外来人口子女的非正规学校更是加剧了教育消费的社会空间分异（赵树凯，2000）。另有少数研究涉及了所有社会群体教育消费的分异。大连的案例分析发现，不同社会群体在学校之间分化明显（韩增林等，2018）。以学校学生的家庭背景为划分依据，发现学校存在高学历高收入家庭子女学校、城市中上收入家庭子女学校、农民及外出务工人员子女学校和工人及办事人员子女学校四种类型。同时，这四类学校在空间上呈圈层分布特点，与城市的社会空间结构具有较高的一致性。

2）社会空间分异的影响

从尺度来说，教育社会空间分异的影响可以分为宏观上对社会群体融合的影响、中观上对社区的影响和微观上对个人发展的影响（Braddock，1980）。宏观和微观的影响以社会学研究较为常见。地理学对社区的影响研究最多，重点包括学校对社区人口构成、住房价格、社区物质环境的影响等多个方面的教育绅士化现象。对于社区人口而言，住房资格的竞争将导致中产阶层等更具有经济实力的社会群体对原居住群体的替代（Wu et al.，2018）。同时，中产群体之间会随着教育消费的完成形成接力（Wu et al.，2016b）。这将导致居住区人口流动性的提升和归属感的下降。同时，优质教育资源也会转化为相应居住区的住房价格。香港的案例研究发现，消费者愿意额外多支付27%到40%的价格来通过住房资格获得教育消费机会，而住房年龄、楼层、可达性等的重要性则相对下降（Jayantha et al.，2015）。

相对而言，更加剧烈的影响来自"房地产＋名校"模式对郊区社会空间景观的剧烈重塑（胡述聚等，2019）。长春的案例研究发现，该模式不仅将原来以农业和农村景观为主的物质环境改造为典型的城市社区景观，而且还导致了社区人口的置换。原来与农业相关的人口被以较高收入、较高受教育水平和较体面工作为特征的群体所取代。从效果来说，一方面通过优质资源的空间扩散，促进了空间均衡程度的提高。但另一方面通过对特定人群的筛选，形成了新的社会分化，对教育均衡的提升作用有限。总体来说，教育消费者在竞争的基础上，围绕优质教育资源塑造了一种特殊的领域化消费空间，只有具备了一定竞争实力的社会群体才有资格成为俱乐部成员（陈培阳，2015）。因此，这种现象对社会空间分异、代际传递等都具有巩固作用。

10.2.4 日常通学行为研究

1）日常通学的基本特征研究

通学出行在交通研究领域属于很小的一个组成部分，总体研究成果相对较少。日常通学的描述性特征一般包括出行方式、距离、耗时、陪护人员等不同方面。相对于出行调查报告，研究领域对通学进行全面梳理的并不多。同时，由于不同地区在具体数值方面存在差异，很少有普遍性的结论。例如，2009 年对美国通学趋势的研究，在说明出行方式多年变化特征的同时，部分涉及了通学距离、年级差异等方面的特点（McDonald et al.，2011）。国内西安的研究不仅涉及了方式、距离、时间，而且涵盖了陪护人员、出行频率及时空模式等内容（王侠等，2018a），发现家长接送的通学方式占据主导地位、超过一半的家庭通学距离为 0.8—1.5 km、单次通学时间为 15—20 min、步行和公交车是主要方式、校车的普及率很低等多方面的通学特征。

在通学研究中，从健康、交通拥堵和环保角度对积极和非积极出行结构的研究是一个重点内容。其中，国内和国外发现的一个重要趋势是积极通学，特别是步行比例的下降（McDonald，2008；汤优等，2017）。但不同国家之间在具体比例及其变化方面的差别还是很明显的。以美国为例，在 20 世纪 60 年代，只有 12.2％的小学生和中学生乘车通学，步行和骑自行车的比重达到了 47.7％。但到了 2009 年，两种出行方式实现了反转，比例分别为 45.3％和 12.7％。北京的调查发现，从 2000 年到 2006 年骑自行车出行的比例从 45.8％降低到了 20.1％，而采用小汽车出行增长了 8 倍（汤优等，2017）。由于积极的通学方式对学生身心健康、缓解城市拥堵和减少机动车污染物排放有积极作用，解读出行方式变化的原因，并提出应对措施也成为通学研究的重要内容。

2）日常通学行为方式的影响因素

日常通学行为是多方面因素作用的结果，而且不同环境中、不同群体通学的主要影响因素存在差异。概括来说，以下四个方面对通学出行方式具有决定性作用：首先是可达性，包括距离和时间两个维度。许多研究证实了距离对通学出行方式的选择具有非常重要甚至决定性的影响

（Lee et al.，2013；刘吉祥等，2019）。例如，多伦多的案例研究发现，每降低 1 km 的距离将导致选择步行的几率提高 0.7 倍（Mitra et al.，2010）。这里需要注意的是，不仅是实际距离，感知距离也对出行方式的选择存在重要的影响。时间对出行方式选择的影响与距离相似，同时也包括感知时间的重要影响。例如，伊朗的案例研究发现，10 min 是感知步行时间的门槛值，直接影响出行方式的选择（Mehdizadeh et al.，2017）。

其次是环境因素的影响，既包括物质环境，也包括社会文化环境。物质环境包括土地利用特点、道路及交通状况、绿化状况、街区大小、建筑密度等。这些因素会通过影响家长出行决策来导致通学行为的不同（McMillan，2005）。许多研究发现，土地利用混合度高更有利于积极通学方式的形成（何玲玲等，2017），而步行和骑行环境差会降低相应的出行方式的形成。对环境的感知同样影响通学方式的选择，如儿童对建成环境的理解会形成通学出行的反馈，从而影响未来出行的选择（Fusco et al.，2012）。社会文化环境方面最重要的是安全因素，如危险的陌生人、可能迷路等顾虑会降低选择步行的可能性（Lee et al.，2013）。而社会资源丰富、公共空间感知更安全的环境会导致选择步行通学的可能性更高（McDonald et al.，2010）。

再者是家庭因素，包括社会经济背景、家长工作状况、文化观念、是否拥有汽车、家长年龄与性别等。例如，子女上学目的地不同、拥有多辆汽车会增加开车通学的比例，全职、工作灵活性低的母亲在工作日更倾向于选择开车送子女上学（Yarlagadda et al.，2008）。同时，方便接送并且与通勤高峰重叠更容易导致汽车出行比例的增加（Zhang et al.，2017a）。另外，对不同出行方式的理解也会影响通学决策，如对健康的更多关注和步行偏好会导致更多积极通学方式的形成。

最后是个体因素，包括年龄、性别、种族以及出行习惯等。比较普遍的情况是，随着年龄的增大，独立通学的比例会显著提高。同时，随着通学距离的增加，选择自行车和公共交通的比例会提高。在性别方面，研究发现男生比女生有更多的积极通学比例，独立性也更高。例如，美国的案例发现，在步行方面，男生比女生高 1%到 2%，骑自行车的比例高达 2 倍到 3 倍（McDonald，2012）。种族主要体现了文化差异的影响，如研究发现亚洲儿童更有可能由父亲开车送去上学（Yarlagadda et al.，2008）。此外，已经形成的通学习惯和通学意愿也是影响出行选择的因素，对预测和干预通学都是需要考虑的因素（Murtagh et al.，2012）。

需要强调的是通学出行方式的形成是多种因素共同作用的结果，不同因素之间既存在相互加强，也有冲突和矛盾，不同的具体情况中存在不同的主导性因素。例如，通学距离过远与步行偏好存在矛盾，就有可能导致舍弃积极通学的选择。

3) 改进日常通学的主要策略

很多研究都在实证研究的最后讨论了研究的政策意义，另有部分研究正面讨论了改进日常通学的策略。概括来说，这些策略主要以安全、健康及效率三个方面为导向。安全导向的策略以"安全上学路"（Safe Routes to School，SR2S/SRTS）计划最具影响力。该计划是20世纪70年代末起源于欧洲，并在欧美被广泛传播的行动计划（焦健，2019）。该计划主要以工程措施为重点，改善通学通道的安全状况，以促进积极通学出行的发生。该计划的具体措施包括改善人行道和自行车道、路口的安全性、道路的连通性、交通指示灯等。非工程性的措施涉及宣传教育、交通监管等。从效果来看，安全上学路计划具有积极的作用，但由于涉及儿童监管需求、家长时间成本、志愿者数量以及相应的责任与法律问题，安全上学路计划并没有达到理想的预期效果（McDonald et al.，2009；Zhou et al.，2010；焦健，2019）。

健康导向的策略以步行巴士计划为代表，即一群学生在规定时间和地点集合，由两个以上的成年人陪护其步行通学的一种组织形式，这种形式起到了校车接送学生上下学的作用，因此又被称为"步行校车"（刘梦茹等，2019）。因为具有有益健康、提高独立性和促进交往等多方面的意义（Kingham et al.，2007），步行巴士被很多国家关注和推动实施。现有研究发现，步行巴士对促进学生更多地选择步行通学及促进儿童身体活动具有积极作用（Heelan et al.，2009）。但在实践中受到了志愿者招募、家长的安全担忧、时间及多主体参与等多方面的制约，导致实际参与率受到了一定影响（Kong et al.，2009；Smith et al.，2015）。

效率导向的策略主要见于国内，提出通过校车、网约车等形式来实现降低家长接送学生的负担、提高交通效率的目的（郝京京等，2020；余柳等，2011）。通过相关调查了解了家长对开通校车的需求，部分研究也指出了开通校车的必要性，但无论是校车还是网约车的开通运行都涉及安全、资质、信任、协调等多方面的问题和家长、学校、政府、企业等多主体的协同。这些在国内都还不够成熟，仍有很大的探索和提升空间。

整体而言，目前对通学圈的解读拆分大于整合，在一定程度上制约了对通学圈整体功能的理解，并反映到通学圈的相关规划中。目前相关规划集中在两个部分，即基础教育设施的规划和通学出行的规划。下面，首先从思路与依据、流程与内容两个方面对基础教育设施布局规划进行概括，其次对通学出行的相关规划进行梳理，以从整体上理解传统通学圈规划的特征。

10.3 传统通学圈相关规划的思路与内容

10.3.1 基础教育设施布局规划的思路与依据

在城市规划中，基础教育是公共服务设施的基本组成部分，在规划中属于居住区规划的组成部分。在部分地区的实践中，基础教育设施布局规划也通过中小学专项规划来实现。从思路来说，包括中小学在内的公共服务设施规划遵循的是"分级配套""千人指标"模式（武田艳等，2011）。具体来说，就是将居住区划分为居住区、居住小区和居住组团三个级别，然后在考虑辐射半径和功能定位的基础上，分别设定各级居住区应该配套的服务设施项目。在学校建筑面积和用地面积标准的设定上，主要以千人指标为主操作，即每千名居民所拥有的面积。在具体选址中，会考虑中小学的空间特点、功能需求及其与居住生活的关系等，而后选择具体的位置。如小学的选址，可以根据具体情况将其布置在小区的中心、一侧或一角（吴志强等，2010）。

目前，国内规划实践中应用的有关中小学布局规划的主要依据包括《城市居住区规划设计规范》（GB 50180—93）[①]和《中小学校设计规范》（GB 50099—2011）。特别是前者，为中小学等教育公共服务设施提供了最基本的依据；后者主要对校园内的空间及建筑提出了操作规范。在《城市居住区规划设计规范》（GB 50180—93）（2016 年版）中，对居住区分级的标准为：居住组团 1 000—3 000 人（300—1 000 户）、居住小区 10 000—15 000 人（3 000—5 000 户）、居住区 30 000—50 000 人（10 000—16 000 户）。以此为基础，确立了与各居住规模相配套的教育设施的建筑面积和用地面积。从组团到居住区的面积要求分别为 160—400 m^2/千人 和 300—500 m^2/千人、330—1 200 m^2/千人 和 700—2 400 m^2/千人、600—1 200 m^2/千人 和 100—2 400 m^2/千人。在此基础上，规范并明确要求在居住小区级应配置托儿所、幼儿园和小学，在居住区级应配置中学，并提出了具体的服务半径和规模要求（表 10-1）。其中的服务半径，即托儿所和幼儿园不大于 300 m、小学不大于 500 m、中学不大于 1 000 m 是决定教育设施服务范围及相应密度和布局模式的重要依据。

在实践中，各地按照相同的思路，在遵照国家规范的基础上，根据各自社会经济特点，出台了具有地方特点的规范。例如，《上海市城市居住地区和居住区公共服务设施设置标准》（DG/TJ 08—55—2019）不

[①]最新版的《城市居住区规划设计标准》（GB 50180—2018）提出了以不同尺度生活圈配置公共服务的标准，但在实践中还未展开大范围的应用。

仅提出了人均控制性指标，而且提出了不同设施的最小规模。此外，在具体的规划实践中，还会根据规划区域的社会经济及空间特点，对具体规范进行更细致的适应性调整，如新城区、老城区等不同功能区在标准应用方面的差别。

表 10-1 《城市居住区规划设计规范》（GB 50180—93）（2016 年版）中教育设施设置的具体规定

项目	服务对象	设置规定	用地面积/m²
托儿所	保教小于3周岁儿童	(1) 设于阳光充足、接近公共绿地、便于家长接送的地段； (2) 托儿所每班按25座计；幼儿园每班按30座计； (3) 服务半径不宜大于300 m；层数不宜高于3层； (4) 三班和三班以下的托、幼园所，可混合设置，也可附设于其他建筑，但应有独立院落和出入口，四班和四班以上的托、幼园所，其用地均应独立设置；	4班≥1 200 6班≥1 400 8班≥1 600
幼儿园	保教学龄前儿童	(5) 八班和八班以上的托、幼园所，其用地应分别按每座不小于 7 m² 或 9 m² 计； (6) 托、幼建筑宜布置于可挡寒风的建筑物的背风面，但其生活用房应满足底层满窗冬至日不小于 3 h 的日照标准； (7) 活动场地应有不少于 1/2 的活动面积在标准的建筑日照阴影线之外	4班≥1 500 6班≥2 000 8班≥2 400
小学	6—12周岁儿童入学	(1) 学生上下学穿越城市道路时，应有相应的安全措施； (2) 服务半径不宜大于500 m； (3) 教学楼应满足冬至日不小于2 h的日照标准	12班≥6 000 18班≥7 000 24班≥8 000
中学	12—18周岁青少年入学	(1) 在拥有3所或3所以上中学的居住区内，应有一所设置400 m 环行跑道的运动场； (2) 服务半径不宜大于1 000 m； (3) 教学楼应满足冬至日不小于2 h的日照标准	18班≥11 000 24班≥12 000 30班≥14 000

10.3.2 基础教育设施布局规划的流程与内容

基础教育设施规划工作需要根据教育设施现状和城市所处发展阶段的特殊需求，依照空间发展战略和总体规划等上位规划指导，在明确功能布局、常住人口增长和人口密度等的基础上，确定在校生千人指标，进行学龄人口预测，并根据现状情况确定分学段、分时序、分片区的教育设施体系建设方案。虽然没有一个明确和必须遵守的流程，但在基础教育设施专项规划实施中，大体上会按如下步骤操作，即现状特征及问题分析、学龄人口预测、指标体系确定、空间需求分析、设施建设方案（图 10-5）。

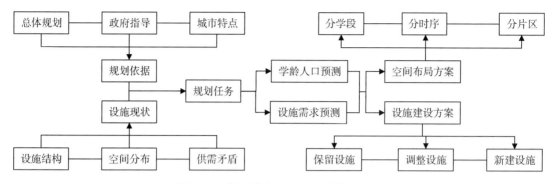

图 10-5　基础教育设施规划的基本流程

在整个规划过程中，按未来教育设施的需求，依据一定的标准和原则进行设施建设供给是基本的操作路线，也是整个规划的核心工作。例如，《南康市中心城区中小学布局专项规划》就提出了在供给和需求互动分析的基础上确定发展目标、空间布局和开发建设的思路（韩高峰等，2013）。在规划过程中，比较关键的环节包括学龄人口的预测、千人指标的确定以及空间布局方案的划定等。学龄人口的预测需要以规划区域的功能性质和人口结构变化特点为基础，结合相应的入学管理政策展开，如新城区、老城区的差别。千人指标的确定虽然有比较明确的国家和地方依据，但在具体规划中也需要结合具体区域进行调整，以适应更具体的地域环境。如武汉市中小学规划依据均衡性原则，确定了小学服务范围为 500 m，初中为 2 000 m（谢慧等，2005）。空间布局方案划定的难点是每个学校服务范围的划定，需要考虑设施现状、规划标准、路网、距离等多方面的约束，具体操作多依托 GIS 软件实施，通过网络、栅格、密度等划分（宋小冬等，2014）。具体建设方案的形成还需要考虑学校自身扩建调整的潜力、周边地块的特点等因素，最后提出具有可操作性的设施体系建设方案。

10.3.3　通学出行相关规划的思路与内容

目前在规划领域还没有面向日常通学出行的专项规划，但由于通学的重要性和通学相关问题的存在，特别是在近期儿童友好型城市理念的背景下，相关规划的思考已经开始出现。通学的重要性前面已经提到，其影响不仅在于学生，而且在于其对家庭生活和城市活动的影响。通学相关的问题既包括积极通学比例的下降，也包括效率、安全、成本及秩序等问题（陆化普等，2014；费晨仪等，2020）。现有研究在指出学校周边交通存在时间节奏及行为主体等方面特殊性的同时，也概括了拥堵、低效等交通问题的特点及成因（韦佼等，2013）。

从思路来说，规划的应对包括城市空间和交通出行等方面。城市空间优化的主要目标是确定合理的学校服务范围和空间位置，从而形成合理的通学圈及相应的交通出行需求。有研究从六个方面提出了这方面的措施（陆化普等，2014）：①依据相关规范确定合理的学校服务半径；②小学服务范围在主干路围合范围内；③学校周边为低等级高密度路网，且禁止有大范围穿越性交通，避免靠近其他大型客流发生吸引点；④校门数量建议 4 个，不应少于 2 个，且应开在支路或次干路上，禁止开在主干路上，避开人流密集、交通繁忙地段，主要出入口应设置缓冲场地；⑤学校应专门设置行人、非机动车进出校门，避免人流、车流交叉；⑥学校与学区内主要居住区的距离应尽可能近。

通学出行规划涉及范围、方式、路线以及工程设施和组织管理等方面的内容。部分研究提出了规划的原则和流程框架（林焘宇，2016）。原则包括安全、趣味、绿色、协调；流程包括确定范围、优先路径识别、优先路径规划和配套设施规划。其中，优先路径的确定要考虑学生使用率、道路功能、交通组织等多方面的因素。路径规划的重点内容包括步行、自行车的路权保证，提供连续的路径、足够的通行空间和良好的交通环境。配套设施包括停车设施、接送家长等候场地等。此外，在促进步行通学的研究中，有相对更加细致的措施，包括人行道提升、交叉路口安全、交通净化等（焦健，2019）。其他方面的规划应对措施还涉及交通组织的改善、开行校车、定制交通、重新优化路线、错时上下学、宣传教育等（郑骞，2013；何峻岭等，2007；龚迪嘉等，2020）。

整体而言，传统通学圈规划分别着眼于设施调整和出行设计，从各自着眼点促进通学圈功能和效率的提高，但仍旧缺乏将空间与行为进行整合的总体性视角，而时空行为为此提供了规划基础，将构成有别于传统规划的新思路。接下来，将从思路与框架、内容与要点两个方面对基于时空行为的通学圈规划进行阐述。

10.4 基于时空行为的通学圈规划思路与内容

10.4.1 规划的思路与框架

基于时空行为的通学圈规划将通学圈视作城市空间与日常活动的一个组成部分，规划的目标在于通过设施、主体及行为等的组织协调，实现通学出行的低耗费、高效益及通学圈整体的社会效益最大化。从思路来说，基于时空行为的通学圈规划要从以下几个方面展开：

首先，以城市生活圈为规划基础。在通学圈内，与通学相关的核心活动是教育消费者以居住地为锚点实现的，即在外出完成相应的教育消费后返回居住地的一系列出行和活动。这与以居住区为核心的城市生活圈的空间组织思路是一致的，并构成了生活圈的一个组成部分。2018年发布的《城市居住区规划设计标准》（GB 50180—2018）为生活圈的规划落地提供了重要条件。该标准划分了 5 min、10 min 和 15 min 三个圈层，并提出小学应配建在 10 min 生活圈内，初中应配建在 15 min 生活圈内，或根据情况配建在 10 min 生活圈内。从居民生活角度来看，以生活圈为基础规划通学圈，为居民接送子女提供了便利，同时也为学生减少出行距离、选择健康出行方式创造了条件。

其次，以稳定高效为规划目标。稳定包括居住区人口相对稳定和通学方式相对稳定两个方面。相对稳定的居住区人口是社区归属感和社区内自组织合作的重要基础，并将构成通学组织的社会支撑。通学方式的稳定指基于通学圈现有的资源与约束，形成相对成熟、固定的通学模式，特别是相关主体及其合作互动形式的稳定，为巩固信任、探索创新提供条件。高效指通学圈具有较高的整体社会效益，包括社会融合效益、出行安全效益、出行成本效益、出行健康效益等几个具体方面，以保障通学圈功能的实现。

再者，以共建共享为规划原则。通学圈内发生的通学出行、教学活动组织与安排需要多方主体的协调配合与时空组合才能完成。最重要的主体包括学校、家长及学生、社区及居民、交管部门以及参与通学出行的企业等。不同主体之间的利益选择与取舍存在显著差别，但只有通过合作，才能实现通学圈功能和各自利益的实现。以学校和社区的直接关系为例，一方面社区依托志愿者、居住区内的设施及活动，为合理健康的通学出行做出贡献；另一方面学校向社区及其居民错时开放学校运动场地等设施，方便居民开展更多的生活活动。同理，学校、家长和企业之间需要换位思考、协调配合和相互信任才能实现校车、网约车等通学方式的顺利运营，这样既可降低学校和家长的约束，也可保证企业实现营利。

最后，以空间、时间和行为为规划对象。在通学圈内，相关主体行为的发生以时空资源为基础条件，形成了不同类型和等级的秩序组合。从规划来说，行为规划是手段，通学圈秩序是方向，而行为发生的空间和时间是基础（图 10-6）。在通学圈中，空间与时间相互结合，为行为发生提供选择机会与具体约束，而相关行为构成对时间和空间的需求与调整的动力。不同行为相互链接、组合与嵌套，形成复合的地方秩序。地方秩序的社会效果也会形成时间和空间的需求性反馈，形成新一轮调整的动力。通学圈规划就是通过对空间设施的构成、通学相关主体资源的规划为通学相关行为创造便利条件，并进一步通过相关行为的规划和引导，最终形成稳定、有序和高效的通学圈秩序。

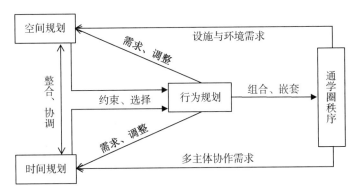

图 10-6 通学圈规划的基本内容与逻辑关系

10.4.2 规划的内容与要点

1）空间规划的内容与要点

通学圈的空间规划面向通学圈的物质条件，为通学圈相关活动的发生提供设施条件（图 10-7）。其中，最基础的部分是通学圈的土地利用结构。土地利用的特点是决定居民出行和活动选择的重要依据和条件。通学圈内的土地利用，特别是居住区附近的土地利用，要突出多元和混合，形成多样的用地功能，方便居民近距离获得多样的服务。这样，不仅可以降低居民完成不同活动的空间约束，而且可以激励通学主体选择

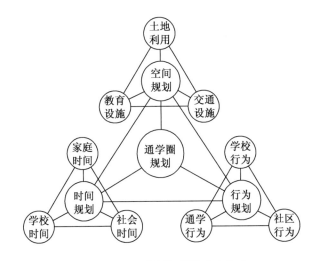

图 10-7 通学圈规划的内容构成

积极的通学方式。土地利用的另一个重要原则是职住接近，目的在于通过降低空间距离对学生家长的约束，为家庭成员协作完成通学出行创造便利。

空间规划的第二部分为教育设施，即学校及其相应的设施设备，它既是去学校出行的终点，也是回家出行的起点。一方面，学校的选址要尽可能依据《城市居住区规划设计标准》（GB 50180—2018）中关于中小学及幼儿园的时间和距离标准实施，特别要控制服务范围过大的学校落地。对于新建居住区，要通过详细规划严格落实教育设施选址要求。对已经形成的设施要进行适当调整，特别是规模过大的学校，通过服务范围的重新划分以及设施的补充，为学龄儿童就近提供教育服务。另一种可以探索的选址思路是，在就业地点相对集中的区域布局教育设施，为职工通勤与学生通学出行的结合创造条件。例如，在部分企事业单位附近建设的附属学校，就具备这方面的空间组织优势。另一方面，要通过规划来保障学校内部设施和功能的完整，方便学校组织多种多样的课外活动，为部分学生课前和课后的活动需求提供便利。例如，运动场地、音乐教室等为不同类型的课后活动提供了空间，这样既可以省去家长带学生去其他地点参加同类活动的出行，也提高了家长接学生放学的时间弹性。

空间规划的第三部分是交通设施，即与通学出行直接相关的交通设施设备。设施配置在空间上，包括学校及其附近、通学路沿线和社区及其附近三个区段。学校及其附近的重点是一定量的停车设施及空地，为不同形式的接送学生提供空间和便利。通学路沿线的重点是通过路面、标识、景观、活动场地等设施和内容，为通学出行创造安全、便利、有趣的出行线路，特别是为步行和自行车出行创造适宜的条件。社区及其附近的重点是停车设施及学生集散场地，方便不同形式的组织接送学生。此外，社区还应该配置一定数量的儿童学习和活动设施与空间，这样既能方便课余活动的组织，同时还能提高放学回家时间的弹性。交通工具主要是校车、网约车、自行车等，涉及车辆的管理、检修及相关人员的学习培训等内容。

2）时间规划的内容与要点

通学圈的时间规划面向通学圈相关主体时间资源的配置，其目标在于协调不同主体的时间安排，为通学出行创造合理的时间条件，同时降低对其他活动安排的制约和冲击。

时间规划的第一部分是家庭时间规划，指家庭成员根据各自的时间需求，通过协调、合作来选择合理的通学方式并确定具体的时空安排，达到科学合理和最大化利用有限时间资源的目的。其中的要点是时间规划和需求反馈。时间规划的基础是充足的信息和合理的决策,因此要为相关居民提供完善的学校、社区及相关活动的信息,并为居民合理的决策提供引导和示范。需求反馈是家庭根据其成员的时间资源及组合情况,提出与通学相关的空间设施以及其他主体的时间需求,如开行校车、延长学生在校活动时间等,以降低通学出行对家庭成员的需求和约束。

时间规划的第二部分是学校时间规划,重点包括提高学生到校、离校的时间弹性和减少学生出行需求两个方面。第一个方面的目标是将相对固定和集中的时间点转变为弹性明显、具有一定选择性的时间段,以降低通学出行对家庭成员时间安排的影响强度。如国内部分学校为学生提供课后辅导或兴趣小组服务,学生的离校时间不再完全固定,为家长接学生提供了极大的时间便利。再如,在新冠肺炎疫情期间,很多学校通过错时上下学来减少学生之间的接触机会,在客观上也降低了通学出行的集中度及其对城市交通所造成的压力。第二个方面是通过为学生提供部分特定服务,在校内满足学生部分学习和生活需求,降低学生外出的必要性。如部分学校提供早餐、午餐,通过提高学生可选机会来降低外部出行的需求。

时间规划的第三部分是社会时间规划,首先是指在通学出行的特定空间和特定时段,社会交通活动为通学出行创造安全和便利,包括限制流量、限制车型、临时加强组织和引导等。例如,在到校和离校相对集中的时段,通过临时引导社会车辆避让、调整车行道方向、增加交通组织人员等方法,提高学校附近通学交通的安全和效率。其次是企业等社会主体为参与通学出行的人员提供更加灵活多样的时间资源,为家庭制定通学出行规划创造条件。如在条件允许的情况下,许可部分员工下午提前离开就业单位,通过其他时间来完成相应的工作任务。再如有条件的就业单位可以为部分类型的学生活动提供场地和条件,缓解家长陪护子女的刚性时间需求。

3)行为规划的内容与要点

通学圈的行为规划面向与通学相关的活动和出行安排,目的在于协调不同主体、不同类型的行为,以期低成本、高效益地实现通学圈的基本功能,特别是日常的通学出行。

行为规划的第一部分是学校行为,重点包括减少学区外的通学数量和协调配合日常的通学出行。前者主要通过严格落实就近入学制度和促进教育资源均衡来实现。实际发生的学区外通学主要在优质教育资源集中的学校,特别是仅通过购买学区房获得入学资格而非实际居住的家庭,大多都具有远距离通学的特点。后者的重点是通过教育、通学出行组织来促进更多的积极通学，提高通学的安全意识和水平。如与城市交通部门合作，为学生讲授安全出行知识。此外，还要通过合理的课前、课后活动安排，为提高到校和离校的时间弹性创造条件。

行为规划的第二部分是通学行为规划，重点是促进学生及其家长选择健康合理的通学方式，同时面向不同的通学方式，协调不同主体，保障通学的顺畅有序。前者的重点是通过规划来解决积极通学出行中的障碍，如家长关心的安全问题、不同主体之间的信任问题等，通过学生参与、体验及反馈调整，促进积极通学的效果不断提高。后者根据不同通学方式的具体需求，协调相关主体的行为，保障通学的顺利实现。例如，校车通学，要在协调好学校、家长和运营企业关系的基础上，保障车辆、司机、学生及线路、站点的时空协调，保障通学出行的安全和效率。步行巴士通学要在保障步行环境的基础上，协调好学生、志愿者、社区及家长之间的关系和联系。

行为规划的第三部分是社区行为规划，重点是改善社区内的通学出行环境和参与组织通学出行的相关活动。前者主要指社区与街道、交通管理及社区物业等机构和主体的沟通协作，维护并改进社区内及附近通学通道的安全、便利、健康，为通学出行创造基础性的环境和条件。如与学校、居民联合进行通学路线的选择、问题诊断、意见收集，并与工程管理部门沟通解决相应的问题。后者指社区组织协调志愿者等主体，实施通学、课外活动等行为，为不同类型的通学出行创造便利，满足课余时间不同内容的活动需求。如根据步行通学的时间、路线特点和儿童陪护需求，组织遴选责任心、时间、能力有保障的居民作为志愿者，参与不同日期的步行通学出行。

最后需要强调的是，基于时空行为的通学圈规划涉及多样的对象、主体和内容，这些内容和主体之间相互交叉和联系，形成复杂互动网络。在规划操作中，首先应该有一个总体情况的分析和判断，并基于此形成整体性的框架设计，再面向具体通学圈提出重点规划内容。其次在整体框架的基础上进行具体活动和内容的规划设计，并注意不同部分规划之间的互动和联系。

10.5　本章小结

对优质教育资源的竞争导致了明显的社会空间分异，并进一步通过代际传递来影响社会整体的融合发展。同时，学生通学环境和条件的状况会直接影响通学出行的安全及学生的身心健康。因此，通过通学圈规划，促进教育资源的均衡以及通学出行的安全、效率和健康既是重要的社会需求，也是政府优质公共服务供给的重要目标。

　　传统规划分别基于城市空间和城市交通的通学圈规划思路拆分了作为一个以城市空间为载体的活动移动系统，既不利于对其进行整体理解，也限制了规划功效的发挥。基于空间行为互动，并融入时间维度的时空行为的通学圈规划提供了新的思路与视角。这一规划思路强调以城市生活圈为基础，以稳定高效、安全健康为原则，通过共建共享，调动多方参与，重点依托空间设施和时空行为的规划引导，实现通学圈整体功能构成和活动移动效能的提升。

11　时空行为与旅游规划

从世界范围来看，旅游规划最早起源于二战后的欧洲，从 20 世纪 50 年代以来经历了半个世纪的发展过程，已经形成了结构体系。中国旅游规划自改革开放以来经历了 40 多年的发展历史，最初是学习国外旅游规划思想、内容、理论与方法的模仿借鉴阶段，现在已经形成本土化的旅游规划标准，步入规范化和标准化阶段。

由于传统旅游规划缺乏对旅游活动主体旅游者行为的关注，缺乏对旅游时间要素的理解，其单纯以空间要素配置的方法越来越难以应对旅游产业结构化升级和提升阶段所面临的新问题。实际上，旅游研究长期忽视旅游时间要素，将旅游时间视为与空间一样的观察坐标，而没有将时间与旅游活动密切地联系起来。

人本主义的城市规划理念，强调正确的空间规划应当是适应和满足人类的需求。这一理念回归到旅游空间设计与产品规划中，则强调以旅游活动主体——"旅游者"为根本出发点，旅游产品的生产与供给过程应引入旅游者行为的考虑与评估。已有研究提出以旅游者行为规律为旅游产品规划设计的起点和主线，考虑旅游者的时间制约及在不同空间的分配问题，进而评估原有旅游产品的合理性，新型旅游产品的设计、选址与创意。因此，有必要对时空行为与旅游规划进行研究，以适应旅游产业发展实践的新规划需求。

11.1　旅游目的地研究

通常来说，旅游目的地是具有游憩空间、综合服务设施，并能够引起游客游憩动机和满足旅游者游憩需求的地点或主要活动区域，而不同的角度对旅游目的地也存在不同的定义。就贸易的角度而言，旅游目的地可以被比喻成一个集市，是一个能够让旅游者满足其旅游欲望、创造各种旅游体验的场所（Murphy，1992）；就管理的角度而言，旅游目的地为一个完整的、特定的地理区域，即由统一的目的地管理机构进行管理的具有休闲功能的区域（Buhalis，2000）；就资源配置的角度而言，旅游目的地是一定空间上的旅游资源与旅游专用设施、旅游基础设施以及相关的其他条件有机地集合起来的旅游者停留和活动的目的地（保继刚等，1999）。同时，旅游目的地可以概括为城市型目的地与胜地型目的地两种基本类型，本章选用相似的景区旅游目的地作为讨论的基本背景。

景区旅游目的地是根据空间节点结构和区域范围大小来划分的，从系统空间结构来看，景区旅游目的地与客源地之间相隔一定距离，旅游者在客源地与景区旅游目的地之间的移动往往呈往返型或多节点环路型，客源地与景区旅游目的地之间的空间结构呈哑铃型或串珠型。因此，胜地型目的地系统内部的空间结构多为放射型（吴必虎等，2004）。从功能提供来看，景区旅游目的地的主要功能是旅游及其相关活动，而且旅游区具备满足旅游者需要的旅游服务设施和条件（鲍小莉，2011）；此外，景区旅游目的地还以当地景观及其文化特征等作为旅游开发的依托和主要的旅游吸引物，而且景区旅游目的地的整体发展受到所属区域的限制和影响。

基于旅游目的地与旅游行为的交互作用，霍尔（Hall，2005）在多项研究基础上提出了休闲旅游时空行为的尺度问题。如图 11-1 所示，

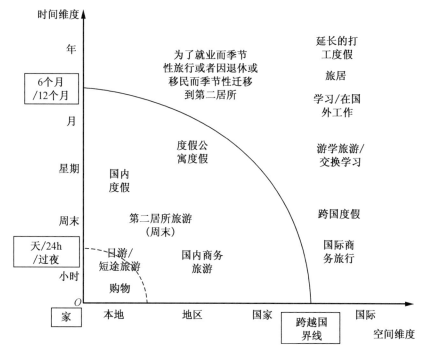

图 11-1　时空行为的尺度转换

人类的休闲旅游移动可以按照时间、空间两个维度加以划分。时间维度的划分包括一天 24 h 的日常休闲行为至一个星期的度假旅游。对于跨越国界线的移动行为，也可通过移动行为的时间维度来有效区分移民与旅游，即不超过一个月尺度的移动可被看作跨国度假游或游学旅游。此外，旅游时空行为在传统研究中更多地以空间维度来进行划分。以离家的远近为标准，旅游时空行为可被划分为本地、本区、本国和跨国旅游，结合时间特征从而形成了一日游、第二居所旅游、季节性迁移等多种旅游形式。

这些尺度划分清晰地区别出旅游与其他移动行为的差别。通常而言，旅游时空行为广义上可以理解为具有休闲、消遣、游憩目的的行为，狭义上可以理解为在以景区为代表的旅游目的地开展的行为。而且，旅游时空行为的发生频率在离家距离上具有距离衰减规律。

11.2 旅游者时空行为研究

旅游者时空行为的国内外研究可按照研究内容与技术方法划分为三个阶段（丁新军等，2016）。

第一阶段是起步应用阶段（20 世纪 70 年代中期到 90 年代中期）。在此阶段，时空行为分析理念逐渐渗入旅游研究中。例如，早期研究已经开始将空间行为视为动态演进过程，指出旅游者空间行为的依次顺序选择是建立在现在和过去位置的前后相继关系上（Murphy et al.，1974）。此阶段初步探索了时间对于游客的意义，研究内容主要集中在游客行为的整体特征描述上。

第二阶段是微观个体视角转向的阶段（20 世纪 90 年代中期到 2005年）。在此阶段，研究主题由宏观特征分析转向微观个体研究，包括利用时空日志来解读游客在景观区游览过程中的变化（Fennell，1996），通常应用基于位置的服务（LBS）系统来收集大阪城堡酒店会议中心的时空数据，分析受访者的游憩行为特征（Asakura et al.，2004）。此阶段的主要特征是由目的地行为描述转向景区描述，由基于地方的行为分析转向基于位置的行为分析。受到个体旅游者时空行为分析技术和方法的限制，研究范围受到一定限制。

第三阶段是理论与技术驱动的多元发展阶段（2005 年至今）。随着ICT、GIS 等技术的发展，旅游时空行为研究从关注物理空间行为到建立物质与虚拟空间关系的概念框架，强化了对行为中情感因素的考虑，创新了个体行为时空数据处理与表达的方法等，客观上推动了旅游者行为研究的理论与方法革新，方法上包括对游客移动的建模（Lew et al.，

2006，2012）和对数字时代游客追踪方法的探讨（Shoval et al.，2007）等，这种革新方兴未艾，时间地理学在旅游行为研究中的应用成为发展的新领域。

针对研究内容而言，旅游者时空行为研究包括对旅游动机行为、旅游消费行为和旅游评价行为等的研究。传统的旅游者行为研究可以概括为旅游者行为与心理学、经济学和地理学交叉领域的研究。心理学视角主要研究旅游者动机和旅游者决策行为，经济学视角主要研究旅游者消费行为，而地理学视角关注旅游者外显的空间移动行为。旅游者行为学研究旅游者购买和消费旅游产品的全部心理和行为过程及其特征。旅游者根据自身情况、旅游动机和偏好以及外部条件，通过内心的决策机制运作做出行为决策，然后执行决策的结果表现为外显的旅游者时空行为（黄潇婷，2014）。此外，旅游者时空行为研究最为广泛的场景为景区旅游者行为研究。一方面，通过把握旅游者时空移动规律，认识热门景点、设施管理及体验分析成为研究重点。另一方面，基于景区的旅游者时空行为开拓了可视化和建构方法，使得游客事实性行为特征挖掘与模拟分析更为清晰。

在时间预算方面，对旅游者行为的影响研究多数是对景区交通可达性如何影响旅游者景区目的地选择的研究，而从更小的景区内活动所产生的时间约束对旅游者的行为研究则存在较大的研究空间。在人本主义的城市规划理念中，强调正确的空间规划应当是适应和满足人类的需求（段义孚，2006）。这一理念回归到旅游空间设计与产品规划中，则强调以旅游活动主体——"旅游者"为根本出发点，旅游产品的生产与供给过程应引入旅游者行为的考虑与评估（柴彦威等，2013；黄潇婷等，2016）。

在时间预算固定、移动能力有限的前提下，旅游活动的空间可达范围是有限的。旅游产品与服务的空间不可移动性，使得旅游者的活动空间直接影响了产品与服务的使用与评价。在相关学科的理论中，仅考虑空间阻力的可达性、兼顾时间制约的时空可达性等研究规范了活动空间的测量与分析，为旅游者的时空行为研究提供了基础。通过旅游者实际活动空间、潜在活动空间分析，能够挖掘时空制约下旅游者可以达到并利用的旅游产品与服务，实现需求与供给是否匹配的探索（赵莹等，2016）。

11.3 基于时空特征的旅游行为研究

在旅游活动的类别划分方面，时间地理学分析方法推动旅游研究从个体到汇总类别的发展。以颐和园景区旅游者时空行为模式的研究为例，时空路径识别了微观空间尺度中旅游者的行为并非均质化，提出了将时间、空间、活动和路径作为行为模式挖掘聚类要素的模型（黄潇婷，2009）（图 11-2）。这一研究推动了景区内部旅游者时空行为研究的方法与实证探索，并提出了时空路径的汇总方法。

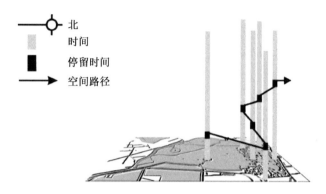

图 11-2　颐和园旅游者时空模式示意图

同时，在中国香港海洋公园采用手持 GPS 设备追踪中国内地游客在其内部的时空行为轨迹，精确记录并刻画中国内地旅游者在中国香港景区内的行为，识别中国内地游客在中国香港景区内部的时空行为模式（图 11-3）（黄潇婷，2015）。这一研究在数据精细化的同时，根据"时间行为特征＋空间行为特征"的组合原则，对每一个中国内地游客的时空行为模式进行了类型划分，从而形成了"覆盖型""场馆型""山上型""山下型"等类别。值得注意的是，从时间行为特征的角度来看，中国香港海洋公园"表演"类主题产品按照固定的时间表进行，而实际

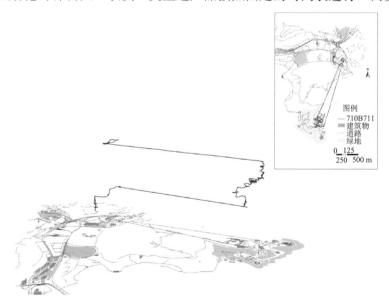

图 11-3　中国香港海洋公园旅游者时空行为模式示意图

上中国内地游客选择游览开始时间和结束时间以及在园内安排游览顺序和停留时间，对于表演类旅游产品的获得有着直接的影响。例如，在调查期间，中国香港海洋公园的"双龙奇缘"水幕表演时间为20：00开始，从中国内地游客的时空行为聚类结果来看，只有类型一的旅游者离园时间为20：00之后，有机会看到全景水幕表演，获得极具震撼力的视听体验；而其他几类旅游者由于离园时间过早而与这场每晚例行的演出失之交臂。

此外，一项在以色列阿克古城旅游者的案例研究基于GPS获取的时空数据更具理论意义（Shoval et al.，2007）。该研究借鉴生物化学脱氧核糖核酸（DNA）序列研究中的序列比对方法对景区内旅游者的行为模式进行聚类，不仅基于精细化的行为数据，而且拓展了行为模式聚类的算法，实现了对旅游者行为时空序列的深入挖掘。

与此同时，时空行为分析一直面临着情感等主观要素认识不足的挑战，而旅游情景中的个体主观情感研究需求更为突出。一方面，游客时空行为相比于一般的日常活动，其活动决策更多地受到行为主体主观选择的影响（Hanefors，2010），不能仅讨论客观制约对游客行为的影响。另一方面，旅游研究坚持以人为主体的基本立场，以旅游体验为研究的核心议题，认为旅游体验研究的本质是在关注游客通过观赏、关注、模仿和消费等行为活动与旅游环境深度融合时身心一体的主观感受，集中讨论主观感知、情感和情绪等主观要素的变化。旅游学科探究游客主观维度的经验与理论较为丰富，能够在一定程度上补充时间地理学中忽视主观要素的不足（Mannell et al.，1987；Bigné et al.，2004）。因此，在游客时空行为研究中展开对主观情感的挖掘不可或缺，该分析将有助于理解空间环境与游客行为的互动机制，并推动时空行为研究中对主观要素的认识。

一项在丹麦的奥尔堡动物园的研究则尝试使用情感随机采样方法来收集园区游览过程中的情感变化，以理解主观感受的景区空间分布差异。动物园的参观者被要求立即透过短信发送他们的瞬时主观感受，并随身佩带全球定位系统装置，以记录空间移动过程。研究结果显示，参观者的主观感受在时间和空间上均有所不同。这一研究提出了重复且高分辨率的情感测量方法，进一步探讨了地方对于主观感受的影响。

另一项在中国香港海洋公园的研究提出了旅游情感路径的概念，试图打开旅游体验情感的黑箱，尝试构建一种定量化、过程化和可视化的旅游情感研究方法。这一研究基于时空行为，强调了游览过程中各顺序节点的愉悦度。结果表明，旅游者各节点的愉悦度与总体愉悦度之间均存在显著相关关系，这直接回应了旅游研究中"第一印象区"的新理解，并指导景区产品的调整、改进和精细化设计，为提升旅游者体验质量提供了科学依据（黄潇婷，2015）。

11.4 基于活动空间的旅游行为研究

11.4.1 旅游活动空间研究

本节围绕主题公园的演艺项目，以中国香港海洋公园为案例地，利用 GPS 游客行为跟踪数据，分析海洋剧场到访游客的活动空间差异。通过停留时间、移动速度和活动空间的测量，对比观看和未观看表演、表演前与表演后两个维度的时空可达性差异，进而测算时空制约下可达活动机会的差别。

旅游中的活动空间研究主要针对活动主体和空间客体两个方面开展。在活动主体方面，旅游者自身的能力制约限制了其可达的空间范围，如老年游客的移动速度较慢、游客的游览行为具有时间预算、残障游客依赖无障碍设施供给等，活动空间成为旅游活动阻力的有效测度（Reyes et al.，2014）。在空间客体方面，看似自由游览的旅游环境实则存在多项规则（如开放时间、参与限制、空间区位等），最终无法满足原有的服务目标，甚至造成广泛的资源浪费（王姣娥等，2012；谢翠容等，2016；Sen et al.，2004）。

基于时空可达性的活动空间研究是旅游者时空行为研究的重要领域，国内外已开展了丰富的研究，如针对旅游行为类型、行为可视化、行为决策机制、群体行为差异等主题（黄潇婷等，2016；黎巎，2014；李渊等，2016；Versichele et al.，2014；McKercher et al.，2012）。这些研究得益于旅游景区精细化的管理需求以及便携式定位技术的普及（如手机、GPS）所产生的高精度数据基础（柴彦威等，2010a；Birenboim et al.，2013，2015；Shoval et al.，2016）。然而，这些研究的对象都是针对已发生的行为，而较少关注时空制约理论下可能发生的潜在行为（柴彦威等，2013；Kwan，2015）。

11.4.2 主题公园、演艺项目与活动空间

演艺项目在主题公园中是具有固定时间与固定场地的旅游产品，对旅游者时空行为模式具有重要影响。演艺项目的硬件设施不仅灵活易改造（刘振宾，2003），而且能够有效融入主题文化（李蕾蕾等，2005；吴炆佳等，2015），是延长游客停留时间的有效手段。但是，演艺项目必须

在固定场地、固定场次进行，游客若想参与其中，需要考虑调整自己的游览安排（Susilo et al.，2010；Shen et al.，2015）。可以说，尽管原则上在主题公园内可以自由游览，但在产品供给时间和游客时间预算的双重制约下，游客在园区内可达的活动空间范围是有限的。演艺项目的参与是以时间的有限性、空间的不可逾越性为基础的行为决策（Lenntorp，1977），如同建立在一个有限选择的集合中，因此其在时空中有明确的可达边界（Miller，1991）。

演艺项目与活动空间的关系较难以研究的原因如下：其一，旅游行为中的活动空间建立在可达性研究基础之上，多为宏观性分析，如道路交通系统或民航网络升级后游客到达旅游目的地的便捷程度（Tóth et al.，2010；Brida et al.，2014；Israeli et al.，2003），并不是以微观个体旅游者为中心的讨论（Schiefelbusch et al.，2007）。其二，微观个体行为的活动空间研究面临数据匮乏的挑战，传统数据多是汇总性的统计数据，难以获得个体单元的高精度数据，对演艺项目参与等细微的行为变化难以进行挖掘（Birenboim et al.，2013；Shoval et al.，2007）。

11.4.3　旅游活动空间的研究设计

基于时空可达性的研究和旅游学科的需求，这里重点关注主题公园内部游客的活动空间，围绕演艺项目的场地和场次限制，认为游客并非在公园内部获得完全的移动自由（Birenboim et al.，2013；Shoval et al.，2007），并借助全球定位系统获取游客详细的时空移动轨迹，分析行为微观决策的机理。本节所讨论的问题包括两个：其一为游客观看演艺项目对其旅游活动空间的限制是否存在；其二为如果这种限制存在，它将在哪种类型时空范围内产生影响。

本节以固定性演艺项目为核心，向前后拓展一定时间间隔测量其弹性活动的实际范围（图11-4）。一个游客的实际游览行为在时空中是一条连续的路径，而观看演艺项目则是路径中竖直的片断。在实际操作中，观看演艺项目的群体在表演开始与结束时刻前后各拓展一定的时间间隔；未观看演艺项目的群体在到达与离开时刻前后各拓展一定的时间间隔。这种测量能够相对客观地分析一个演艺项目所带来的行为差异。

时空可达性的测量指标采用三个指标，代表了"实际活动空间—潜在空间—潜在空间中的潜在活动机会"层层深入的分析步骤。①实际活动空间：手持GPS自动识别和记录的瞬时速度，代表游客实际的移动与活动情况。②潜在空间：一是标准差椭圆面积（一个标准差范围，68%的定位点包含在内），二是实际移动路径20 m的缓冲区面积，代表

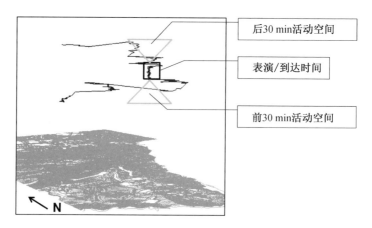

后30 min活动空间

表演/到达时间

前30 min活动空间

图 11-4 旅游活动空间的测量

游客可能到达的公园空间。③潜在空间中的潜在活动机会：以活动空间为标准，测算其内部可利用的景点设施数量，代表游客可能利用的公园设施。

基于时空可达性理论，建立基本的假设：①由于演艺项目的固定性限制，未观看表演的群体比观看表演的群体表现出更大的活动空间（Kwan，1998，1999；Kim et al.，2003）；②由于表演前的候场等待等因素，而表演后不再受此约束，因此表演后比表演前表现出更大的活动空间（Kim et al.，2003；McKercher et al.，2012；Birenboim et al.，2013）。

在海洋剧场的到访样本中，观看固定场次表演的比例较高，且下午场的上座率明显高于上午和晚间。研究表明，近80％的到访游客会选择观看剧场表演，或者游客因表演吸引而选择到访海洋剧场。海洋剧场是一个相对封闭的表演场地，尽管全天开放，但与动物的接触和了解仅在一天4场的表演时段，其余时间仅可以进入场地进行休息或简单参观。因此，演艺项目的参与率在海洋公园的场馆中比例最高。

11.4.4 旅游活动空间的差异性分析

观看表演的游客比未观看表演的群体在海洋剧场的停留时间更长。根据 GPS 跟踪信息，识别每个样本在海洋剧场空间范围内的停留时间。停留时间频次存在一个双峰结构，30—40 min 是主高峰，10 min 以下是次高峰，这表明游客在海洋剧场的时空行为存在两极化的规律。

1）基于移动速度的实际活动空间差异

在游客的移动速度方面，公园内的移动速度均小于 5 km/h 的一般步行速度，说明边走边看、边停边看的慢速游览节奏遍布整个园区。然而，细分表演场馆到访前后的速度差异则存在显著不同。表演后游客整体的移动速度加快，达到 3.34 km/h；而表演前的瞬时速度均集中在低速部分，仅为 2.33 km/h。从移动速度的方差分析可见，表演前后的速度差异在观看表演的群体中更为显著。

2）基于标准椭圆的潜在活动空间差异

从活动空间的大小来看，表演前后的活动空间差异在观看表演的群体中更为显著。未观看表演的群体的活动空间明显大于观看表演的群体。在围绕海洋剧场周边大约 1 h 的活动时间里，未观看表演的群体的活动范围是观看表演群体的 2 倍。而在表演前后的活动空间差异对比中，观看表演的群体显著，未观看表演的群体不显著。这说明，演艺项目的时空固定性对参与游客近 1.5 h 的活动范围和模式产生了影响，即游客若计划停留观看表演，则需面临减少参与其他项目的可能。对于观看表演的群体来讲，表演开始前面临候场等待的可能，这在一定程度上制约了活动选择和移动效率。而对于未观看表演的群体来讲，这一差别可能与在园区内利用交通工具有关。

海洋剧场到访游客的活动空间所表现的规律与海洋公园整体的空间布局有一定关联。中国香港海洋公园在空间上分为海滨乐园（山下）、高峰乐园（山上），在调查期内仅海滨乐园一个出入口开放，因此游客普遍的游览路径是"山下—山上—山下"。在上山和下山的过程中，仅能借助海洋列车（隧道火车）和登山缆车（高架缆车）完成。海洋剧场到访者通常会在结束该剧场游览后的一个时间段去乘坐交通工具返回山下。观看演艺项目会减小活动空间范围，因为演艺项目的时空固定性制约，除了实际参与时间外，前后一定时段范围内均有影响（图 11-5）。表演前后的活动空间差异表明，演艺项目前 30 min 的可达性范围最小，相当一部分游客选择在场馆内等待的不移动行为或在场馆周边的慢速移动行为是矛盾最为集中的阶段。

3）基于缓冲区的潜在活动空间差异

旅游活动空间的度量进一步采用缓冲区的测量方法是基于两个方面的考虑：第一，中国香港海洋公园案例地的空间布局分为两个部分，中间山岳区无景点或设施，若样本在测定时段内跨越了两大区，标准椭圆的面积会变得很大，而圆内很多区域并没有游览活动空间的实际意义。第二，仅以 30 min 的时间间隔测量过于宏观，即 30 min 是否合理、细分时间间隔的差异是否存在等问题无法回答。因此，进一步采用实际路径 20 m（即缓行 0.5 min 的距离）的缓冲区面积、10 min 标准间隔，测算演艺项目前后 1 h 的活动空间。

鉴于前文充分认识表演或到达前后的活动空间差异，缓冲区的活动

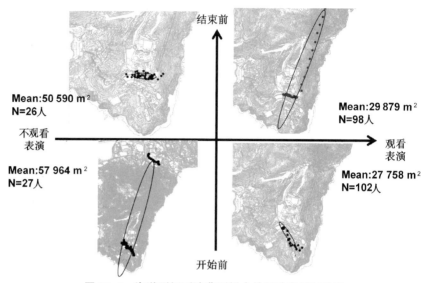

图 11-5　海洋剧场到访典型样本的活动空间对比图

注：Mean 代表表演前 30 min 的活动空间面积；N 代表观看表演的人数。

空间分析主要针对观看与未观看表演群体的差异。显著性的差异主要存在于开始前的 40 min，观看演艺项目极大地限制了游客的活动空间。以观看表演前的 10 min 为例，观看表演群体的活动空间仅为 4 659 m²，即仅步行了约 10 m 的空间距离。这说明表演前的等待行为非常明显。表演后的活动空间无论在哪种时间间隔中均不显著，观看表演的群体仅在平均数值上略小。这说明表演后的散场拥堵可能存在，但并未引起显著影响。

4）基于可达景点数的潜在活动机会差异

根据时空可达性的理论，活动空间表示人的活动范围，而活动范围中的潜在活动机会才是可达的最终目的。这里对缓冲区活动空间内的景点设施数目进行了测量，数目的多少直接反映了时空可达性的强弱程度。显著差异存在于表演或到达前的 10 min 内，观看表演的群体仅可达 1.25 个活动机会，而未观看表演的群体可达 1.67 个。这说明演艺项目参与的决策在开始前 10 min 内显著制约了这一群体参与主题公园内其他景点设施的机会。另一显著差异存在于表演或离开后的 10 min 内，演艺项目的参与在散场后也明显限制了游客可达的景点或设施。而在其他时间间隔中，观看表演的群体的活动机会尽管平均数据大部分低于未观看表演的群体，但并未表现出显著差异。由于潜在活动机会在一定程度上受到公园空间与景观设计的影响，活动空间的差异并不等同于可达的景点机会。实证性分析表明是否观看演艺项目对于活动机会影响的时间范围约为 10 min，少于活动空间影响的 40 min。

主题公园内演艺项目的重要性不言而喻，从行为角度出发的产品设计才是根本。这里在时空可达性理论上讨论演艺项目的固定性对游客活动空间的影响，并基于中国香港海洋公园 GPS 跟踪调查数据，选定海洋剧场演艺项目为实证案例，分析了观看/未观看演艺项目的群体、观看表演/到访剧场前后的活动空间差异。研究结果表明，是否观看演艺项目以及表演前后对海洋剧场到访游客的活动空间均具有显著差异。观看表演会显著地增长游客的停留时间，使其放缓移动速度，对参与游客近 1.5 h 的活动空间产生影响。在基于缓冲区的潜在活动空间挖掘中，观看和未观看表演的群体之间活动空间的差异主要存在于表演前的 40 min 内；而潜在活动机会的差异则存在于表演前后的 10 min 内。观看表演的群体在表演前的活动空间最小、潜在活动机会最少。

11.5 旅游行为的规划应用

在空间设计方面，旅游者行为是旅游规划与产品设计的根本出发点。旅游者在时间预算固定、移动能力有限的前提下，可达的活动空间是有限的。描绘和刻画景区内部的旅游者时空行为模式，能够有助于研究者更好地理解旅游者在景区内部的游览活动和需求情况。这对于景区设施改善和管理水平提升具有实际的指导意义，最终有助于提升旅游者旅游体验的质量。

在线路设计方面，通过微观景区尺度的实证案例研究发现，游客由于首次到访的信息缺失问题和旅游行程安排制约，既存在迷路折返现象，也存在游览时间安排不合理等问题。在此基础上考察旅游者参与时空固定的演艺项目对其可达活动空间的影响，GPS 行为跟踪数据精细化地刻画了海洋剧场到访游客的活动空间差异，对比观看和未观看表演、表演前与表演后的游客时空可达性差异。这一研究测算时空制约下可达活动机会的差异，形成游览线路设计的科学依据，至少包含四个方面的内容：①尽管演艺项目在主题公园具有重要作用，但也限制了游客自由移动的时空范围。因此，合理的表演与场馆设置应当充分考虑游客的行为规律。②单次游览无法完全观看全部的演艺项目，有目的性参与的活动和顺便到访的活动的有效结合可能会更好地满足游客需求。③演艺项目的等待行为合理而普遍，而等待通常会引起游客的负面情绪。未来的园区设计应当充分考虑剧场内部或周边灵活的设施配套，使游客能够有效利用表演前的等待时间。④演艺项目有效地延长了停留时间，但项目设置并非越多越好、场次并非越密越好，时空限制性决定了边际效益的快速递减。景区管理中产品与设施的更新升级，应充分考虑演艺项目的数量与场次设置，避免资源浪费。

11.6　本章小结

　　游客时空行为与旅游空间规划互为因果、互相制约。游客时空行为既是旅游空间规划的重要依据，也是旅游空间规划的影响结果。空间要素的时空组织是影响游客行为品质的重要因素。未来的旅游者行为时空研究在 GPS 和地理信息系统等技术的支撑下，将逐渐受到更多研究者的关注。而在景区旅游目的地的尺度下，时空路径研究、时空旅游行为研究可以为景区的旅游线路设计做出理论支持。在时间约束下，景区旅游目的地内的路径设计和产品时间安排则显得尤为重要，旅游线路设计包含宏观尺度的目的地间的旅游线路和微观尺度的目的地内的旅游线路。旅游者时空行为在所依托的数据上也将更多地表现出尺度、精细度的提升（李渊等，2016）、客观与主观的融合（Taczanowska et al.，2014；Birenboim et al.，2015；赵莹等，2016），实现对旅游者时空行为更为深入的剖析。

12　时空行为与健康城市规划

　　健康的身体和心理是人类追求美好生活的必要前提。伴随着社会经济的飞速发展，以及城市物质与社会空间的快速变迁，城市环境的改造和生活方式的引导日益成为提升公众健康水平的重要途径。然而，在社会经济发展的同时，日益突出的城市环境问题也进一步导致了一系列行为与健康问题。一方面，长距离通勤、服务设施配套落后等空间因素导致居住空间和工作、休闲以及其他活动空间的分离，居民受到紧凑的时间安排和匮乏的空间机会的严格制约，从而引发邻里关系疏远、健康状况堪忧和生活质量降低等一系列社会问题。另一方面，城市内部已经出现了明显的社会空间分异。弱势群体往往暴露在高污染、低可达性的环境下，身心健康受到严重威胁（陶印华等，2018）。如何规划与改造城市物质和社会空间，引导健康的生活方式，促进健康表现的社会和空间平等成为城市规划和管理迫切需要解决的问题。

　　健康城市规划产生于 19 世纪末对于传染性疾病的空间干预。现代流行病学之父约翰·斯诺利用空间分析技术发现了伦敦市霍乱爆发与城市特定水源的关系，并通过规划干预手段有效缓解了霍乱的传播与扩散（Crooks et al.，2018）。经过百余年的发展，健康城市规划经历了从关注传染性疾病问题到关注慢性病与心理健康问题、从致力于疾病的治疗与空间管控到疾病的预防与空间治理的转变，健康城市规划的核心任务也逐渐清晰，即厘清城市环境和公众健康之间的复杂交互关系，并通过城市环境的规划和改造来提升公众的整体健康水平，缩小健康状况的群体间差异（Barton et al.，2013）。

　　时空行为是城市环境对个体健康产生作用的关键媒介，也是健康城市规划的重要抓手和评估指标。我国传统的城市规划多采用静态空间的视角，以土地利用为核心，通过不同类型的用地边界和容量控制来确定具体的规划指标，其中较少关注人在城市空间中的主体地位（柴彦威等，2019b；王兰等，2020）。时空行为视角下的健康城市规划更加关注健康问题产生与发展的行为过程，认为个体在城市时空中的活动—移动行为，及其与城市环境在时空中的动态互动过程，呈现出相应的身心健康后果。时空行为融入健康城市规划旨在挖掘环境—行为—健康三者间的时空交互关系，并进一步采取规划手段实施干预，实现城市环境改造与居民行为引导的有机结合，以城市中人的健康来促进健康城市的规划建设。

本章内容以时空行为融入健康城市研究与规划为核心内容，首先，梳理了健康城市与健康城市规划的产生与发展过程，以及对健康城市规划中空间性的最新思考。其次，本章从健康时空行为的理解、测度和情境选择三个方面，提出时空行为融入健康城市规划的理论与规划思路。在此基础上，通过案例介绍的形式展现了时空行为融入健康城市社区的规划管理实践。最后，本章提出了现阶段健康城市规划所面临的主要机遇与挑战，并倡导通过与社区生活圈规划相结合，开展健康影响评估工作，以期打造健康支持的邻里环境，引导居民的健康时空行为，促进城市环境与社会的可持续发展。

12.1 健康城市规划的产生与发展

12.1.1 健康城市与健康城市规划

自工业革命以来，全球范围内人口在城市的空间集聚对城市系统的承载能力提出挑战，并由此引发了一系列资源环境和社会问题，威胁到城市居民的健康和生活质量。上到城市内部、城市之间的联系加强所带来的传染性疾病的快速空间扩散，下到拥挤、污染的生活环境所引发的非传染性疾病和心理健康问题，城市环境与公众健康之间的关系愈发密切（Crooks et al.，2018）。据联合国人口基金预测[①]，2050年全球人口数量将达到100亿，城市人口占比将达75%，其中发展中国家城市人口的上升速度将尤为显著。面对城市人口和空间的快速扩张，如何通过规划和管理手段打造健康支持的城市环境成为城市环境和社会可持续发展的重要方面。

世界卫生组织在1998年将健康城市定义为"不断开发自然和社会环境，持续地扩展社区资源，以促使人们在享受生活和发展自身潜能的过程中能够相互支持"[②]。健康城市的产生最早可以追溯到19世纪中叶的工业革命时期，重化工业发展背景下城市环境污染加剧和公共卫生设施落后的矛盾日益突出，直接导致了霍乱、天花、伤寒、肺结核和黄热病等传染性疾病的爆发。由此，城市规划和管理开始介入传染性疾病的空间干预，其中代表性事件包括埃德温·查德威克对英国劳动人口卫生

①数据来源于联合国网站。
②引自世界卫生组织网站。

状况调查的报告，以及约翰·斯诺利用空间分析技术分析伦敦霍乱和特定水源的关系（Crooks et al.，2018）。在应对传染性疾病问题的规划手段上，早期多依托城市卫生管理部门采取物理隔离感染患者或感染区域的方式来控制疫情的空间蔓延；后期地方和城市一级政府部门开始介入，运用税收、贸易管制和区划手段等举措保证公共卫生设施的正常运行，并通过开展群众卫生教育工作，积极预防和诊断传染性疾病（田莉等，2016）。

20世纪中后叶以来，伴随着城市卫生服务系统的完善和传染性疾病问题的式微，城市一级政府对公共健康的关注焦点开始转向对心脑血管疾病、呼吸道疾病和肥胖等慢性病的防治。在应对慢性病的过程中，城市规划领域早期将重点放在疾病的治疗上，通过医疗服务设施的空间优化布局，旨在提升城市居民患病时的就医可达性和医护人员对突发性疾病的诊治效率，并促进医疗设施在空间上和人群间的均等化分布。基于地理计算和空间分析手段，健康地理和城市规划学者开发出引力模型、潜能模型和两步移动搜寻等评估医疗设施空间分布的技术工具（陶印华等，2018）。后来，城市规划对于慢性病的关注更多从治疗转向预防，旨在识别城市环境和社会中的潜在致病因子，打造健康促进型的城市环境和社会空间，从而引导居民相关的健康行为，提升公众的健康和福祉（马向明，2014；Tao et al.，2020b）。

12.1.2　静态空间视角下的健康城市规划

在现阶段，城市物质空间的规划干预逐渐成为建设健康城市的重要抓手，不同空间层级的城市环境要素对公众健康的影响机理也引起了规划学界和业界的广泛讨论。大量研究经验表明，多层次的城市物质环境要素对公众健康存在多尺度的影响效应，并进一步构建了家内居住环境—社区建成环境—城市物质环境—城市间（区域）地方环境的健康人居模型。在家内居住环境尺度上，局限的居住空间、老旧的住房设施和污染的建筑材料等会引发一系列身心健康问题，同时，家内通风环境和下水管道等也是传染性疾病传播的重要渠道。在社区建成环境尺度上，现有证据已从土地利用、道路交通和公共设施布局等方面进行了研究论证和规划支撑，发现中等强度的土地混合使用、高连接性和步行友好的城市道路设计，以及多样化、高可达性的公共和商业服务设施会提升居民的日常体力活动表现、培养规律作息和健康饮食的习惯，以及降低环境污染暴露风险等行为风险因素，进而降低非传染性疾病的发病率，引导公众形成积极健康的心理状态（Giles-Corti et al.，2016）。在城市物质环境尺度上，城市人口规模和空间结构在一定程度上决定了不同活动地点之间（如就业地与工作地之间）的空间距离，从而对出行方式选择及肥胖、心脑血管疾病等非传染性疾病产生间接影响。在地方间（区域）地方环境尺度上，地方政府所制定的疫情管控策略将直接影响传染性疾病源在不同区域间的传播速度。例如，在疫情爆发时期传染病的扩散多遵循近域扩散和等级扩散相结合的规律，不同城市间的空间位置关系、交通联系和社会经济联系强度决定了传染性疾病的传播与扩散规律（杨俊宴等，2020）。

在此基础上，不同空间层级的城市物质环境对公众健康的影响作用并不是独立发生的，不同环境要素之间的交互关联共同塑造了综合的身心健康后果。一方面，城市环境的健康效应可能跨越不同空间层级对健康施加影响。例如，在邻里尺度上，高质量和可达性的绿色空间有助于促进居民的社会交往和体力活动，从而有效预防慢性病和精神疾病的发生；而在城市尺度上，高绿地覆盖面积不仅是居民休闲放松的重要场所，而且还会通过气温调蓄、污染物降解等方式影响公众健康（Wolch et al.，2014；董玉萍等，2020）。另一方面，环境要素的空间作用也可能在不同尺度下产生不同甚至矛盾的健康效应，即环境健康关系中的可塑性面积单元问题（Modifiable Areal Unit Problem，MAUP）。例如，在分析健康设施可获得性和环境污染的暴露风险时，分别利用居住地所在街道、普查区和市级行政区的环境和健康数据所得到的分析结论可能完全相悖，这就难以为城市规划和公共卫生政策的制定提供稳健的经验支撑（Flowerdew et al.，2008；马静等，2017）。因此，研究指出在分析空间分布连续的环境致病因子时，需要选择对公众健康存在直接关联的地理情境单元，而不是基于行政管辖单元进行人为机械的划分，从而导致环境健康效应和模式出现扭曲或扩大。

本节内容简要梳理了健康城市与健康城市规划的发展历程，并重点介绍了现阶段健康城市规划对空间性的关注，由此呈现环境暴露—健康响应的复杂时空关系。为应对环境健康的多元时空尺度问题，有必要将时空行为视角融入健康城市研究与规划。

12.2 时空行为融入健康城市研究与规划的理论思路

12.2.1 健康城市研究与规划的行为视角

健康的人是健康城市的核心要义。传统的城市空间规划以重视生产的经济目标为主，规划导向以静态的土地利用为中心，各级规划单元采取自上而下的方式逐级控制，通过不同类型的用地边界确定规划指标，如社区规划中广泛采用的千人指标等，并要求与行政管辖单元的边界保持一致，从而实现土地的开发与更新，优化城市空间结构和实现经济的快速发展（柴彦威等，2015a）。不难看出，这种空间静态的土地利用规划方式忽视了人在城市空间中的主体地位，较少关注人居环境和生活环境的时空动态特征及其与个体日常生活的时空互动关系，进而缺乏分析其对公众健康和生活质量的影响。伴随着城市研究和规划的人本主义转向，以及快速城市化过程中环境和健康问题的突出，城市规划亟须转变自上而下的决策视角，将健康城市空间与健康城市居民有机结合，关注居民在日常活动—移动过程中所面临的环境风险和健康威胁因素，通过城市中人的健康促进健康城市的规划建设。

我国的健康城市规划工作正处于起步与探索阶段，近几年来一些框架性的思考逐渐开始被纳入健康城市规划的行为视角。例如，清华大学健康城市研究中心倡议通过释放城市力量共筑健康中国，并以共享单车的实践案例展示了城市规划、骑行行为、道路安全与公众健康之间的关系（Yang et al.，2018b）。中国科学院地理科学与资源研究所健康地理研究团队面向联合国可持续发展目标（SDGs）与我国生态文明建设的宏伟战略，建议从人地互动关系的角度出发开展健康地理学研究，以服务于我国城市的可持续发展和更加综合的社会发展目标（杨林生，2019）。同济大学健康城市实验室重新审视了疫情之下的健康城市空间，提出从日常健康管理和疫情应急修复两个角度将健康融入 15 min 社区生活圈规划，其中应急响应行为、体力活动和污染风险暴露等是影响个体健康的主要行为路径（王兰等，2020）。

12.2.2 时空行为视角下健康城市的建设思路

时空行为是透视健康城市规划实施过程与效果的重要视角，同时与城市居民的健康状况密切相关。个体在城市时空中进行移动，与城市环境发生着时空动态的行为互动，从而产生相应的身心健康后果。与传统的空间规划不同，时空行为视角下的健康城市规划强调城市环境与居民行为的时空动态特征，并分析环境—行为—健康三者间的时空交互关系，这有助于透视公众健康和城市规划问题的产生过程和发展机理。为进一步理解时空行为与健康城市规划相结合的可能性和合理性，本节将从时间地理学的制约和企划视角、活动分析法中的活动—移动模式测度和移动性转向下情境单元的选择问题出发，分别从健康时空行为的理解、测度和情境选择三个方面来解释时空行为融入健康城市研究与规划的理论思路。

时间地理学的制约视角和企划概念为理解环境—行为—健康的交互关系提供了理论支持。起源于对区域统计范式中机械地将人类视为同质实体的反思，时间地理学提倡以不可分割的个体单元为基础，构建微观个体情境和汇总行为模式之间的联系（Hägerstrand，1970；Ellegård et al.，1977）。具体到公众健康议题，健康企划的制定往往先于日常活动的组织安排，从而决定了不同类型活动的优先次序和偏好结构。也就是说，每日的健康维持活动嵌套于个体长期的健康相关企划之中。此外，制约作为时间地理学的核心概念，有助于深化对健康行为模式的理解：首先，由睡眠、饮食等固定性活动和个体移动性组成的能力制约规定了日常活动的时空框架，其他任意性活动需寻找到可支配的时空资源才能得以开展。反之，由于年龄等所导致的身体能力和移动性的限制，以及不平衡、非规律的活动时空节奏是影响健康和生活质量的重要因素（周素红等，2017）。其次，组合制约强调个体或群体必须与其他实体在同一时空进行联合活动的制约，而健康资源或环境要素的匮乏，或者其与个体行为在时空维度的不匹配（如健身场所的营业时间和居民的工作时间相冲突），将限制健康促进行为的发生。最后，权威制约与法律、惯例和社会规范密切相关，如需要支付高额会员费的体育场馆，仅允许特权阶级进入的社交俱乐部等，不可避免地将一部分人排除在具有丰富健康资源和健康知识溢出的领域之外。

活动分析法与活动—移动模式概念为健康时空行为的测度提供了方法支持。活动分析法旨在解释人们如何完成不同的日常任务，扮演不同的社会角色，并形成自己独特鲜明的态度，这为健康行为模式的测度和群体差异分析提供了方法支持（Chapin，1974）。与传统的交通研究不同，活动分析法将出行视为活动的派生需求，活动序列在时空维度上形成相对稳定、具有特定规律的行为模式，即活动—移动模式，并与其他个体或群体产生互动（张文佳等，2009；Zhang et al.，2017b）。现有研究发现，个体每日的活动和出行事件具有一定的优先层级和顺序特征，仅就某一部分活动片段的分析可能会低估或高估活动—移动模式的综合健康后果（Kim et al.，2019）。换言之，不同活动之间面临着有限时空资源的争夺，不同企划之间也存在着复杂的嵌套关系。因此，如何将个体层面上多维的活动—移动行为特征（活动时间、空间位置、活动类型、出行方式、同伴等）综合为模式信息是健康活动—移动模式研究所面临的首要问题（图 12-1）。

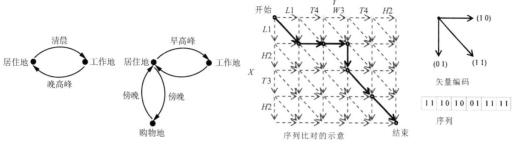

（a）因子分析方法 （b）多维度序列比对方法

图 12-1　活动分析法对活动—移动模式的测度

注：（b）图左图中的字母和数字分别代表活动的不同维度，如活动类型与同伴；X 轴与 Y 轴分别绘制了两条活动序列，即 L1、H2、T3、H2 与 L1、T4、W3、T4、H2；矢量箭头代表序列匹配的路径。

在分析行为健康问题的形成机制时，地理情境的选择是普遍面临的方法论问题之一。在移动性转向的背景下，个体一方面伴随着生命周期可能经历了居住地的变更和居住环境的相应变化，另一方面日常的时空轨迹也大多超越居住地，涉及多样的城市实体环境（图 12-2）。瓦利等（Vallée et al.，2010）发现巴黎都市区居民 80% 的日常活动空间面积在他们感知的邻里范围以外。然而，传统基于邻里单元的情境分析潜在假设了个体和环境特征均具有时空固定性。在空间上，邻里范围通常被界定为静态的行政区域，如人口普查街区、邮政编码区等；在时间上，个体静止在居住地不发生空间位移，且居住地的周边环境稳定不变。关美宝（Kwan，2012；2018a）将此总结为地理背景不确定性问题（Uncertain Geographic Context Problem，UGCoP），并进一步提出在考虑个体移动性后会出现邻里效应的平均化问题（Neighborhood Effect

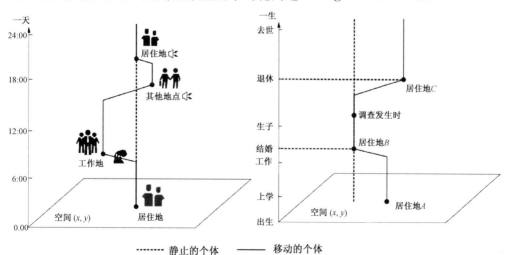

------ 静止的个体 —— 移动的个体

图 12-2　移动性转向下地理情境的选择问题

Averaging Problem，NEAP），即居住在高暴露社区的居民会移动到暴露水平较低的区域开展日常活动，反之亦然，最终大多数个体的环境暴露水平会回归到总人口的平均值附近，从而缓和居住地环境劣势对其健康行为或水平的负面影响。

12.2.3　时空行为融入健康城市的概念示意模型

　　基于上述理论与方法论思考，本节尝试提出时空行为视角下健康城市研究与规划的概念示意模型（图 12-3）。首先，城市物质环境被视作影响公众健康的底层支持系统，一方面环境要素为居民开展健康相关行为提供空间支持，如绿地空间的高可达性能引导居民开展更加频繁的体力活动等；另一方面居民在场所内进行活动时需要遵循嵌套的地方秩序，如个体就医行为的发生需要遵循医院所规定的开放时间，而具体就医场所的选择可能受到具体地方文化和制度因素的影响等。在进行与个体健康相关的物质环境要素选择时，不仅需要关注传统城市规划所研究的土地利用、道路交通和公共设施布局等在时空中相对稳定的建成环境因素，而且应将时空动态变化的污染暴露因素和社会情境因素考虑进来。其次，居民日常活动—移动行为及其暴露的微观情境是直接与个体健康关联的表层行为系统。在一日的时间尺度内，个体在时空上发生连续的活动—移动行为，与城市环境、其他个体之间发生着高度动态的时空互动，并产生即时的情绪响应。如个体 B 上午从家出发使用公交通勤，在工作地度过白天时间，晚高峰时段再次通勤经由超市购买晚餐食材后返回家中。在整日连续的活动与移动安排中，个体先后与居住地、公共交通工具、工作地、购物地和居住地发生互动，在不同场所时居民所处的地理与社会情境迥异，例如在早晚高峰通勤过程中居民暴露在严重的空气污染与噪音环境下，并且呈现出较高的心理压力水平。最后，在个体行为与城市环境的日常时空交互下，城市居民呈现出相应的长期健康后果。在此，长期健康状况不仅需要关注身体上和精神上的完满状态（身体健康和心理健康），而且要求居民具有良好的社会适应力（社会健康）。从行为和健康的交互效应来看：一方面，个体整日活动—移动行为中包含了一系列以健康为导向的健康相关行为，并与其他活动之间发生着复杂的时空资源共享或争夺，共同导致了综合的身心健康后果。另一方面，个体长期的健康相关企划部分支配了日常尺度下活动—移动行为的组织安排，同时也与其他日常企划（如照料家庭、工作等）共同对每日时空资源进行分配，从而产生日常情境下的身体健康响应和心理情绪反馈。

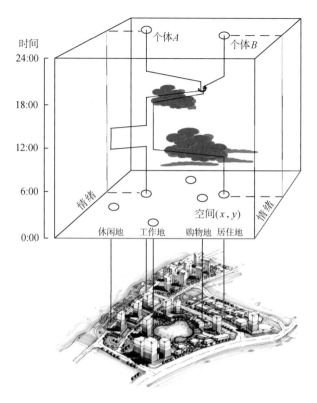

图 12-3 时空行为融入健康城市研究与规划的概念示意模型

本节内容从健康城市研究与规划的行为视角出发，通过借鉴时间地理学、活动分析法和地理情境的选择等理论和方法论知识，从城市物质环境、日常活动—移动行为以及居民长短期健康表现等多维时空结构，初步构建了时空行为融入健康城市研究与规划的概念示意模型，这也为下一节具体分析框架的创建奠定了基础。

12.3 时空行为融入健康城市研究与规划的分析框架

时空行为研究为透视城市环境与公众健康之间的关系提供了独特的分析视角和技术方法，理解环境—行为—健康的复杂关系是未来研究亟须重点探讨的话题。基于时间地理学的制约和企划概念、活动分析法的活动—移动模式测度，以及行为健康研究的情境选择问题，本节从空间、时间、个体行为和群体行为四个角度，进一步构建了时空行为融入健康城市研究和规划的实证分析思路与框架（图 12-4）。

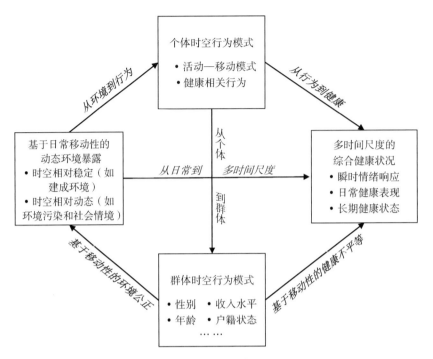

图 12-4　时空行为融入健康城市研究与规划的分析框架

在空间上，提倡从基于居住地的邻里环境测度转向基于活动空间的动态环境监测。随着位置实时感知和便携式传感器等技术设备的进步，通过个体时空轨迹捕捉高时空精度的实时地理情境成为可能，最近的研究已经证实了过分关注邻里效应所导致的地理背景不确定性问题（Kwan，2012）。例如，帕克等（Park et al.，2017）比较了四种个体空气污染暴露的测度方法，分别是基于居住地的时均暴露水平、基于居住地的日均暴露水平、基于移动性的时均暴露水平、基于移动性的日均暴露水平，结果发现忽视时间效应和个体移动性会高估或低估真实污染暴露的健康影响。由此可见，个体环境暴露由个体移动性和动态环境特征之间的相互作用所决定，忽视个体日常暴露的真实地理情境，将导致地理情境的不确定性问题，从而错误估计环境暴露的健康后果。

在时间上，日常移动性视角提倡从关注环境暴露的长期健康效应转向基于多时间情境的交互分析。一方面，需要关注地理环境的日常情境效应，如日常移动过程中的动态环境暴露是否产生即时的身心健康响应，人们在短期是否会适应快速变化的环境特征，适应的程度究竟如何以及是否会因人而异。部分规划研究已经发现，个体虽然在日常情境下会相对忽略高暴露的环境风险，但是仍会通过感官系统向神经系统传递信号，从而引起觉醒并触发应激反应（Roswall et al.，2015）。另一方面，需要关注生命路径—日常路径的长短期交互作用。虽然以往研究已经涉及日常环境暴露如何塑造个体长期的身心健康状态，但是相对忽视长期健康状况和环境敏感性对短期暴露—响应关系自上而下的处置效应。施瓦南等（Schwanen et al.，2014）针对主观幸福感的研究发现，长期的生活满意度对日常活动中积极情感的处置效应强于短期到长期的累积效应。

在个体行为上，将时空行为同时作为情境性和组成性要素来理解环境—健康关系的动态交互过程。这不仅强调个体移动性所塑造的动态时空情境，而且强调将时空行为作为中介因素纳入地理环境影响身心健康的机理链条中。这其中需要避免将行为过程简化为与单一健康相关的行为习惯，而是应当聚焦微观个体，以不割裂活动序列为原则，评价整日活动—移动模式的健康效应。而在活动—移动模式的分类上，需要避免传统的简单聚类和时空距离计算中仅保留研究者所关注的活动特征的偏误，应全面分析不同活动片段之间的空间相互作用和时间序列关系，并通过不同个体时空经历的相似或互动特征刻画不同活动—移动模式的社会情境（Zhang et al.，2017b），最终引导个体形成利于身心健康的日常行为模式和生活方式。

在群体行为上，从无差别的个体研究上升到群体异质性分析，即关注基于个体移动性的环境公正与健康不平等问题。与西方不同，中国城市正处于快速城镇化阶段，经济的飞速发展和空间的无序扩张导致了贫困、交通拥堵和环境污染暴露等城市问题。同时，土地和住房制度的改革、户籍制度的限制以及流动人口的大量涌入带来了城市居民高度的社会阶层分化，以及居住与活动空间的分异，弱势群体的环境暴露面临着更加复杂的经济—制度—行为的三元困境。因此，未来研究亟须以活动—移动模式作为行为媒介，从个体移动性视角出发，探讨中国社会情境下的环境公正问题，及其健康效应的社会空间分异机理。

综上，时空行为融入健康城市研究与规划的分析框架共涉及城市环境暴露、个体行为、群体行为和健康后果四个模块，不同模块之间相对独立，但又存在着特定的关联关系（图12-4）。其中，城市环境暴露强调从空间的视角转向人的视角，采用基于日常移动性的动态环境暴露测度方法，并同时关注时空相对稳定和相对动态的环境要素。个体行为具体包括基于日常时空行为的活动—移动模式和基于惯常习惯的健康相关行为两个维度，同时捕捉个体日常情境下行为模式信息和长期稳定的行为习惯。群体行为采用从个体向群体汇总的时空行为模式进行表征，这里的"群体"不仅关注性别、年龄、收入等依据社会经济指标划分的社会群体，而且重点分析中国城乡二元体制下依据户籍、住房等制度因素所划分的制度性群体（李志刚等，2019）。健康后果整合了身体、心理和社会健康的综合健康状况，强调多时间尺度属性，具体包括瞬时、日常和长期三个维度。健康状况的三个时间维度之间并非相互独立，而是同时存在着自短期到长期和自长期到短期的互动关系。在此基础上，进一步构建环境—行为—健康的综合分析框架，首先分析日常尺度下动态环境暴露对多时间尺度健康状况的直接影响效应；其次分析个体时空行为模式在环境暴露—健康响应关系中的间接影响机理；最后通过个体行为模式向群体行为模式的汇总，探讨不同社会群体基于日常移动性的环境公正与健康不平等议题。

本节基于时空行为的健康城市研究与规划的分析框架涉及多时空尺度下城市环境、公众健康、个体行为以及群体行为之间的复杂关系，从研究框架到规划实践的过程任重道远。在下一节中，将以北京市某健康社区的规划实践工作为例，探讨时空行为与健康社区结合的可行路径。

12.4 时空行为融入健康城市社区的规划实践

12.4.1 健康社区规划实施阶段

时空行为融入健康城市主要仍停留在方法探索和实证研究阶段，较少落地应用在健康城市的规划和管理实践之中。本节将以北京市美和园社区为案例，通过整合居民时空行为数据、污染暴露数据和生态瞬时评估数据，从环境污染和居民健康响应的角度初步解析如何在健康城市社区的治理过程中融入对居民时空行为的考虑，从而理解日常活动、城市空间、环境暴露与居民健康的相互作用关系，引导居民降低日常活动—移动过程中暴露的环境健康风险，构建共享共治的社区命运共同体。

健康城市社区的污染治理实践主要依托基于日常移动性的环境污染暴露的动态监测与评估工作，具体工作主要包括区域综合调查、调查设计与社区联络、调查实施与数据采集、数据分析与结果论证、结果反馈与实践评价五个阶段。第一阶段为区域综合调查阶段，主要对案例地区的典型性和代表性进行调查论证。美和园社区位于北京市上地—清河地区，社区居住人口达 2 000 户，内部包含商品房、政策房、单位住房和租住房等多种住房来源，是典型的城市近郊混合居住社区。此外，社区周边临近多种交通和建筑污染源，空气污染和噪音污染状况具有代表性，如社区同时毗邻铁路、高速路和地铁线路等多条交通干线，可能存在相对严重的尾气污染和交通噪音污染问题。确定了案例区域后，进一步通过实地走访、居委会访谈和居民随机路访等形式，一方面了解社区的历史发展、人口状况以及周边交通和建成环境状况等基本信息，另一方面也有助于了解社区居民真实感知到的环境健康风险，从而为具体调查内容的设计提供思路。

第二阶段为调查设计与社区联络阶段，依托海淀区清河街道的环境治理与民生保障工程建设，由美和园社区居委会协助进行调查内容的审定和调查样本的联络工作。抽样环节的随机性和调查数据的保密性是此阶段的重要任务。在社区抽样方面，首先抽取社区总人口的 2‰，约120 个样本，并按照人口和住房来源构成，分别分配 72 个、24 个和 24 个样本至商品房、单位住房和政策房群体；在此基础上，根据房屋建筑和门牌号依次进行家庭户和户内的随机抽样。在数据保密性方面，调查内容经由美和园居委会进行数据隐私的审核，同时与调查样本签署数据保密协议，保证数据仅用作科学研究，且在结果呈现时删除个人信息标识。

第三阶段为调查实施与数据采集阶段。调查内容共分为四个模块，包括传统问卷调查、基于 GPS 的活动日志调查、污染实时监测，以及生态瞬时评估（Ecological Momentary Assessment，EMA）调查。其中，基于 GPS 的活动日志调查关联了样本的实时地理位置和具体的活动—移动信息，污染实时监测采用空气污染和噪音监测仪器记录样本活动—移动过程中实时暴露的 PM2.5 浓度和 A 加权分贝值，生态瞬时评估用于观测样本在特定时间点瞬时的污染感知和心理压力状况。不同的调查模块之间采用智能手机进行数据的实时传输、关联和储存。具体的调查工作分为预调查和正式调查两个阶段，预调查阶段的主要目的是要了解问卷内容的可理解性、居民的配合性、监测设备的稳定性和电量状况等；正式调查共分为六轮，每轮调查周期为两日的污染监测和活动日志填写以及七日的 GPS 轨迹记录，具体操作包括约定入户时间、入户介绍调查、调查实施与监控、数据回收与补充以及数据导出与校正等环节。

第四阶段为数据分析与结果论证阶段，主要运用时空行为分析技术有效识别居民日常生活中的污染暴露情境及其与实时健康响应的关联关系，从而形成具有时空针对性的污染治理和行为引导策略。在完成多源数据的匹配和整合、GPS 与活动日志数据的修正，以及污染监测数据的校准等预处理工作后，进一步采取三维时空可视化技术、GIS 空间分析和统计模型构建等方法，发现关于社区居民环境污染暴露和行为健康困境的三点主要发现（图 12-5）：居民日常移动过程中整体暴露的空气污染和噪音水平均远高于国家标准设定的阈值，潜伏着严峻的身心健康风险，而目前城市环境质量监测手段由于忽视真实暴露情境和居民行为响应，难以准确测度居民真实的污染暴露状况；家内的空气污染、工作地的噪音污染以及早高峰和公交出行过程中空气和噪音的复合污染是引发居民急剧心理压力的重要时空情境；居住在同一社区的居民由于日常移动性及暴露微观情境的差异，可能面临着不同的污染健康风险，尤其是对于住房来源群体而言，政策房居民由于自身移动能力较差、室内污染暴露严重和污染风险与防范意识薄弱三个方面原因，面临着移动性视角下突出的环境公正与健康不平等问题。

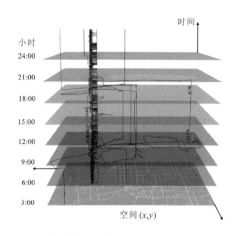

（a）空气污染暴露的三维时空可视化

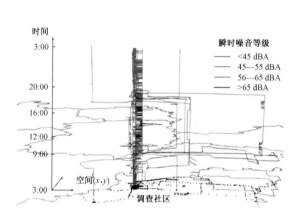

（b）噪音暴露的三维时空可视化

（c）工作日早高峰时段的严重污染暴露

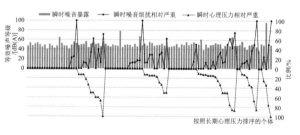

（d）污染暴露的个体间差异

图 12-5　时空行为融入健康社区规划的主要研究

第五阶段为结果反馈与实践评价阶段，根据上述研究发现，整理相关建议并反馈至政府决策与管理部门，同时将居民日常真实面临的污染环境及其健康风险反馈至社区居民，以期相关政府和居民管理部门加强对环境污染的监测与防控，为居民日常行为如何在时空中规避污染风险提供针对性的建议。具体建议包括，环境监测部门提高城市污染监测站点的代表性，将空气污染的防控重点从室外监测转向室内外共同监管，③引自世界卫生组织网站。同时关注社会噪音的管治问题；建议在混合社区的规划建设和管理过程中，亟须关注不同住房群体日常在城市时空中的移动性特征，加强社区周边移动设施的配套建设、室内污染的防控与治理，以及污染风险教育与污染防范培训的普及，建设"不让任何人掉队"（Leave No One Behind）的健康社区和健康城市③。

12.4.2　时空行为视角的独特优势

通过本次健康城市社区的管理实践，可以进一步洞悉时空行为研究视角与方法的独特优势：第一，提升健康城市规划研究的时空精度，关注城市居民环境暴露的具体时空情境。当前的城市规划体系仍以城市总体规划及详细规划为主，对于社区和邻里空间规划的调动能力偏弱。社区作为居民日常生活的重要细胞，应当受到规划编制的重视，进而打造健康支持的社区环境与邻里空间。另外，规划管理缺乏对具体实施过程的动态监控，从而难以准确刻画居民日常暴露环境的时间动态性。第二，突破静态的邻里规划单元，关注个体日常移动过程中与社区周边及城市环境的时空交互关系。城市居民的日常生活并非遵循社区所辖范围的静态边界，而是涉及更加丰富、广阔的活动空间范围。社区健康支持环境的规划管理不应仅仅停留在社区内部服务与设施的配给，而更应该关注居民移动过程中的动态环境暴露以及社区移动性环境的打造。第三，转变社区规划对平均人的分析，应关注不同社会群体的行为与健康困境。时空行为融入健康城市社区规划的一大优势即关注社区群体的异质性特征，尤其是针对发展中国家快速城市化背景下所面临的环境污染暴露、社会空间分异和城乡二元体制等问题。从日常移动性视角出发，城市弱势群体的环境暴露面临着更加复杂的经济—制度—行为的三元困境，从而可能会进一步呈现环境暴露和身心健康的劣势地位。

本节内容主要为时空行为融入健康城市社区规划管理实践的一次初步且有益的尝试。不可否认的是，从健康时空行为迈向健康城市仍然存在诸多挑战，同时也留有许多值得思考和展望的空间。

12.5　时空行为融入健康城市规划的挑战与展望

12.5.1　时空行为视角下健康城市规划的挑战

当前时空行为研究与健康城市规划实践的结合仍面临着诸多挑战。

首先，时空行为视角下健康城市规划编制和管理的空间单元更加精细，实施难度更大。在规划空间单元的选择方面，以地块为单元的用地使用控制和环境容量控制、市政工程设施和公共服务设施的配套等内容，需要突破传统的行政单元界限，考虑地区整体的人群活动—移动特征，进行地块间的组织和协调。建议可以将社区作为居民生活的主要锚点，构建以健康为导向的社区生活圈。其次，当前的城市规划编制体系与过程已相对完善，但相对缺乏对规划实施过程的监控管理，尤其是时空行为视角下健康城市规划管理的时间精度有待提升。建议加强对居民时空行为与暴露响应关系的日常监测，有效识别环境健康风险的特定时空情境。再次，伴随着健康城市规划的重点向慢性病的转移，传染性疾病的规划防控措施在一定程度上相对滞后。考虑到传染性疾病极强的时空扩散速度和健康威胁特征，建议健康城市规划和管理仍应综合考虑应急状态下的传染性疾病防控和日常状态下的慢性病预防。时空行为分析方法具备成本低、可操作性高等优势，在利用患者时空轨迹识别潜在感染人群、监测城市易感人群时空分布等传染性疾病防控工作中具有显著优势。最后，时空行为融入健康城市规划不可避免地会涉及大量时空行为和健康数据的采集工作，这一方面会对公众隐私的安全和保护提出挑战，另一方面数据采集的有偏性也可能会导致具体规划实施手段的适用性和代表性问题。

12.5.2　时空行为视角下健康城市规划的展望

时空行为与健康城市的结合仍处于方法研究和实证探索阶段，真正落地的规划实施和管理实践尚待起步。为进一步探索时空行为融入健康城市规划的操作流程和评估办法，可尝试通过与社区生活圈规划结合，开展健康影响评估工作，进行社区健康支持环境的打造和健康时空行为的引导，最终实现健康社区和健康城市的规划建设，促进城市环境与社会的可持续发展。

12.6　本章小结

健康城市建设是城市规划的新兴和热点话题。与传统的静态空间规划和上位规划思路不同，时空行为融入健康城市规划更加强调对人的主体性的关注，聚焦于人在时空中的行为，并采取自下而上的规划管理思路，通过引导城市中人的健康，促进健康城市的规划建设。时空行为视角下的健康城市规划重点探讨居民日常行为与城市环境的时空交互关系，一方面关注时空行为在健康城市规划中的情境性作用，即居民日常移动过程中所暴露的多样化的地理和社会情境；另一方面关注时空行为在健康城市规划中的组成性作用，即居民在动态环境暴露下所呈现的活动—移动模式如何塑造其健康后果。通过优化健康城市规划和管理的时空分析视角，以期整体优化居民日常活动—移动过程中暴露的环境风险和效益，并且平衡不同社会群体之间环境风险和效益因素的（再）分配，最终实现城市环境和社会的可持续发展。

13　时空行为与老龄友好型城市规划

中国已进入老龄化社会。老年人作为慢性病的高发群体，其日常生活中的行为活动会显著影响各类慢性病的发生率。而建成环境每时每刻都在制约和影响着老年人的健康行为。查尔斯和凯伦提出的社会生态模型强调人与多尺度环境的相互作用（Bronfenbrenner，1977）。在此指导下，大量学者研究了不同尺度建成环境对老年人健康的影响。本章基于时空行为视角研究时空客观要素与个体主观要素对老年人健康行为的交互作用，深入探讨建成环境—体力活动—健康效应的内在作用机制。首先，梳理老年人时空行为对健康的可能影响路径；其次，分析老年人日常活动的时空特征、时空制约因素和健康效应；最后，提出与老年人健康相关的规划建议。本章试图建立时空行为研究与老年人健康研究之间的联系，对促进老龄友好型城市和健康城市的发展具有现实意义。

13.1　时空行为与老年人健康

随着社会经济的发展，物质生活水平的提高，人们越来越重视健康问题。健康作为人类追求美好生活的根本，引起了社会各界的深入探讨。然而 2018 年《柳叶刀》发布的《柳叶刀 2030 倒计时：气候变化与人群健康报告》指出，城市居民的慢性病患病率和致死风险更高。对此，城市规划领域有学者提出了健康城市这一概念，认为当前城市规划的重要任务是提升城市规划和发展质量，提高城市居民自身的适应力和恢复力，以应对城市环境变化所带来的健康挑战（Watts et al.，2018）。慢性病的健康风险在快速老龄化的中国城市显得尤为严峻。2018 年中国 60 岁及以上人口已增至 2.49 亿人，占比为 17.88%。截至 2013 年，全国 49.5% 的老年人口患有一种及以上的慢性病（World Health Organization，2015）。老龄化比例日益加大，是健康城市发展所面临的一个重要问题。

城市建成环境与人们的健康息息相关。在研究环境与健康的关系时，空间流行病学与健康地理学领域常用社会生态模型展开讨论，该理论强调了人与多尺度环境的相互作用。查尔斯和凯伦（Zastrow et al.，2004）把个体存在的社会生态系统划分为三种基本类型：其一，微观系统——社会生态系统环境中的个体。其中，人是生物的、社会的、心理的社会系统类型。其二，中观系统——个体周边小范围的环境系统，包括社区、学校、工作环境等。其三，宏观系统——比小范围环境更大一些的社会系统，既包括区域、国家等空间范围，也包括文化组织或机构、制度、风俗。在此理论指导下，相关学者进行了大量有关城市环境对人类健康影响的研究。然而现有研究大多仍停留在建成环境与健康状态的简单相关关系研究，在一定程度上忽略了城市居民在时空维度上的完整能动个体角色。

时空行为研究范式强调时空客观要素与个体主观特征对行为的交互作用（柴彦威等，2008a），为探讨个体时空行为特征的影响机制和健康效应奠定了基础。从时空行为研究范式出发的研究已有一部分。柴彦威等（2015b）从宏观层面研究城市生活圈规划；杨婕等（2019）从微观个体研究交通性体力活动对居民身心健康的影响等。近年来，时空行为研究采用 GPS 和 LBS 等移动数据采集方法，更加精准地获取个体在一定时间内的时空活动轨迹（柴彦威等，2009a；林梅花等，2017）。这为获得个体的实时建成环境暴露、探讨时空情境对实时体力活动的影响提供了可能（马静等，2017）。时空行为研究范式与健康行为研究中的社会生态模型对个体内部属性与外部环境交互作用的强调不谋而合，适合用于探讨建成环境对个体行为及健康的时空制约（冯建喜等，2017；周素红等，2017）。

随着中国老龄化形势的日益严重以及对慢性病等健康问题的重视，城市规划学者日渐关注不同尺度建成环境对老年人健康的影响。时空行为研究范式对老年人行为及健康效应的探讨提供了更为日常化和精细化的视角。本节明确了时空行为与健康的关系，强调了时空客观要素与个体主观特征能够共同对健康行为产生影响。下一节将以老年人出行行为特征为例，研究老年人日常活动的时空特征，进而提出能够改善老年人健康并与建成环境相关的合理规划建议。

13.2　老年人日常活动的时空特征

针对从时空行为视角出发探讨城市环境的健康效应，许多学者使用移动性这一概念，在城市空间中围绕居住地—通勤路径—工作地这一日常核心移动路径展开研究（Kwan et al.，2016）。然而随着年龄的增长，老年人的身体机能逐步下降，相比于年轻人而言移动性显著下降（Tacken，1998）。绝大多数老年人的日常活动局限在以其居住地为中心的狭小范围内（Hodge，2008）。2015 年，北京市民政局和规划委员会共同发布了《北京市养老服务设施专项规划》，提出养老服务的"9064"发展目标，即到 2020 年，90％的老年人为家庭照顾养老，6％的老年人为社区照顾服务养老，4％的老年人为养老服务机构集中养老（童曙泉等，2015）。由此可见，我国老年人以居家养老为主。了解以居住区为核心的城市建成环境可以进一步明确影响老年人出行的影响因素，进而提出合理建议以促进老年人的健康出行，改善老年人的身体健康。

通过对国内外老年人出行行为特征的文献梳理，以及通过对深圳市居民出行调查的数据分析，本节主要从出行目的、出行次数、出行方式、出行时段和出行时长等方面对老年人出行行为特征进行分析。

13.2.1 老年人的出行目的特征

老年人出行活动按出行目的可概括为强制性出行、维持性出行、休闲性出行三类。强制性出行指由于上班、上学和公务等原因不得不发生的出行活动。维持性出行指为了维持生存和照料而产生的出行活动，主要包括日常购物、看病、接送孩子等。休闲性出行指为了满足休闲娱乐需求而进行的非必需出行活动，主要包括娱乐、外出就餐、访友等。

国内外研究表明，在老年人的出行活动中强制性出行占比较低，而随着年龄的增长，老年人有了更多的闲暇时间进行休闲娱乐出行活动。丹麦的研究表明，对于大多数老年人来说，工作已不再是其主要出行目的（Siren et al.，2013）。除了在家里，老年人的出行目的包括参观、购物和娱乐。加拿大的研究发现，当地老年人最常见的出行目的是购物（Chudyk et al.，2015）。购物目的在总出行次数的占比为一半以上，其次是社交、娱乐和外出就餐，再次是以锻炼为目的的出行。美国的研究发现，随着年龄的增加，对于 60—85 岁的老年人来说，以购物、出差、娱乐为目的的出行行为的重要性增加（Boschmann et al.，2013）。国内的研究发现，上海市老年人群体的出行活动也正在由生存型向生活型转变（黄建中等，2015）。

通过研究深圳市相关数据发现，老年人的强制性出行占比远远低于非老年人的强制性出行，老年人更多地发生维持性出行和休闲性出行（徐可，2019）。这可能是由于老年人有更多的时间享受生活，不再为工作与学习等强制性出行所限制，所以往往更倾向于休闲性出行。再将老年人细分发现，55—64 岁老年人的强制性出行多于 65 岁以上的老年人，65 岁以上老年人的维持性和休闲性出行多于 55—64 岁的老年人。这可能是由于一部分 55—64 岁的老年人还在上班，强制性出行相比 65 岁以上的老年人要多。而 65 岁以上的老年人因第三代人到了上学的年龄，因此维持性出行占比增高。而相比于 55—64 岁的老年人，65 岁以上的老年人仍然在岗的比例大幅下降，因而有了更多的闲暇时间从事休闲性活动，因此休闲性出行占比显著提高。

13.2.2　老年人的出行次数特征

国内外研究均表明，随着年龄的增长，老年人由于工作和商务等强制性出行的需求大幅下降，总出行次数逐渐减少。比如，美国老年人相比年轻人的移动性显著减弱，出行次数减少，出行距离变短（Collia et al.，2003）。加拿大老年人因为健康水平下降和退休在家，出行次数减少（Newbold et al.，2005）。

通过研究深圳市相关数据发现，年轻人多目的出行的占比更高，而老年人由于体力的下降往往选择将多个目的拆分成多次出行完成（徐可，2019）。但随着年龄的增加，老年人的日均出行频率仍然比非老年人的日均出行频率低。这可能是由于老年人工作学习等强制性的出行减少等原因导致。将老年人群体细分后发现，65 岁以上老年人的日均出行频率低于 55—64 岁的老年人。这可能是由于老年人随着健康水平和体能的下降不便出行而减少出行次数。

13.2.3　老年人的出行方式特征

在出行方式上，欧美和中国的老年人存在显著差异。欧美国家的老年人以驾驶私家车作为主要的出行方式。对澳大利亚老年人出行方式的研究发现，乘坐私家车和公共交通的占比分别为 83％和 7％（Truong et al.，2015）。荷兰 65 岁及以上的老年人乘坐私家车出行的占比为 50％，只有不到 10％的老人乘坐公共交通工具出行（Tacken，1998）。罗森布鲁姆（Rosenbloom，2001）指出，世界上的老年人相比年轻人更容易选择小汽车出行。这可能是由于欧美国家的私家车拥有率较高，普及年份较早，老年人有能力驾驶，并且在体力逐步下降的情况下更愿意选择驾驶私家车出行。

与之相反，国内的老年人选择步行和乘坐公共交通工具作为主要交通方式。黄建中等（2015）对上海市的调查发现，老年人首选的交通方式为步行，占比为 51.6%。通过研究深圳市的相关数据发现，老年人日常单次出行活动选择步行方式的占比高达 68.82%，非老年人比老年人更愿意选择公共巴士（17.74%：12.4%）、摩托车（4.32%：3.53%）和自行车（7.14%：5.88%）。具体而言，55—64 岁的老年人会更多地采取自行车、私家车、摩托车出行，65 岁以上的老年人更倾向于步行，步行占比高达 76.70%。这可能是因为随着年龄的增加，老年人的健康水平下降而无法采取驾驶小汽车的出行方式；同时老年人的时间相对充足并且有健康信念所以更加倾向于选择步行。55—64 岁的老年人相比于 65 岁以上的老年人选择非步行出行方式更多（徐可，2019）。这可能是因为 55—64 岁的老年人相对 65 岁以上的老年人而言健康水平更高，所以会较多地采取自行车、私家车、摩托车出行。

13.2.4　老年人的出行时段特征

国内外老年人的出行时段普遍存在主动规避早晚高峰的特点。比如，荷兰的老年人在出行时主动规避早高峰（van Den Berg et al.，2011）。英国的老年人虽然在一定程度上会规避早高峰出行，但是仍然有大量活动不得不在早高峰期间进行（Titheridge et al.，2009）。相比较而言，英国的老年人具有更加明显的规避晚高峰出行的特征。而我国北京老年人的出行时间多集中在 7：00 以前和 8：00 到 9：00 之间（夏晓敬等，2013）。

通过研究深圳市的相关数据发现，按照出行目的来看老年人与非老年人的出行时段存在显著差异。除了强制性出行由于工作时间的相对固定性使得老年人的出行时段与非老年人的分布基本一致，都集中在 8：00 前后。从维持性出行来看，老年人和非老年人的维持性出行大都集中在 8：00 前后，但是老年人由于拥有更多的富余时间，因而在上午的维持性出行高发期更长并相对滞后于非老年人。此外，非老年人通常会选择在晚间下班后进行购物等维持性活动，而老年人由于没有上下班的时间限制，因此晚间的维持性出行活动相对较少，发生时间也相对非老年人提前。从休闲性出行来看，老年人的休闲性出行集中于 7：00 前后，但在白天的其他时段均有分布（徐可，2019）。这可能是因为老年人有早睡早起的习惯，更多人会进行晨练。同时老年人由于白天的时间相对灵活自由，因而会在白天时段自由安排休闲性出行活动。

13.2.5　老年人的出行时长特征

随着年龄的增长，老年人的出行总时长降低，单次出行时长变短，总步行时长变长。比如，随着年龄的增长，加拿大老年人的出行时间有所缩短（Moniruzzaman et al.，2016）。并且，出行时间缩短的主要原因是较老的老年人由于体力下降减少了多目的出行，而选择用间断的多次单目的出行取代（Habib et al.，2017）。

通过研究深圳市的相关数据发现，老年人的平均单次出行时长短于非老年人的平均单次出行时长。这可能是由于随着年龄的增长，老年人不再需要外出进行较长时间的强制性出行，如工作与学习等。再细分老年人群体后发现，65 岁以上老年人的出行时长高于 55—64 岁的老年人（徐可，2019）。这可能是由于随着年龄的增长，老年人的体力逐步下降，因此能够维持的出行时长逐步缩短。

从总出行时长来看，老年人每天总的出行时长短于非老年人。这可能是由于老年人不再受工作与学习等影响，所以出行总时长相比于非老年人而言不断减少。再细分老年人群体后发现，65 岁以上老年人的总出行时长高于 55—64 岁的老年人（徐可，2019）。这可能是因为随着年龄的增长，老年人有更多的时间外出进行休闲和锻炼，所以年纪越大的老年人其总出行时长越长。

从总步行时长来看，老年人的步行时长高于非老年人的步行时长。这可能是由于老年人时间充沛、出行多以锻炼身体为目的，也可能是受到经济条件影响，所以更加倾向于采取健康经济的步行出行。再细分老年人群体后发现，65 岁以上老年人的步行时长远高于 55—64 岁的老年人（徐可，2019）。这可能是因为随着年龄的增长，身体机能衰减，先前的社会关系网络也逐步消解，老年人对远距离出行活动的需求逐步降低，因此年纪越大采取步行出行的总时长越长。

总而言之，老年人由于退休后离开了工作岗位，强制性出行占比降低，更多地发生维持性出行和休闲性出行。从出行次数来看，老年人工作和商务等强制性出行的需求大幅下降，年纪越大，出行次数越少。从出行方式来看，欧美国家老年人的出行以私家车为主，而中国老年人的出行以步行和公共交通为主，并且随着年龄的增长，老年人越倾向于选择步行出行方式。从出行时段来看，国内外老年人的出行时段普遍存在主动规避早晚高峰的特点。老年人的休闲性出行集中于早上，但由于时间相对灵活自由，在白天的其他时段均有分布。从出行时长来看，随着年龄的增长，老年人的出行总时长降低，单次出行时长变短，总步行时长变长；老年人的出行次数降低，出行时长变短，同时伴随着出行范围的缩小。

通过对国内外老年人的出行行为特征分析，以及对老年人和非老年人出行行为特征的对比分析可知，相对于年轻人家—工作地的纺锤形活动范围，老年人的日常活动范围则更多地集中于街区尺度和社区尺度，因而对街区和社区范围建成环境存在更高的依赖性。

13.3 老年人日常活动的时空制约

依据社会生态学模型可知，老年人日常活动的时空特征是外部建成环境与自身属性共同作用的结果（Cunningham et al.，2004）。其中，外部建成环境包含了大都市区和建成区尺度的宏观建成环境，如开发强度、土地利用混合度等指标。改善物质建成环境能够改变人的行为，如优化土地利用组合（Li et al.，2005）、可步行性（Marquet et al.，2015）和服务设施密度（Subramanian et al.，2006）等特征可以促进公共交通的发展。但重新设计和重建城市基础设施可能需要几十年的时间。老年人的活动范围集中在居住地周边，因此在研究老年人日常活动的时空制约时往往以居住地为中心展开，研究尺度大多集中在中观和微观尺度。中观尺度包含了街道尺度的各类兴趣点分布。在微观尺度上，由于老年人相较非老年人的活动能力更加受限，社区尺度的设施可达性成为影响和限制老年人日常出行活动的核心影响因素。

本节主要探讨老年人日常活动时空特征的建成环境制约，首先从中观建成区尺度探讨建成环境对老年人出行模式的影响，再从微观社区尺度探讨设施可达性对老年人晚年体力活动的影响。

13.3.1 中观尺度建成环境对老年人日常出行活动的影响

本节主要探讨中观尺度建成环境对老年人不同出行模式的影响。老年人的出行模式受到个人属性和外部建成环境的共同作用。比如，年龄、家庭规模和出行目的均对美国老年人的出行模式产生影响（Boschmann et al.，2013）。相比于独居老年人，非独居老年人会更少使用公共交通（Golob et al.，2007）。收入的增加会减少老年人对公共交通的使用，但随着年龄的进一步增加，老年人的公共交通使用率会加大（Schmöcker et al.，2008）。

老年人的出行模式还受到建成环境的影响。高密度开发、混合土地利用的建成环境产生了更多次但距离更短的日常出行，减少了汽车使用并增加了非机动出行。菲格罗亚（Figueroa et al.，2014）发现在更高密度的环境中，丹麦老年人比非老年人更少使用公共交通出行。在美国科罗拉多州丹佛市，居住在特定类型区的老年人对汽车的依赖程度降低，比其他区域的同龄人使用非机动车出行的比例增加了61%

（Boschmann et al.，2013）。居住在 CBD 附近或公共交通站点附近的老年人更倾向于频繁地使用公共交通工具（Truong et al.，2015）。而居住地周边的设施密度对老年人的步行活动有积极影响（Kemperman et al.，2008），如人行道、花园和商店的分布（Borst et al.，2009）。

　　深圳市居民出行调查数据的研究表明，与非老年人相比，老年人的出行模式受到建成环境的影响更小。从建成环境的多样性因素来看，与老年人不同，土地混合度对于非老年人的影响大。土地混合度越高，非老年人更倾向于选择地铁、公共巴士这两种出行方式。这有可能是由于土地混合度高的区域公交站点等服务设施更齐全。从交通设施要素来看，交通设施的服务能力对于非老年人选择出行模式概率的影响要高于老年人。公交站点密度高的地方更有利于非老年人积极采用步行出行和地铁出行，说明公共交通对于老年人的吸引力低于非老年人（徐可，2019）。这其中的原因可能是公共交通设施在设计之初的目的即为通勤（非老年人服务）。

13.3.2　微观尺度建成环境对老年人日常活动的影响

　　通过中观尺度建成环境的研究不难发现土地混合度对于老年人出行模式有不同程度的影响，但总体而言，老年人日常活动范围受限，受到中观层面环境的影响不及年轻人。相比较而言，社区是老年人进行日常活动的主要范围，社区层面的建成环境对老年人体力活动的影响值得深入研究。同时，将老年人与年轻人的日常活动进行对比后发现，相比于年轻人，老年人的日常活动时间更短、范围更小，与之相对应的体力活动量也显著降低。研究表明，中国只有大约 45% 的老年人能够满足世界卫生组织推荐的日常体力活动最低标准以获得健康收益（Hallal et al.，2012）。中国城市老年人的体力活动达标率更低，只有 9.8%（Muntner et al.，2005；World Health Organization，2010），这也在一定程度上导致了城市老年慢性病发病率的增加（Wang et al.，2015）。

　　在社区尺度，社会和物质建成环境被认为与老年人的体力活动有重要的相关性。例如，活动基础设施的分布和老年人对建成环境的感知都会影响体力活动（Ding et al.，2012；Berke et al.，2007）。同时，老年人每天进出的公寓场地，他们与邻里的社会交往，以及所处社区的物质环境方面都有可能对日常活动构成影响。中国城市的老年人通常可以控制他们对住房的选择（Zimring et al.，2005），大多数老年人住在公寓楼里，增加他们与邻居的互动也会影响他们的日常活动。然而，尽管有可能通过住房、社区和城市基础设施改变老年人的日常活动模式，但仍不清楚改善的建成环境是否会鼓励久坐的老年人开始体力活动，或者只是为那些已经保持良好体力活动习惯的老年人提供更多便利（Andresen，2016）。除了让久坐的人开始体力活动，体力活动的维持也面临着其他方面的挑战（van Cauwenberg et al.，2011）。这些挑战，也被称为体力活动障碍，相比于年轻人更有可能限制老年人的日常活动。体力活动从发起、规范化到保持，已有学者通过行为变化阶段模型（Stages of Behavior Change Models）对其进行了研究，如跨理论模型（Transtheoretical Model）（Marshall et al.，2001）和预防措施采用过程模型（Precaution Adoption Process Model）（Schmöcker et al.，2008）。相对而言，很少有研究考察建成环境如何影响体力活动的变化（McNeill et al.，2006）。对老年人群中社会互动和物质环境的干预对体力活动的有效性知之甚少（Brawley et al.，2003），特别是在慢性病患病率和老年人口比例逐渐增长的中国（Ying et al.，2015）。

本节探讨建成环境如何通过与个人、社会因素的交互作用来改变老年人的体力活动行为（图13-1）（Zhou et al.，2017）。研究运用定性访谈和定量分析相结合的混合研究方法。定性部分用于探索在社区层面影响老年人体力活动改变的个人和建成环境因素。再运用多层路径分析对建成环境、体检和问卷数据进行分析。建成环境数据是从定性阶段生成的日常活动区域的土地使用和兴趣点数据。体检数据来自安徽省淮南市

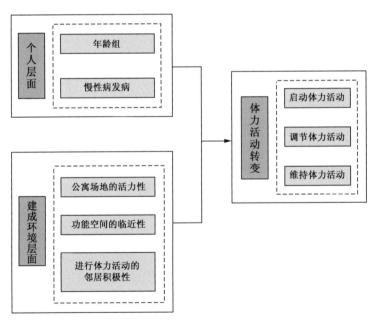

图13-1 体力活动改变影响因素研究的因变量与自变量关系

某街道老年人的六年（2010—2015 年）纵向健康体检数据。问卷数据也在体检过程中收集，包括了个人的社会经济属性（性别、年龄、受教育程度和收入水平）、家庭住址的数据，体检数据（身高、体重和血压、一些慢性病的诊断结果，以及体力活动数据）。在路径分析中，自变量分为两个层面：个体变量包括年龄组和慢性病的发病，同时控制了性别、受教育程度和收入；建成环境层面变量包括在一个公寓中进行体力活动积极的邻居占比、公寓所在地的活力和公寓到功能空间的临近性。因变量为启动、调节和维持体力活动。

定性研究结果表明，老年人的体力活动改变受到个人和建成环境因素的共同作用。个人层面包括三个因素，即年龄或衰老过程、慢性病发作和家庭责任，建成环境层面包括四个因素，即邻居的社会网络、公寓所在地的活力、与功能空间的距离以及空气质量。在对每个因素的频率进行统计和分类之后发现，衰老过程是一个潜在的调节变量，其促进了体力活动的规范化和维持，同时又阻碍了一部分久坐受访者开启体力活动。进一步的访谈表明，这种年龄的极化效应与慢性病发作有关。例如，有很大一部分久坐的受访者患有慢性病，因而不能进行规律的体力活动。因此，慢性病的发病可能是年龄与体力活动变化关系中的中介因素。另一部分人由于年龄的增长，承担起了更多的家庭责任，如照顾他们的孙子或为后代做家务因而没有足够的时间进行规律的体力活动。

在建成环境层面，超过一半的受访者提到他们邻居之间的社交网络是一个启动、调节和维护体力活动的重要因素，他们互相监督，全年进行规律的体力活动。因此，热爱运动的邻居可能会是建成环境与体力活动的变化关系的媒介。在建成环境水平上，一个有活力的公寓似乎可以吸引老年人发起体力活动。同时公寓临近功能空间有助于维持体力活动，有活力的公寓所在地也可能有助于增加他们的体力活动。一些受访者认为他们公寓的位置影响了他们的体力活动。居住在功能空间的附近是一个激励因素，生活在远离功能空间的地方则阻碍了维持体力活动。这一发现主要来自那些 70 岁以上的受访者，在较年轻的老年群体中则未发现。中老年受访者对体力活动的不同看法表明，年龄可以在功能性空间的临近性和维持体力活动之间起到调节作用。

定量研究结果证明了定性研究中所得出的结论（图 13-2）。在个人层面，年龄与体力活动的启动呈负相关，随着年龄的增长，长期缺乏体力活动的人不太可能开始进行体力活动。尽管年龄与体力活动的启动呈负相关，但年龄与体力活动的规范化和体力活动的维持呈正相关。因此，随着年龄的增长，已有体力活动习惯的人会变得更加规律地进行体力活动，并更有可能长期维持。然而，年龄也通过慢性病间接影响体力活动的变化。因为慢性病的发病与年龄呈正相关，与体力活动的启动呈负相关，与体力活动的规范化呈高度正相关，与体力活动的维持呈负相关。

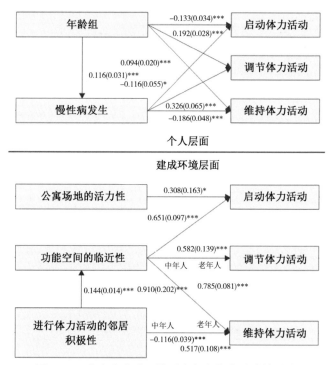

图 13-2　个人和建成环境对老年人体力活动的影响

注：数字是相关系数。＊表示显著性 $p<0.05$；＊＊表示显著性 $p<0.01$；＊＊＊表示显著性 $p<0.001$。

在建成环境层面，参加体力活动的邻居与体力活动的维持在中年组和老年组均呈显著正相关。这一发现与西方国家的研究结果类似（Annear et al.，2009；Giles-Corti et al.，2002；King et al.，2011），再次证明了社区邻里在促进健康行为中的重要作用，即积极锻炼的邻里可以促进中老年人启动、规范化和维持体力活动。公寓场地的活力与体力活动的启动呈正相关。公寓相对功能空间的临近性和体力活动的维持在不同的年龄段有所不同。对于中年组来说，临近功能空间与体力活动的维持呈负相关，老年组临近功能空间与体力活动的维持呈正相关。综合定性访谈内容来看，这主要是由于随着年龄的增加，老年人的身体机能逐步下降，体力减退，居住在距离功能空间较远的老年人逐步失去了到这些空间锻炼的兴致和能力。由此可见，中年人和老年人对社区居住空间存在差异化需求，需要在社区空间规划尤其是老龄友好型社区空间规划中予以重视。

根据路径分析的结果，通过整合居民健康水平和公寓相对功能空间的临近性，识别出三类社区公寓作为老年人健康的干预地点。第一类干预地点（黑色填充）被定义为那些居住在远离功能空间的区域，拥有较多不健康且体力活动缺乏的居民公寓。在这些公寓中，体力活动缺乏已然加速了慢性病的发生且已经迫切需要干预措施。第二类干预地点（实线边界）位于靠近功能空间的位置，为居民相对健康但缺乏体力活动的居民公寓。在这些公寓里，可通过提高体力活动参与度来预防和延缓老年人慢性病的发病。第三类干预地点（虚线边界）被定义为那些不健康，但体力活动参与度较高的居民公寓。在这些公寓里，体力活动缺乏可能不是导致慢性病发病率高的主要原因，因此需要进一步的研究来了解和促进居民健康（图 13-3）。

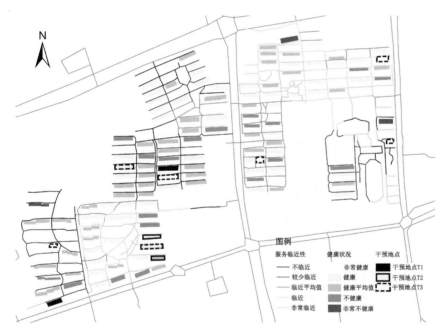

图 13-3　日常活动区域和建成环境干预地点建议

总而言之，老年人的日常活动受城市尺度的影响较小，更多地受到家附近的社区尺度建成环境的制约。老年人的出行模式主要受土地利用混合度、学校密度和超市密度的影响，但是公园密度、超市密度、人口密度对于老年人步行出行的概率无显著影响。而在社区层面，无论是邻里中热衷于健身的积极分子还是公寓所在地的热闹程度和距离各类设施的临近性均对老年人的体力活动构成显著影响。这些发现一方面与已有研究相一致（黄建中等，2019；徐怡珊等，2019），反映了社区尺度建成环境对老年人日常活动的决定性影响，另一方面也揭示了中国城市建成环境对老年人的需求尚缺乏足够的考量，继而造成了老年人日常出行的空间制约。上述内容揭示了不同建成环境要素对老年人健康行为的影响，尤其是体力活动相关行为。而体力活动不仅影响着老年人慢性病的发生，慢性病同样制约和影响着老年人的体力活动。下一节将探讨慢性病与体力活动之间的双向效应，明确两者之间的关系，为未来中国的老龄化健康政策和规划措施提供建议。

13.4 老年人体力活动的健康效应

通过以上分析不难发现，建成环境，尤其是社区建成环境可先影响老年人的体力活动，进而影响老年人的身体健康。研究表明，经常锻炼可以预防和延缓中老年人慢性病的发生（Hughes et al.，2011；Warburton et al.，2006）。常规的体力活动已被证明可降低心血管疾病（Macera et al.，2003）、高血压和高胆固醇血症（Myers et al.，2002）和 2 型糖尿病（Warburton et al.，2006；Myers et al.，2002）的风险，并可作为预防和延缓心血管疾病（Franklin et al.，2003）、糖尿病（Gregg et al.，2003）和肾功能不全（Hawkins et al.，2011）的有效方法。重要的是，人们不同的健康观念如何转化为积极或消极的体力活动行为，可能在一定程度上解释了生命后期的健康差距。因此，应同时考虑体力活动与慢性病之间的双向关系，以了解体力活动如何影响慢性病的发病和进展，以及慢性病如何影响人们的体力活动行为，从而导致体力活动和慢性病的双向效应。

本节旨在探讨慢性病与体力活动之间的双向效应。通过测试体力活动与不同慢性病发病的双向关系可推断出未来健康人群的生命轨迹，为中国未来的老龄化健康政策和规划措施提供建议。本节同样采用了上一节所提到的 2010—2015 年纵向老年人健康体检数据进行量化分析。首先用二元逻辑回归分析慢性病发作前后体力活动的变化，再运用比例风险回归模型研究体力活动对慢性病发病的影响。

13.4.1 慢性病对体力活动的影响

慢性病的发生并不能改变久坐群体的体力活动特征，但是能促进已经进行体力活动的老年人加强他们的活动（图 13-4）。心血管疾病的确诊对原本持有不同体力活动习惯的老年人的影响截然相反。对于原本久坐的老年人而言，心血管疾病的确诊让他们更倾向于不运动，但是会促使那些原本已进行体力活动的老年人加强体力活动。对于患有另外三个高度流行的慢性病或慢性症状——高血压、超重和肥胖的老年人而言，已有体力活动的老年人更有可能改变和加强他们的体力活动。这说明，慢性病的发生是导致老年人改变体力活动行为的重要触发器，尽管对于持有不同健康观念的人，这种触发效果可能截然相反。一些久坐的老年人认为慢性病的发生是体力活动的一个障碍，如担心体力活动会加重他们的疾病症状。相反，随着年龄的增长，那些经常运动并随后患上慢性病的人更有可能认为自己的锻炼不够才导致了患病，进而会增加他们的体力活动。同时，老年人在慢性病发作后体力活动如何改变也取决于疾病本身的特点。例如，患有心血管、肝胆系统疾病的人不太可能积极主动地进行体力活动。反之，患有肥胖和"三高"（高血压、高血糖、高血脂）的老年人则更倾向于反思自己的运动不足，并因此增加他们的已有锻炼行为（Zhou et al.，2018）。

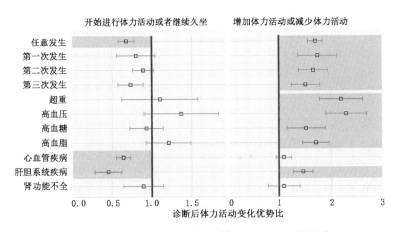

图 13-4　不同慢性病的诊断对体力活动变化的影响

13.4.2　体力活动对慢性病的影响

总体而言，进行体力活动有助于延迟慢性病的发生。分析表明，规律的和不规律的体力活动都与慢性病的延迟发作呈显著正相关。根据活动组和久坐组的发病年龄中位数发现，体力活动的练习能够使慢性病的发病年龄中位数推迟 7 年；让超重、肥胖和糖尿病的发病年龄中位数推迟 8 年；让高血压和高血脂的发病年龄中位数推迟 7 年；让心血管疾病的发病年龄中位数推迟 4 年。此外，参与体力活动超过 3 年与所有慢性病的诊断延迟呈显著相关，特别是高血脂、心血管疾病、肾功能差、高血压、糖尿病（Zhou et al.，2018）。这些发现与欧美国家的研究结果相一致（Macera et al.，2003；Warburton et al.，2006），充分说明了促进老年人日常体力活动的重要性。

本节的相关研究表明了老年人的体力活动与慢性病之间的双向作用关系。这种双向作用导致了慢性病对老年人日常活动的极化效应。换言之，体力活动爱好者与不活动的老年人的晚年生活轨迹将有较大差别。当爱好体力活动的老年人被诊断出慢性病时，他们的日常活动会增多，体力活动时间会延长，规律的体力活动反过来或可有效延缓慢性病的进程。相比较而言，不活动的老年人被诊断出慢性病时，更不可能再尝试进行锻炼，而进一步的久坐行为习惯会带来身体机能的加速下降和疾病的加速进程，继而更早迎来身体失能和对日常照料的长期依赖。这种慢性病的极化效应更加充分说明了通过改善城市多尺度建成环境来促进老年人日常体力活动的重要健康意义。通过以上各个小节内容可知老年人出行行为的时空特征、不同尺度建成要素对老年人健康行为的影响以及慢性病与体力活动的双向效应，再层层深入剖析建成环境—体力活动—健康效应的内在作用机制。下一节将对中宏观以及微观尺度的建成环境提出适老化的规划和设计建议。

13.5 本章小结

城市居民日常活动范围可被划分为社区生活圈、扩展生活圈和机会生活圈三个圈层（黄建中等，2019）。老年人的日常活动具有高频次、短时长、错高峰和步行为主的特点，导致老年人超过 85% 的日常活动都集中在社区生活圈，即本章所述的微观尺度。本章的研究表明，社区生活圈的建成环境，包括社会层面（邻里社会网络）和物理层面（功能设施的可达性等）均会对老年人的日常活动构成显著的影响。这种影响在老年人内部也存在较大差异。而老年人不得不面对的身体机能下降和慢性病所带来的极化作用又造成了他们日常活动时长和活动范围的进一步分化。这意味着社区生活圈尺度的规划与设计需紧密结合老年人日常活动的时空特点，并且应考虑到老年人群体内部的显著差异。出于对老年人的健康考虑，社区生活圈规划一方面需要从功能设施的时空配置角度尽可能满足老年人的需求，另一方面在社区服务中需要满足不同老年人的差异化需求。例如，在第 13.3.2 节中所述，针对社区内部不同需求的群体进行更为精细的划分和相应功能的营造，以促进老年人群体的总体健康，避免老年人健康状况的过度分化和对外部照护和医疗资源的过度依赖。

中宏观尺度的建成环境主要对应于老年人的扩展生活圈和机会生活圈。考虑到老年人的出行模式以步行和公共交通为主，未来城市的适老化空间规划需要为老年人提供可步行的以及无障碍、低风险的公共交通路径。尽管目前中国老年人的驾车比例不高，但家庭拥有小汽车会显著延长老年人的出行时间。这说明当前老年人并非对扩展生活圈和机会生活圈的需求较少，可能正相反，恰恰因为目前城市中的通勤问题和功能场所的适老化程度不足造成了老年人日常活动的时空制约，将大多数老年人限定在了社区这一相对狭小的范围内。随着私家车拥有比例的逐步上升和驾驶技能的进一步普及，中国未来一代老年人的出行模式可能会较现在的老年人发生较大变化。因此，未来的老龄友好型城市规划需考虑老年驾车一族的安全、健康和无障碍需求，为大规模的城市老年居民提供相对丰富、广泛和可持续的城市生活空间。

14 时空行为与城市体检

在 2015 年 12 月中央城市工作会议上，习近平总书记提出"建立城市体检评估机制"，要求提高城市的承载力和抵御自然灾害、防范风险的韧性，推进城市健康、有序、高质量发展，建立常态化的城市体检评估机制。为了贯彻落实中央城市工作会议精神，把新发展理念贯穿到城市建设管理的全过程，全面推动城市高质量发展，使城市体检真正成为检验城乡建设管理工作的重要手段，国内部分学者与城市相继开展了城市体检研究与实践工作，其中上海市、北京市东城区的城市体检实践构建了数据驱动方法下的基于多源时空数据的动态城市评估技术框架。在总体趋势上，城市体检逐渐覆盖全国各省市，但现有的绝大部分城市体检实践仍旧侧重于年度体检，在指标体系的构建中也缺乏对人的时空行为与城市动态运行状态的关注。因此，城市体检需结合时空行为研究范式，以符合当前城市规划理念人本化、数据多源化、实时动态化、时空精细化的发展方向。

14.1 城市体检的背景、内涵与意义

14.1.1 城市体检的背景

1) 城市体检推动城市治理精细化

改革开放以来，我国经历了世界历史上规模最大、速度最快的城镇化进程。国家统计局发布的《中华人民共和国 2019 年国民经济和社会发展统计公报》数据显示，2018 年我国城镇常住人口为 84 843 万人，城镇化率已达到 60.60%。城市化进程的快速推进，不可避免地带来了城市膨胀、交通拥挤、环境质量下降、基础设施配套不足、能源效率不高等问题。我国已进入大城市病高发期。根据中国社会科学院城市发展与环境研究所 2014 年发布的《中国城市发展报告》可知，我国近九成的地级以上城市处于"亚健康"状态，交通拥堵、环境污染、生态恶化

等"大城市病"问题凸显，严重影响居民的生活质量，制约经济的进一步发展，违背城市健康、有序、可持续的发展模式。

2015年12月，针对城市工作在城市发展新阶段所面临的问题和发展目标，中央再次召开全国城市工作会议，会议强调贯彻创新、协调、绿色、开放、共享的发展理念，坚持以人为本、科学发展、改革创新、依法治市，转变城市发展方式，完善城市治理体系，提高城市治理能力，着力解决城市病等突出问题，不断提升城市环境质量、人民生活质量、城市竞争力。在该背景下，城市治理亟待转型升级。在思路上，需将城市发展模式由过去片面注重城市规模扩大、空间扩张，转变为以存量优化调整和城市内涵提升为中心；在内容上，城市治理从唯经济增长转向社会、环境与经济并重，开始关注社会运行、环境质量、生活质量等方面；在视角上，从宏大叙事到日常生活转向的趋势已经显现，城市治理的精细化、人本化的程度不断加深。在存量优化的导向下，城市治理将更加依赖智慧化的城市治理与运营工具对城市系统的运转进行实时监测、直观展现和科学评判（柴彦威等，2017）。

2）城市大数据为城市体检提供契机

地理国情普查与监测工作的开展使数据源获取途径具有持续性，对城市病的监测成为可能。2013—2015年开展第一次全国地理国情普查工作，摸清地理国情家底，通过科学揭示资源、生态、环境、人口、经济、社会等要素在地理空间上相互作用、相互影响的内在关系，准确掌握、科学分析资源环境的承载能力和发展潜力，从而有效应对各种风险挑战。地理国情普查与监测及未来几年开展的地名、地下管线普查为"城市体检"做了充足的数据准备和城市素材储备（温宗勇，2016）。

此外，海量、动态、细颗粒度的时空行为大数据带领城市规划建设管理进入大数据时代（柴彦威等，2014a）。目前，研究者已逐渐摸索出新数据环境下包括数据采集、清洗、整理、存储、抽取、建模、可视化、智能分析、预测在内的决策新思路。大数据分析与城市规划、管理、服务的结合，能够使管理者洞察到传统方法难以捕捉的城市问题，揭示城市空间关联，探索城市发展规律。多维多源的数据，为描绘城市、感知城市、认识城市、理解城市、重塑城市，创新城市的公共服务，以及城市的社会治理提供了有力支撑（柴彦威等，2014b）。随着大数据分析及处理能力的发展，数据开放的趋势日趋增强，可供使用者与研究者利用的数据逐步增多，多源数据的融合使得将抽象的城市具象化成为可能。因此，运用多源时空数据，通过"城市体检"反映城市运行状态及潜在问题，为规划、管理、决策提供依据，使之前的经验式决策变得更为科学，成为新时代背景下城市管理与决策的必然趋势。

14.1.2 城市体检的内涵

城市体检，实质是依靠专业知识和数据驱动定量评价等方法，利用多源数据和评价指标体系，实现多角度把握城市实时运行状态，是对城市发展状况与质量的精细化、综合性判断。城市体检基于多源数据构建多维指标体系，用多维指标体系刻画复杂多元的城市系统，直观、精细、全面地表征城市的发展状况，实现多角度把握城市实时运行状态，进而辅助日常管理，支撑发展决策，推进智慧城市管理和民生智慧服务。

城市体检应具有以下特点：直观，将复杂的城市系统抽象为合理、全面且清晰的指标体系，定量表达、可视化展示城市发展状况，使城市发展状况的监测、诊断更为直观；动态，细化时间维度，将静态评估转化为动态诊断，结合静态、半动态与动态数据，多层次评估城市运行状态；多元，融合多源数据，提炼多维指标，多角度描述城市运行中的各个子系统，使城市发展状况评估更加立体；持续，建立城市发展状况持续监测框架，为探索城市规律、识别城市现状问题、预测城市发展方向提供基础。

14.1.3 城市体检的意义

在以往的城市规划体系中，一般通过"城市规划评估"来评价城市规划实施的情况，将规划中的约束性指标及预期性指标作为评估和判断的标准。然而这样的规划评估有以下四个方面的不足：首先，从实施机制角度来看，规划评估周期较长，局部目标与整体目标可能存在偏差和离散，且规划的控制性强而引导性弱，规划评估则偏静态而动态性不足；其次，从行政审批角度来看，法定规划的时效性往往与实际的城市发展状况脱节；再次，从规划实施的外部环境来看，市场驱动与城市引导方向间的差异常导致规划实施中的建设布局难以完全按照既定的方向发展，规划编制与管理缺乏弹性，规划的权威性也常常受到挑战；最后，从规划执行角度来看，城市化快速发展的背景给规划的适应性带来了巨大的挑战。城市体检与城市规划评估存在以下两个方面的核心差异：

1）研究对象和目的不同

"城市规划评估"的重点是回答规划的实施程度及问题，而"城市体检"是对城市日常状态的综合诊断，目的是评判城市发展的重点问题、总结重要趋势、发现城市规律、辅助日常管理、支撑核心决策。

2）精细化程度不同

规划编制前期、中期或后期评估更多的是静态的研究，而城市体检暗含了更高的时效性，突出城市发展的动态水平。城市体检指标体系中也可以包含对有关规划的评估内容，但由于运用多源时空行为数据，其对实时性、精细化、多角度的要求使得城市体检比城市规划评估更复杂也更全面。

鉴于"城市体检"的内在含义、特点及其与规划评估的差异，城市体检的意义与必要性尤其表现为以下方面：

首先，"城市体检"是城市战略规划的重要步骤。城市建设及管理要在尊重城市发展规律的基础上，科学认识城市中的人—地关系。城市发展体检评估能够在定量表示城市发展状况的基础上，利用数据驱动算法来探索城市发展规律，为制定城市发展战略规划提供科学依据。

其次，"城市体检"是政府决策有效落地的重要保障。在新一轮的城市发展中，在"总量锁定、增量递减、存量优化、流量增效、质量提高"的管理思路下，大规模的城市建设将逐步被精细化的城市修补和精准化的品质提升所取代，城市工作强调在整体把控的情况下从细节入手，多次、持续、精细、循序渐进地改善城市运行和城市发展中所存在的问题。城市体检对时间、空间及人群均进行了细化，注重把握城市各主体间、各维度间的关联和辐射面，评估决策影响主体和影响范围，有利于政府针对新时期的核心工作制定精细化的、针对性强的、系统性的政策措施。

最后，"城市体检"是政府日常管理、监测和决策的有利支撑。新时期的城市管理需要城市管理者在日常的管理、监测和决策过程中掌握更实时、更精准的城市运行状态，动态了解城市各主体的时空分布特征，对关乎城市安全的突发公共事件及时做出反应。

14.1.4 城市体检国内外案例

自20世纪90年代的"面向21世纪教育振兴行动计划"开始，城市评价准则和监测指标不断涌现（Marsal-Llacuna et al.，2015）。国际上以综合性城市监测为主，多应用于城市区域的整体评价与城市间比较，以联合国可持续发展目标（SDGs）中的城市可持续发展指标与英国伦敦规划年度监测报告为代表。联合国可持续发展目标的第11大类目标（SDG11）是"可持续城镇"，即"建设包容、安全、有韧性的可持续城市和人类住区"，指标囊括了城市社会、经济、环境、安全、制度等诸多方面，从联合国方面反映了当前国际社会最为普遍关注的城市可持续发展问题，为城市间的可持续发展比较研究提供了一个统一的评价框架（王鹏龙等，2018）。伦敦以专业性监测为目的，强调定量分析，基于伦敦发展数据库，针对 6 大核心目标、24 个核心指标进行年度评价。城市监测报告严格对应规划目标反映政策实施的绩效，形成"规划—监测—管理"的作用机制（周艳妮等，2016）。但现有的城市评估指标时空精度较低，对城市内部区域的关注不够；小尺度上的研究则侧重于建筑能源使用等具体面向（Hedman et al.，2014），不具备区域综合性评判功能。

国内部分学者与城市相继开展了城市体检研究工作。2010 年，清华同方在国内首次提出"城市运行体征"的概念（柴彦威等，2017），运用物联网、云计算等科技手段进行基于"城市运行体征"管理的"智慧城市"建设，对城市运行体征进行监测分析、数据处理，对事件和事故进行应急处理，有效保障城市高速、健康运行，让城市更具智慧的感知能力。一些学者以北京、上海等城市为案例进行了构建城市运行体征评价体系和相应的管理平台的尝试（钱宁等，2014）。国内最早的城市运行体征监测系统为服务 2008 年北京奥运会的城市运行监测系统，该平台整合了涉及北京众多城市管理和城市运行的数据与信息，基本实现了对城市运行状况的总体监测（武利亚，2008）。2015 年，北京市测绘设计研究院率先提出"城市体检"的概念，并结合第一次全国地理国情普查工作进行城市体检试点，提出了四部曲的城市体检总体思路——确定体检指标、制定健康指数、测出体检报告、诊出城市病因，并以丰台区河东地区 14 个镇街作为具体研究区域，完成了"城市体检"评估报告（温宗勇，2016）。

但以上体检评估多以静态、城市口径的数据为基础构建和计算评价指数，缺少对城市中人及其活动的关注。随着大数据与信息技术的发展，城市体检的动态性与实时性得到关注。2016 年，上海市开展了城市体征诊断，探索了数据驱动方法下、基于多源数据的从城市体检到动态监测的城市评估技术框架，类比人体生命体征，构建了一套覆盖城市运行通用数据的监测指标体系（柴彦威等，2017）。2017 年起，北京市着力建设"一年一体检、五年一评估"的城市体检评估机制，开展年度体检，对城市建设运行情况进行实时监测、定期检查。2018 年，北京市东城区借鉴了上海市城市体征诊断经验，利用大数据开展了网格诊断与监控预警，完成了网格体征诊断指标构建，提高了城市网格诊断的科学性与准确性。2019 年，住房和城乡建设部启动全国首批城市体检评估试点工作，沈阳、南京、厦门等 11 个城市被列为试点城市，已全面开展城市体检评估工作。

此外，街道、社区等细颗粒度城市体检也逐渐受到重视。2015年北京开展城市体检试点工作，选取丰台区三个镇街开展街乡级体检评估；此后在月坛街道、大栅栏街区进行专项城市体检的探索，有效推进了政府"精治、共治、法治"。2018年2月18日举行北京街道工作会议，要求建立街道发展综合评价体系，定期以街道为单元对公共服务、城市管理、生活品质、环境卫生、营商环境、景观风貌等进行综合评价，加强对街道工作的整体把握和分类指导。北京城市象限科技有限公司等机构通过信令数据、物联感知等社会大数据构建指标，搭建数据库与数据平台，进行了北京市街道体征诊断与人居环境检测的初步尝试。指标体系主要包含两大类：用地与建筑特征、人口特征。其中，用地与建筑特征主要利用建筑、路网等数据诊断用地强度、用地类别、建筑面积、建筑密度等传统街道体征；人口特征主要使用手机信令数据与统计数据对人口数量、年龄结构、人流量、出行量、居住迁徙、休闲距离等指标进行测算，并借助互联网地图路径计算居民不同尺度的可达范围，初步体现出人群在街道内的时空活动特征。

总体来看，城市体检逐渐覆盖全国各省市，但现有的绝大部分城市体检实践仍旧侧重于年度体检，重点回答规划的实施程度及问题，为落实规划情况提供督导和考核，在指标体系的构建中也缺乏对人的时空行为与城市动态运行状态的关注。因此，城市体检在核心理念与实施机制方面均需要进一步探究，以符合当前城市规划理念人本化、数据多源化、实时动态化、时空精细化的发展方向。

14.2 时空行为融入城市体检

14.2.1 城市体检的理论基础

时空行为视角下的城市体检的理论基础包括行为主义地理学、时间地理学和活动分析法。行为主义地理学强调人的主观认知与选择，试图了解人们的思想、感观、对环境的认知，以及空间行为决策的形成和行动后果。时间地理学强调人所受到的制约，以及围绕人的外部客观条件将时间和空间在微观个体层面相结合，通过时空路径、时空棱柱、制约、企划等概念及符号系统构建其理论框架。活动分析法对时间与空间、选择与制约、活动与移动的关系在城市活动—移动系统中进行综合考虑（柴彦威等，2014a）。

在传统以物为本的年度城市体检机制中全面融入时空行为，能够弥补对城市活动系统研究不足、对居民活动—移动需求分析不透、对行为决策机制了解不多以及对居民满意度考虑不够等弊端，做到城市体检真正以人为本。第一，融入居民时空行为的城市体检分析成果能够促进城市规划编制的科学化和人本化。第二，以居民时空行为特征及规律为基础进行城市体检诊断，能够突破现有城市管理中的城市人口分布的汇总、静态的处理分析方式，推进城市治理的精细化、动态化及智慧化。

14.2.2 城市体检的理论建构

城市是一个典型的开放的复杂巨系统，从行业的角度来讲，具有生产、科研、交通、经济、金融、能源、土地开发等诸多层面；从时间的角度来讲，具有工作日、节假日、周末、工作时段、早晚高峰等多个维度；从空间的角度来看，具有行政区、县、乡、街道、社区和商业片区等多个层级。各层面、各维度均可视为一个子系统，这些子系统相互嵌套、相互关联、相互影响，共同作用于城市，形成一个多方竞合的城市巨系统。这使得城市运行状态涉及方方面面，彼此关联，关系复杂且不易表达，对城市运行状态的评估也往往难以做到直观且全面。另外，随着城市规模的迅速扩大和城市运行的深刻变化，城市子系统间的关系将更为复杂，对城市运行状态的表达与评价将更加困难。

为有效地保障城市的安全和可持续运行，基于时空行为视角的城市体检以地块为研究单元，结合了空间基础数据与城市居民时空行为数据，将城市人口系统、城市建成环境系统、城市运行系统和城市活动—移动系统四大系统综合考虑，串接和联系了人、地，静态和动态的各类城市子系统（柴彦威等，2017）（图14-1）。其中，第一象限为基于人的动态系统，即城市活动—移动系统，具体指城市居民时间利用、城市居民活动空间与城市设施可达性等内容，展现出人在城市中的动态过程；第二象限为基于人的静态系统，即城市人口系统，包含人口、居住、就业等内容；第三象限为基于地的静态系统，即城市建成环境系统，主要体现出生态环境、土地利用、基础设施布局等内容；第四象限为基于地的动态系统，即城市运行系统，交通运行、设施利用、市政运行等是该系统的重要内容。这四个子系统之间并不是完全割裂的，而是相互作用、相互影响，从而有机结合成完整的、生动的城市评估系统。通过对城市四大子系统进行评估，在不同时空尺度给予城市直观、实时、完全、可信的城市画像和城市监测，从而为城市管理者提供建设美丽城市的决策支持。

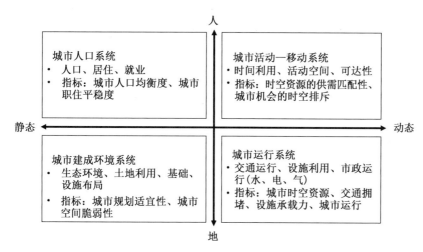

图 14-1　城市体检的理论构建

14.2.3　城市体检的系统架构

城市体检的系统架构需要整合城市活动—移动系统、城市人口系统以及城市运行系统与城市建成环境系统的人与物两个层面，即城市系统运行的量化反应便是城市体检，体现了城市综合承载能力与城市综合响应能力（图 14-2）。

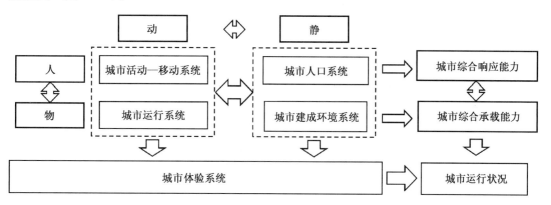

图 14-2　城市体检的系统架构

城市综合承载能力指城市的资源禀赋、生态环境、基础设施和公共服务对城市人口及经济社会活动的承载能力，包括整个城市的资源环境承载力、能容纳多少人口、能承担多少就业、能提供什么程度的生活质量等，它是资源承载力、环境承载力、经济承载力和社会承载力的综合。城市建成环境系统一方面体现了原有自然资源的承载状况，另一方面体现了对人口的承载状况；而城市运行系统则更侧重于城市内部的人流、货流、信息流等流要素的承载状况，特别是交通流和人流，它们是对人在城市中的活动与移动的直接反应。

城市综合响应能力是针对极端天气、洪涝等自然灾害以及人流拥挤、交通拥堵、环境污染等突然安全事件预防排查、及时反应、应急处理、快速恢复的能力。虽然应急响应是对城市突发公共事件的响应，但是预防排查、危险预警和应急预案这些相应的配套尤为重要。只有"防患于未然"才能为城市安全做好保障，应监测、管控、调节好城市中的人流、交通流、信息流，大大提高城市体检监测能力，把握城市安全的脉搏，提升城市综合响应能力。城市综合承载能力和城市综合响应能力相辅相成，共同构成城市运行状况。因此，城市体检系统必须综合考虑"四大子系统""两大能力"，真正发挥出诊断病症的效果。

14.2.4 城市体检系统数据整合

、 为了让城市体检综合体现城市四大子系统的运行状态，需要充分挖掘人与物两个层面的房屋、规划、土地、交通、城市管理数据以及人的行为活动数据，并在此基础上构建城市体检数据云平台（图 14-3）。

房屋规划土地数据包含来源于城市规划、国土资源、房屋管理部门的各类规划编制与实施数据，土地利用现状与规划数据，房屋现状与规

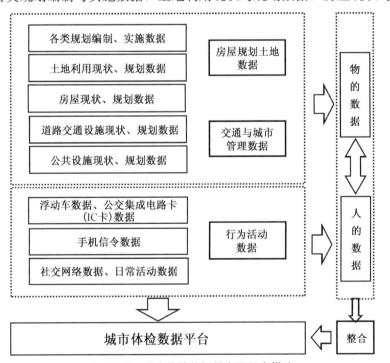

图 14-3　城市体检数据整合及平台搭建

划数据，给予地块静态的建成环境画像，为后续动态行为的分析提供具有属性信息的空间单元。交通与城市管理数据包括来源于交通管理部门的道路交通设施现状与规划数据以及来源于城市建设管理部门的公共设施现状与规划数据，这一类数据主要针对地块上的面状、线状和点状设施，与规划数据共同构成物的数据大类，搭起了城市数据平台的骨架。

与上述较为静态的数据源相对，来源于交通管理部门、移动网络运营商、互联网公司的行为数据更加动态。这些数据源所提供的浮动车数据、公交 IC 卡数据、手机信令数据、社交网络数据、日常活动数据关注人的活动，特别是包含地理位置信息的移动活动。有了这些数据，城市数据云平台增添了血肉，丰富的流信息值得城市研究者挖掘，可以为城市管理者提供更具时效、更多维的洞见和策略。

14.2.5　城市体检的时空尺度

1) 时间尺度——从常态到风险

部分属性数据偏于静态，体现城市尺度的特征；设施类指数具有较长的时间尺度；浮动车、公交 IC 卡、手机信令等反映居民活动的数据源具有较短的时间尺度。由此，可以将城市体检区分为三个时间尺度——常态、日常、实时。常态以年、月为时间尺度，关注建成环境、常住人口等稳定的城市特征；日常以一日 24 h 为时间尺度，关注一日活动与流以及就业、居住、公共服务等城市功能；实时以小时为时间尺度，重点关注变化幅度较大的流的数据，用以监控和预警。

2) 空间尺度——从市域到街道、社区

城市体检的最大空间单元应为市域，较大空间单元为区县，最小空间单元应结合城市特性自行选取，一般选取街道/社区。一方面，城市体检的最小空间单元应当适宜，尺度过大会忽视城市基本空间单元的运行状态，尺度过小则涵盖太多细节和冗余信息，增大无用的数据量；另一方面，这个空间单元需要能够关联和对接静态的人口普查、经济普查、房屋规划土地信息以及动态人流、交通流、信息流等多源数据，因此将最小空间单元定为街道/社区一级较为合适。有了这三个尺度，城市体检可以更好地服务于对应空间尺度的城市管理者，为该空间尺度上显现和发生的城市问题与隐患提供数据分析的支持。

3) 时空尺度组合

根据上述时间尺度与空间尺度的划分，可以进行时空尺度的组合，得到 12 个时空组合尺度（图 14-4），具体为城市常态、区县常态、街道常态、城市日常、区县日常、街道日常、城市实时、区县实时、街道实时。时间与空间尺度上均从最小尺度向上汇总，进而可以得到各类尺度的城市体检数据。

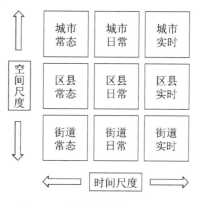

图 14-4 城市体检的时空尺度

目前，国内已有部分实践尝试构建多源大数据支持的细分时空尺度的城市体检体系，综合考虑城市运行中的经济、社会、环境响应，关注人及其活动的动态状况，并应用于城市问题诊断与城市运行规律分析。

14.3 时空行为视角下的城市体检探索

2016 年，上海市参考健康体检指标的构建形式，构建了城市体征动态监测指数体系。"体征"是医学事实和特征的客观指征，可用来获取（包括推断）关于病人和疾病的信息（King，2014）。体征常常可以将抽象的复杂人体系统进行具象的定量描述，以反映人体的运行状态和健康程度。城市这一复杂的巨系统，其运转的机制和复杂程度与人体具有相似性。类比于人体，复杂的城市系统可被视为生命体，这一生命体的运行状态的指征就是"城市体征"。指数体系包含四个二级指数：属性指数、动力指数、压力指数和活力指数（表 14-1）。通过属性指数把握区位特征，反映空间单元的土地、人口等基本属性和状态。动力指数偏重于挖掘禀赋动力，反映城市宜居水平、经济发展的势头及动力。压力指数主要用于监控运行状态，反映城市设施运行压力以及城市拥挤程度。活力指数展示城市日常活动动态，反映城市内居住、商业、创新等活动与联系的动态情况。在此基础上又将城市体征诊断指数分解为 8 个三级指数和 19 个四级指数（表 14-2）。城市体征诊断数据来源于上海市规划、统计、公共交通、通信等部门，涵盖各空间尺度土地利用类型、开发状况、建设强度等规划数据，人口普查与经济普查等统计数据，出租车轨迹和接送客位置等公共交通数据，三大移动通信运营商之一的全网手机用户数量、通话信息以及位置信息等通信数据。

表 14-1　城市体征诊断指数的维度分解

二级指数	意义	类比
属性指数	反映空间单元的土地、人口等基本属性和状态，用以把握其类型特征	身高、体重、身体质量指数（BMI）
动力指数	空间单元经济社会发展的基础禀赋和动力	肺活量、血氧饱和度
压力指数	反映城市设施运行压力以及城市拥挤程度，起到风险评判与预警作用	尿蛋白、心理压力
活力指数	动态展现空间上的人的活动及交通、信息等流的联系	消耗能量、摄入营养

表 14-2　城市体征诊断指数体系

一级指数	二级指数	三级指数	四级指数	指标计算方式
城市体征诊断指数	属性指数	建设指数	土地开发潜力指数	未开发土地面积所占比例
			土地建设强度指数	建筑密度
			土地混合利用指数	土地利用混合程度的熵值
		人口指数	人口素质指数	常住人口中本科及以上人口所占比例
			职住平衡度指数	从业人口与常住人口所占比例
	动力指数	经济指数	经济发展水平指数	0.5×（标准化企业数＋标准化企业从业人员数）
			经济开放程度指数	0.5×（标准化外资企业数＋标准化外资企业从业人员数）
		绿色指数	空气质量指数	空气质量指数（AQI）
			开敞空间指数	绿地广场面积所占比例
	压力指数	运行指数	交通运行指数	浮动车的平均车速
			市政设施运行指数	实际负荷与最大稳定负荷的比值
		拥挤指数	人流热度指数	单位面积位置请求数
			人流变化率指数	位置请求数的变化率
	活力指数	活动指数	居住活动指数	单位面积居住活动人次＝（居住用地面积/总面积）×总活动人次/总面积
			商业活动指数	单位面积商业活动人次＝（商业用地面积/总面积）×总活动人次/总面积
			创新活动指数	单位面积创新活动人次＝（创新技术人员数/总就业人员数）×总活动人次/总面积
		联系流指数	人流联系指数	以某空间单元为起讫点的人流量
			交通流联系指数	以某空间单元为起讫点的浮动车流量
			信息流联系指数	以某空间单元为起讫点的手机通话时长

指数体系中初步运用时空行为视角，特别体现在压力指数与活动指数方面。压力指数包含运行指数和拥挤指数两个三级指数，以及交通运行指数、市政设施运行指数、人流热度指数、人流变化率指数共四个四级指数，该指数重点运用手机信令数据等时空大数据来监测实时交通流量与人流量变化，测算城市内运行系统的压力程度、流量拥挤程度并预判趋势，表征运行风险与拥挤风险发生的可能性，在一定程度上起到监控预警的作用。活力指数包含活动指数与联系流指数两个三级指数，通过对不同时间尺度的居住活动、商业活动、创新活动的密集程度，人流联系、交通流联系、信息流联系强度指数的测算，表征上海市全域、区、普查区等空间上的要素的活力，反映城市中的居民日常活动、交通出行和经济活动对于城市生命机能、生态环境和经济社会的支持程度。

通过对数据进行计算，得到上海市不同时空尺度的一至三级指数值（图14-5）。根据综合体征诊断指数，能够对上海市不同区域的体征健

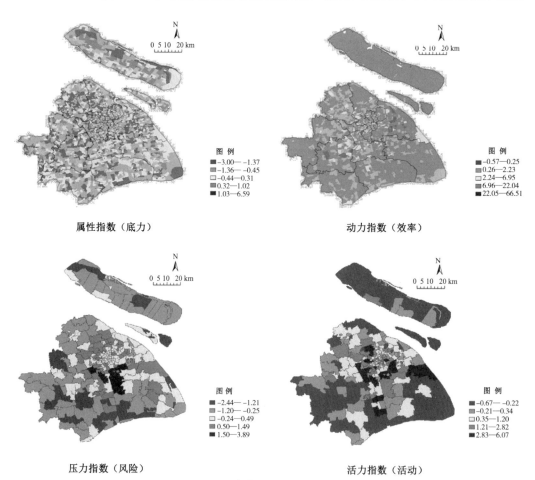

图 14-5　上海市域二级指数空间分布

康状况进行评级，形成对城市各个方面的度量及评价（图14-6）。此外，动态监测指标的波动能够及时识别城市运行中的问题，辅助城市管理。

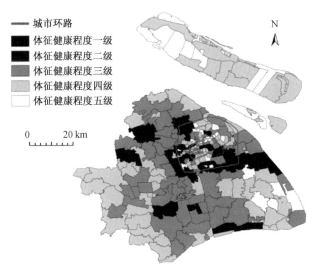

图14-6　街道日常尺度下上海市城市体征诊断评级空间分布

尽管2017年上海市城市体征诊断机制及指标体系初步体现出时空行为视角，但仍有一些不足与遗憾之处。由于缺乏居民日常活动—移动行为调查数据，部分指标只能采用现有手机信令数据等行为相关时空大数据进行测算，在一定程度上无法反映居民真实行为轨迹与需求，无法诊断相应问题，影响规划编制与设施供应。此外，上海市城市体征诊断实践中的城市人口系统、城市建成环境系统、城市运行系统和城市活动—移动系统四大系统相对孤立，缺乏整合性指标，对聚焦与分析重点问题具有一定影响。

2018年，北京市东城区吸取上海市城市体征诊断的经验，开展大数据网格诊断与监控预警项目，通过结合时空行为，完成网格体征诊断指标构建，为监控预警提供支撑，提高城市网格诊断的科学性与准确性，实现网格管理的精细化与动态化。

东城区网格诊断与监控预警指标体系更加突出人本主义与时空行为视角。在城市体征监控预警基础研究之上，通过借鉴时间地理学方法，对人的行为指标进行调研和采集，在属性指数、动力指数、风险指数之外增加行为指数，构建不同时间尺度上基于居民时空行为的网格体征指标（图14-7）。行为指数又细分为时空分布指数与时间分配指数，重点考察居民活动范围、家外活动率、通勤距离等活动空间特征及休闲活动、工作活动、家庭活动等时间特征，分析并总结居民活动—移动行为与城市空间的互动状况。

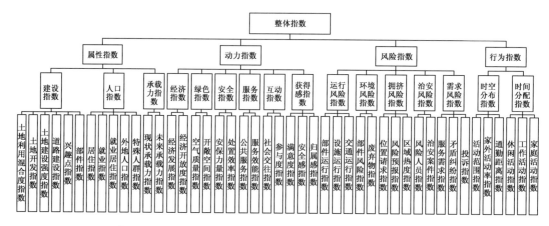

图 14-7　北京市东城区网格诊断与监控预警指标体系整体架构

东城区个体行为数据的采集可以划分为以下四个步骤：第一步，进行调查方案的设计，其中包括对现有东城区整体人口结构、街道发展状况、建成环境要素的考察，以选取合适的案例地区，以代表东城区的整体发展状况。第二步，进行地区空间综合调查，通过与居委会管理人员和社区典型居民的半结构化访谈确定正式调查的社区，并开展地区空间基本特征的考察，根据社区人口与住房结构特征确定最终的调查规模。第三步，开展预调查和正式调查。预调查的目的包括了解居民对调查方式与内容的接受度、居委会的配合程度和设备平台的测试与调整等。在对预调查出现问题进行妥善解决后，根据分层抽样结构分轮次进行正式调查，调查结束后及时回收并录入数据，对缺失数据进行二次访谈，确保数据的完整性和有效性。第四步，对调查数据进行扩样与校验，力求反映东城区居民日常的活动—移动模式。经过相对缜密的调查方案设计与先进调查技术的使用，行为调查的成果主要体现在以下三个方面：一是居民日常活动的 GPS 轨迹数据，包括样本在被调查期间两天的 GPS 数据，即每隔一定时段的空间定位数据（以经纬度的形式记录），主要通过样本身上所携带的手机设备获取。二是居民活动日志数据，样本在被调查期间需每天晚上填写当日全部活动与出行信息，包括活动或出行的起止时间与目的地、活动的类型、出行的方式等内容。三是居民社会经济属性数据，包括样本的住址、工作地、个人与家庭成员的基本信息、住房、健康、活动习惯与惯常行为等内容。

运用居民行为调查数据，从时间和空间维度出发，通过文本分析、行为特征要素与城市空间要素的叠置分析、资源优化配置分析等先进方法，尝试找出网格管理中城市运行和居民诉求的时空规律，并提出针对性的解决方案，实现对网格体征科学化、人本化的测度和诊断，并探索实际落地应用的可行性。

在计算体征诊断指数的基础上，利用信息化的手段对东城区基础网格、社区、街道、全区四个空间层级的网格体征诊断指数进行发布，同时针对不同指标数据源的更新频度，区分常态、日常与风险三种形式并做相应的可视化指数发布的展示区分。一方面，通过对网格诊断的指标结果进行数据资源的整合，搭建网格诊断与评价数据库。另一方面，在搭建数据库的基础上，定量计算并可视化展示东城区网格运行状态，发现风险隐患并及时做出预警，协助相关网格区域管控人员采取措施，进而提升区域安全性。

如上所述，上海市在城市体检工作实践中初步构建了整合四大子系统、具备四维度、分层汇总、分时空尺度的体检指数体系，并将其分解为属性、动力、压力、活力四个维度，通过对多源时空数据的测算来把握城市运行状态。北京市东城区网格诊断与监控预警系统对体检指标体系进行了进一步优化，增加行为指数，更加突出人本主义与时空行为视角。但现有的城市体检系统仍有一定缺陷，需要在时空尺度、数据采集与应用、指标选取、系统动态化等方面进行完善。

14.4　时空行为视角下的城市体检展望

14.4.1　时空尺度精细化

城市体检的空间尺度应更为精细，目前大部分城市体检尺度仅局限在市域，容易忽视城市内部的异质性。因此未来应当结合城市发展状况与数据获取难度，在城市不同空间尺度开展体检评估，有条件的城市可以开展区级、街道—社区级的精细化体检。

区级体检：在市域尺度体检基础上，推动各城市，尤其是大城市与特大城市加强区一级的城市体检工作统筹，成立区级城市体检工作领导小组及办公室，积极配合开展市级体检工作，鼓励有条件的区先行探索区级城市体检，深入研究所属各街镇、各社区的发展状况，找准城市病的病灶、病根。

街道—社区级：街道—社区是城市的基层行政单元，是城市规划、建设和管理的基层单元，也是人流监控、公共空间管理、物资配给、居民行为引导的主要执行者。相比于市级、区级的城市体检，街道—社区级体检以精细化的城市治理为重点，其特点与优势体现在：一是精细化，街道—社区级体检的时空颗粒度更高，能精准地识别城市问题；二是在地性，能因地制宜地制定体检指标体系及评估标准，针对性地识别本区域的城市建设与管理问题；三是实践性，以街道—社区为单元能统筹协调解决区域问题，具有强烈的问题导向、实践导向和治理导向；四是人本性，真正关注居民多样化、个性化需求，能够通过多元主体参与来听取居民的意见和建议，提高城市的社会运行和软性服务能力。街道与社区层面的城市体检应侧重于城市治理环节，聚焦群众最关心的问题，重点围绕"15 min 生活圈"内的居住公共服务设施建设情况设置相应指标，对街道—社区级别的相关公共服务设施（菜市场、商业配套、公共空间、医疗卫生、公共设施、养老服务等）进行体检，探索建立宜居街道/宜居社区，从而从微观层面增强居民的生活幸福感。

14.4.2　城市数据多源化

对于城市体检而言，合理的监测指标体系、完善的基础信息平台、统一的数据统计口径和详尽的城市体检计划是动态监测和城市体检工作的基础。针对部分城市因数据缺乏导致的体检不完整问题，建议推进城市进行人口、建筑、设施、道路等资源普查，全面摸清城市家底，建立城市基础数据库。

目前城市高质量发展体检评估大多基于统计数据，时空行为大数据及其分析技术的出现为实现大样本量、更高时间和空间分辨率的可持续发展评价提供了新选择。加强时空大数据在城市体检评估中的应用实践，综合部门数据、满意度调查数据、互联网数据、手机信令数据等多源数据，在基础数据库之上进一步充实城市数据库，为城市的动态分析提供可靠的数据支撑。此外，行为调查由于其数据的真实性与人本性，逐渐成为城市体检获取数据的新手段与新趋势。目前，居民出行调查已经被广泛应用于交通规划中，城市体检也应汲取相关经验，通过居民行为调查，全面了解居民总体的活动—移动特征与规律，不仅对于分析城市总体布局、城市运行状况与演化规律起到关键作用，而且可以对城市发展的现状与未来进行模拟与预测，为科学制定城市发展战略、编制相关规划提供重要依据。

14.4.3　指标选取人本化

人是城市活动的主体，随着市民意识和主人翁意识的增强，最大化地满足人的需求将成为城市管理和发展的重点，坚持以人为本、从人的角度出发评价城市的运行效果与效率将成为城市体检的重要组成部分。居民活动、居民需求与用地特征、设施建设间的相互作用和相互影响，即城市运行在一定程度上依赖于用地及设施对人的活动的承载能力；反过来，城市用地及设施也在一定程度上影响人的行为模式，良性的城市建设应考虑用地及设施对人的行为的引导能力。人的活动同时还影响着城市用地的功能定位及设施建设改造，合理的城市规划应考虑人的行为对用地及设施的指导作用。

目前已有的大部分城市体检研究与实践实际上是以空间为核心的人、地、事、物、组织的静态管理，由于在体检评估过程中过于强调社会管理，忽视社会服务，从而缺乏对与人相关的信息的动态监测，难以分析居民多层次、多样化的需求并提供针对性的服务。因此城市体检应当首先适应城市规划向人本规划转型的趋势，注重人与地的交互，选取能反映居民实际需求的指标，关注人群时空活动—移动的模式与特征，充分反映"人的需求"和"城市供给"的真实时空状态，进而识别与解决城市问题。其次应注重居民对城市环境的主观感知，不断完善居民满意度调查，在问卷调查的基础上补充入户调查及深度访谈，征求居民对城市发展的意见与建议，反映人民群众各方面、各层次的利益诉求，深入剖析影响居民幸福感的具体因素，提升居民在城市体检及城市发展中的参与感和获得感。

14.4.4　系统动态化、常态化与智慧化

现有的城市体检指标体系本质上仍为规划实施与督导服务，注重年度体检，动态性不足；且往往通过单一维度的阈值来判断城市运行状况与发展问题，缺少综合、直观的城市体检系统，难以及时、准确地发现风险隐患并实施相应措施。

因此，城市体检应不止于年度体检，而应贯穿于城市发展的全生命周期，即规划、建设、管理、治理的每一个环节，通过构建"体检、评价、诊断、治理、复查、监测、预警"的闭环式城市体检工作流程，着力构建常态化的体检评价机制、日常化的监控预警机制，借助城市体检信息平台，实现城市人居环境的长效治理，实现快速的纠正纠偏，为城市发展建设提供日常化的反馈机制，促进城市高质量转型发展。

未来城市体检系统建设的内容主要包括数据库搭建、诊断与预警系统构建两个部分（图14-8）。一方面，完善城市体检信息和报告公开机制，及时公开发布"城市体检报告"，通过对城市体检结果进行数据资源整合，搭建城市发展综合评价数据库，明确相应的指标数据生产与提交规范以及数据建库、入库、动态更新和应用的技术规范，为城市发展体检与监控预警系统提供数据资源保障。另一方面，在城市体检评估数据库的基础上，定量表达与可视化展示城市运行状态，及时反映人民群

众各方面、各层次的利益诉求；对重点问题、重点区域进行监控预警，及时、准确地发现风险隐患，协助相关管理人员采取针对性的措施，提升居民安全感与幸福感。后续可基于现有规律和情景变化模拟，通过政府决策带来城市运行数据的变化，形成动态监测指标的波动，进行不同政策实施的效果预判（林文棋等，2019），支撑精细化的治理决策，完成从数据变化、监测指标变化、模型评价变化到提出新的政策实施建议的监测闭环，最终达到感知—认知—优化的完整数据驱动的智能化城市体检诊断治理过程。

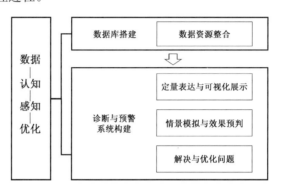

图 14-8　未来城市体检系统建设框架

14.5　本章小结

在城市治理精细化和城市多源时空数据可获取性增强的背景下，"城市体检"由于其直观、动态、多元、持续的特征，能够反映城市运行状态及潜在问题，为规划、管理、决策提供依据，使之前的经验式决策更具科学性，成为新时代背景下城市管理与决策的必然趋势。

在研究以往城市体检国内外案例的基础上，本章提出应在传统的年度城市体检机制中全面融入时空行为，综合考虑城市人口系统、城市建成环境系统、城市运行系统和城市活动—移动系统四大系统，串联人、地，静态和动态的各类城市子系统，充分挖掘房屋、规划、土地、交通、城市管理数据以及人的行为活动数据，在此基础上构建多源大数据支持的细分时空尺度的城市体检体系，并将其应用于城市问题诊断与运行状况分析，推进城市治理的精细化、动态化及智慧化。迄今为止，上海市与北京市东城区已初步在城市体检实践中融入时空行为相关理念，优化了传统的体检系统，并在多个维度服务于城市管理工作。但现有的城市体检系统仍有一定缺陷，未来应在时空尺度精细化、城市数据多源化、指标选取人本化以及系统动态化、常态化与智慧化等方面开展更多的研究探索，为城市发展建设提供日常化的反馈机制，促进城市高质量转型发展。

15　时空行为与应急管理

　　应急管理是指政府以及其他公共机构在突发公共事件的事前预防、事发应对、事中处置和善后恢复过程中，通过建立必要的应对机制，采取一系列必要措施，应用科学、技术、规划与管理等手段，保障公众生命、健康和财产安全，促进社会和谐、健康发展的有关活动。2006 年 1 月国务院颁布的《国家突发公共事件总体应急预案》将突发公共事件分为以下四类：自然灾害，主要包括水旱灾害、气象灾害、地震灾害、地质灾害、海洋灾害、生物灾害和森林草原火灾等。事故灾难，主要包括工矿商贸等企业的各类安全事故、交通运输事故、公共设施和设备事故、环境污染和生态破坏事件等。公共卫生事件，主要包括传染病疫情、群体性不明原因疾病、食品安全和职业危害、动物疫情，以及其他严重影响公众健康和生命安全的事件。社会安全事件，主要包括恐怖袭击事件、经济安全事件和涉外突发公共事件等。各类突发公共事件按照其性质、严重程度、可控性和影响范围等因素，一般分为四级：Ⅰ级（特别重大）、Ⅱ级（重大）、Ⅲ级（较大）和Ⅳ级（一般）。

　　中国正处于突发公共事件的多发期，各类突发公共事件给人民群众的生命安全和经济社会发展带来了巨大的危害。进入 21 世纪以来，中国先后发生了严重急性呼吸综合征（SARS）疫情、南方冰雪灾害、汶川大地震、玉树地震、舟曲特大泥石流灾害等重大突发公共事件。这些事件具有突发性、危害大、影响范围广、成因复杂等特点，极大考验了政府的应急管理能力。2020 年，新冠肺炎在中国和全球大规模蔓延，更是成为新中国成立以来传播速度最快、感染范围最广的重大突发公共卫生事件。新冠肺炎不仅严重威胁了人们的生命健康，而且极大地扰乱了社会正常的生产生活秩序。

　　如何有效防范和及时处置突发公共事件已经成为中国各级政府的一项重要任务。以 2003 年抗击非典疫情（即严重急性呼吸综合征）为转折点，中国应急管理体系不断发展。2006 年，国务院印发《国家突发公共事件总体应急预案》。2007 年，《中华人民共和国突发事件应对法》

正式颁布。2018年，应急管理部正式成立。2019年，中共十九届四中全会提出"构建统一指挥、专常兼备、反应灵敏、上下联动的应急管理体制，优化国家应急管理能力体系建设，提高防灾减灾救灾能力"。而在2020年抗击新冠肺炎疫情期间，习近平总书记在主持召开中央全面深化改革委员会第十二次会议时强调，要"完善重大疫情防控体制机制，健全国家公共卫生应急管理体系"。但是，需要承认的是，中国应急管理体系建设时间短、底子薄、基础弱，应对重大突发公共事件的能力亟须提高。随着人民群众对公共安全的需求日益增长，提高应急管理能力已经成为新时代的迫切任务。

面向防范和及时处置突发公共事件的需求，需要加强对人的行为反应机制的研究。时空行为地理学是透视微观个体的人的行为与时空互动的方法论。一方面，基于时空行为地理学的方法论，利用高时空精度的行为数据，有助于深入揭示应急态下的居民感知、行为、情绪等方面与时空的复杂关系，可以为各级政府部门、社区管理者的精细化管理提供支撑。另一方面，居民的时空行为决策已经开始依赖智能移动端的信息。因此，平台管理端可以通过移动端，将最有用的信息以最快的速度、最便捷的方式精准地推送给用户，满足不同居民的需求，从而为居民提供个性化、精准化、智慧化的服务。

15.1　应急管理与行为的研究回顾

15.1.1　国内外应急管理研究回顾

1) 国外应急管理研究概况

国外应急管理研究起步较早。早期研究的重点是水旱、地震等自然灾害。到了20世纪50年代，应急管理于"冷战"对抗的需要，大量的研究集中在国际关系、国家安全等领域，包括战争风险、核技术风险、政权变更等，并注重运用系统论、博弈论、数理统计、模型模拟等理论和方法。20世纪80年代后，人类社会的流动性大大增强，由此产生的风险也得到应急管理研究的关注。应急管理研究关注的对象从自然灾害风险、技术风险、政治冲突转向经济社会领域的风险。而到了21世纪之后，世界各国突发公共事件频繁发生，无论是暴力事件、自然灾害、安全事故、疾病疫情、恐怖事件都在不同程度上影响到社会的安全，引起公众恐慌。对于各国政府而言，应急管理体系和能力建设成为一项重要的任务，而由此产生的应急管理研究需求也大大增加。

总体来看，国外应急管理研究呈现出如下的特征（蒋宗彩，2016）。

一是重视学科交叉。早期的应急管理研究主要集中在地理学、政治学、管理学等学科。但是突发公共事件的发生过程和演化机制十分复杂，单一学科的视角很难对此有全面了解。因此，越来越多的学者综合运用了经济学、社会学、心理学、环境科学、城乡规划学、公共卫生学等学科的理论和方法开展研究，应急管理研究朝着多学科交叉的方向发展。

二是从自然灾害的单项研究向公共安全领域发展。随着世界范围内恐怖活动的日益增加、全球性传染病疫情的多次爆发，西方国家应急管理研究在关注自然灾害事件的同时，也愈发重视社会安全、公共卫生、事故灾难等事件。

三是越发重视使用大数据以及计算机模拟技术。随着计算机的普及以及信息技术的发展，国外应急管理研究更加重视使用计算机模拟方式来强化对危机的预警，而近年来兴起的大数据也在应急管理中发挥着越来越重要的作用。

2）国内应急管理研究概况

中国应急管理研究起步较晚，以 2003 年抗击非典疫情为转折点走向快速发展。2003 年以前，中国应急管理研究还处于萌芽阶段，学界在单项自然灾害治理、区域综合防灾减灾、灾害保险等方面都取得了一批重要研究成果。但是，这一时期的应急管理研究主要关注地震、水灾、旱灾等自然灾害，而对事故灾难、公共卫生事件、社会安全事件等其他突发公共事件的研究相对较少，对应急管理一般规律的综合性研究成果寥寥无几。2003 年非典疫情爆发，暴露了中国政府应急管理体系不健全等一系列问题，促使政府全面加强应急管理工作，也推动了这一时期应急管理研究理论与实践的发展。2003 年后，应急管理研究进入繁荣期，社会科学与自然科学对突发公共事件的交叉研究初现端倪（高小平等，2009）。

2008 年对于中国应急管理来说又是特殊的一年。当年，南方地区发生了大范围低温、雨雪、冰冻等自然灾害，四川汶川发生了新中国成立以来破坏力最大的地震，拉萨发生了打砸抢烧暴力犯罪事件。这些事件的发生为应急管理研究提出了严峻的命题（李尧远等，2015），应急管理研究也由此进入兴盛时期。2020 年新冠肺炎疫情在中国和世界各国大范围传播，暴露了中国突发公共卫生事件应急管理能力的不足，学者在短期内发表了大量关于治理新冠肺炎疫情风险的文章，国家加大了对突发公共卫生事件应急管理研究和项目的支持力度。可以预见，新冠肺炎将掀起中国新一轮应急管理的研究热潮。

总体来看，国内应急管理研究逐渐从探讨国家和城市层面应急管理的顶层设计转向微观尺度的技术和应用研究（马奔等，2013）。早期的研究涉及应急管理体系、应急管理机制、应急管理系统、应急管理能力、政府应急管理、法规标准制定、突发公共事件的社会经济影响评估等宏观问题（李尧远等，2015）。这些研究主要聚焦于宏观层面，可以为政府做好应急管理工作提供一定的支撑。但是，深入探讨应急管理微观操作与实施问题的研究成果则相对较少，这制约了研究与实践工作的结合，降低了研究成果的可应用性。近年来，更多的学者关注了应急管理中物资人员调配、应急储备库选址、网络舆情监控、人的疏散和避灾行为等问题（李尧远等，2015），大大提高了学术研究对于应急管理实践的指导。

鉴于突发公共事件的不可重复性，中国应急管理研究主要采用实验、模拟等方法，而大数据的方法也开始流行。特别是在物资人员调配、应急储备库选址、人的疏散和避灾行为等研究上，许多研究致力于建立计算机模拟模型来开展研究，并且对模拟模型建立的原则、模型的构成和基本假设、计算机实现的路径进行讨论（刘强等，2010；孙澄等，2008）。随着大数据在科学研究中的广泛应用，一些学者已经利用大数据对突发公共事件、自然灾害、应急管理、应急救援、网络舆情方面进行研究（郭春侠等，2019）。大数据的应用有助于提高应急管理效率、节省成本和减少损失。马奔和毛庆铎（2015）系统性地阐述了大数据在应急管理中的应用。他们认为在应急管理的事前准备、事中响应和事后救援与恢复的每一阶段都可以引入大数据的应用，并指出中国政府需要在大数据战略、大数据开放政策、大数据在应急管理中的具体应用形式等方面做出部署。

15. 1. 2 突发公共事件下的行为研究

突发公共事件对个体和群体行为的影响是应急管理研究的重要议题。大量的研究基于经济学、社会学、心理学、公共管理学等学科的理论，建立了定量分析模型，结合案例实证对突发公共事件下个体和群体行为的演化机理展开分析，为应急态下引导公众的行为、处置突发公共事件提供科学依据。研究内容主要集中在两个方面：一是突发公共事件下惯常行为的变化研究；二是突发公共事件下的紧急行为研究。

1）突发公共事件下惯常行为的变化研究

突发公共事件下惯常行为规律变化的特征分析：在突发公共事件影响下，公众常态下的行为规律将被打破，其行为的变化具有骤然性、复杂性、规律性。例如，许多研究调查了 SARS 疫情、甲型 H1N1 流行性感冒病毒疫情等重大突发公共卫生事件前后公众惯常行为的变化，包括生活习惯的变化，如戴口罩、勤洗手、量体温、家里消毒；人际交往行为的变化，如聚会减少、网络交往次数增加；饮食习惯的变化，如多吃增强免疫力的食品；休闲活动的变化，如避免去公共休闲场所、避免去商场购物（叶乃静，2003）。需要指出的是，个体在突发公共事件发展的不同阶段呈现不同的行为特征。目前的研究大多是聚焦突发公共事件冲击下个体行为规律所发生的变化，即从常态到应急态下的行为规律变化。但是在事件发展的中后期阶段，个体行为从非常态恢复到常态的行为却较少受到关注，难以有效指导应急管理工作，如无法有效引导复工复产阶段公众的行为。

惯常行为变化的影响因素实证分析。不同学科的学者通过了解突发公共事件影响下公众行为变化的影响因素，为优化公众的行为和心理情绪提出相应的建议。惯常行为的变化不仅受到组织管理、安全措施、突发公共事件等外部因素的作用，而且还受到社会、环境、习惯、心理因素的影响。已有的研究表明，当个体感知高风险时，往往会联想到决策行为的负面结果，因此不会采取风险行为，而是采取预防性行为（Leppin et al.，2009）。有学者证实了"风险感知—情绪反应—行为反应"这一研究逻辑，发现焦虑在风险感知与预防行为之间起到中介作用（Lee et al.，2009）。有的研究调查新冠肺炎疫情早期的媒介使用、风险感知与个体防疫行为的关系，结果发现社交媒体的使用显著提高了个人采取防疫行为的可能性，大众化媒体的使用则抑制了个人的防疫行为。这可能是因为社交媒体相比于大众化媒体而言具有虚拟社会参与的特点，较强的虚拟社会参与直接影响了现实行动选择（闫岩等，2020）。

2）突发公共事件下的紧急行为研究

突发公共事件下公众的疏散和逃生等紧急行为的理论解释。面对火灾、地震等突发公共事件，人员的应急疏散问题日益受到人们的关注。在发生突发公共事件时，人群安全、快速、有序地疏散是减少伤亡的重要手段。解释疏散行为的理论主要有恐慌理论、社会影响理论、社会依附理论、角色规则理论、自我分类理论。

恐慌理论认为当面临紧急的情况或灾难危害需要逃生时，过度惊慌情绪会导致逃生者以自我为中心，做出非理性的、不经过思考且依赖其本能做出的行为决策（Quarantelli，1954）。恐慌理论被用于解释突发公共事件下人群的争抢、推挤、冲撞甚至踩踏等行为。

社会影响理论认为个体在突发公共事件中观察他人的行为并受到他人的影响（Nilsson et al.，2009）。

社会依附理论认为个体在遇到危险时会向熟悉的人或者地点所在方向行动（Sime，1983）。依附对象的存在影响了人们对危险的知觉和反应，当人们与依附对象接近时会降低其恐惧。社会依附对于人们行为的影响的一个例子便是人们在灾难中与熟悉的人保持联系。

角色规则理论强调角色规则在很大程度上决定着人类在面对突发公共事件时的行为，如男性在突发公共事件中可能会主动帮助女性（Canter，1980）。

自我分类理论指出在突发公共事件发生时个体会基于他们的社会身份采取行为，并采取集体行动（Brown et al.，2005）。自我分类理论是解释突发公共事件下人们帮助行为的主流理论之一，在人群行为模拟中得到了广泛的应用。人们会根据社会分类来帮助社会团体的成员。

突发公共事件下公众逃生等紧急行为的建模。掌握地震、火灾等突发公共事件下公众紧急避难行为特征，既有利于对公众进行教育和引导，也有助于为建筑设计和避难诱导装置布局提供依据。然而，突发公共事件和公众的避险行为往往具有不可重复性的特征，因此采用观测和调查的方法难以得到理想的结果，而仿真模拟的方法则有助于理解公众的避难行为。虽然现实中影响公众避难行为决策的影响因素很多，但是在紧急情况下，大多数人的行为和后果往往表现出大概率的特征，这种大概率特征使得掌握公众避险行为的一般规律成为可能。因此，许多学者基于紧急避险行为的理论解释，利用计算机仿真模拟功能，尽可能设置接近现实情景的情况，多次反复模拟不同避难情境下人们的行为选择结果。图15-1展示了避难过程模拟流程图（陈晋等，2000），通过对避难者及环境条件的相关参数和行为模式的定义和计算，模拟人员在建筑物内疏散移动的全过程。但是，需要指出的是，人类行为本身是高度复杂的，基于各种假设建立的模型有时过于简化，导致模拟的情况和真实的情况相去甚远，因此人类紧急行为模拟研究仍有待深入探索。

15.2 面向应急管理的时空行为研究

时空行为地理学以强调客观制约与时空利用的时间地理学、强调主观感知与决策过程的行为主义地理学、强调活动移动及其变化情境的移动性地理学作为理论基础，旨在理解人类行为和地理环境在时空上的复杂关系（柴彦威等，2017）。在突发公共事件下人的行为研究中，时空行为地理学重点关注两个方面的研究：一是时空行为特征分析；二是行为与时空的交互研究。

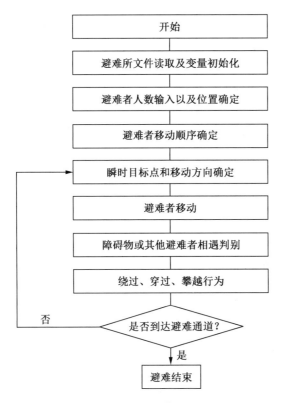

图 15-1 避难过程模拟流程图

15.2.1 时空行为特征分析

突发公共事件影响下公众时空行为规律变化研究。一般情况下，个体每日的时空行为规律具有一定的稳定性。常态下，时空行为规律的变化是一个缓慢的、渐进的过程。在突发公共事件影响下行为个体时空行为受到了很大的制约，时空行为规律发生了很大的变化。这些变化可以通过时空路径、活动时空序列、潜在活动空间、实际活动空间、时间预算、时间节奏等指标进行刻画，而这些变化与突发公共事件本身的制约以及其衍生的其他方面的制约有关。尽管公众的时空行为规律将会缓慢恢复至常态下的时空行为状态，但是这一急剧变化的过程必然会对公众的日常生活和心理情绪产生负面的影响，因此理解公众行为规律的变化成为一项重要的研究议题。

时空行为研究通过研究常态到应急态下公众时空行为的变化、应急态到常态下公众时空行为的恢复过程，解析影响时空行为变化的制约因素，有助于对突发公共事件产生的社会影响进行干预。例如，9•11事件后，针对在美国穆斯林人群的敌对与仇恨犯罪激增，穆斯林群体面临着遭受各种暴力威胁的风险。关美宝（Kwan，2008）调查了这些犯罪事件对穆斯林人群生活的影响，包括这些犯罪活动如何影响了穆斯林人群的日常活动与出行、对公共场所的利用。研究发现，由于在穆斯林传统中女性在家庭中的性别角色，穆斯林女性需要在日常生活中从事许多家外活动，这些家庭职责相关的活动在日常生活中均在较大程度上受到时空制约。9·11事件后，外出执行这些事务给穆斯林女性的生活带来了极大的压力，为了避免被袭击，一些穆斯林女性可能被迫改变宗教着装，或者改变其日常活动与出行的地点和时间。该研究可以为政府改善9·11事件后穆斯林女性的生活福祉、减少族群冲突、维护社会和谐稳定提供参考。

15.2.2　行为与时空的交互研究

1）行为与时空风险交互研究

突发公共事件下公众的风险感知也是时空行为研究的重要范畴。行为主义地理学的"空间认知—空间偏好—空间行为"的研究范式被应用于风险感知研究（柴彦威等，2008b）。区别于其他学科的风险感知研究，行为主义地理学方法更加重视风险感知的时空属性，其中刻画风险感知的空间指标主要有位置、距离、范围、密度、邻近性等。刻画风险感知的时间指标有起始时间、结束时间、持续时间。时空行为地理学亦关注时空风险感知与时空行为的相互作用机制，一方面分析公众的时空风险感知如何影响时空行为，另一方面分析时空行为如何反馈风险感知。如果无法把握公众时空风险感知和行为的交互特征，就难以准确对公众的风险感知和行为进行合理的干预。有学者就指出在SARS疫情结束后的很长一段时间内，人们对之前疫情的重灾区依旧是高风险感知，而这种没必要的高风险感知制约了人们的时空行为，不利于社会的和谐与稳定（王志弘等，2007）。

除了关注主观的风险感知，时空行为地理学还重视公众对时空行为客观风险的评价。基于移动性地理学的研究范式，时空行为研究关注行为与环境风险之间的交互作用及其后果。居民活动和移动过程中所处的环境特征每时每刻都在发生变化，时空行为效应由个体移动和动态变化的环境特征相互作用所决定（Ma et al.，2020b）。譬如，在疫情防控期间，居民感染病毒的风险取决于其在移动过程中与传染源的邻近性（Rosenkrantz et al.，2021）。缺乏移动性视角就无法为居民提供时空精准及个性化的风险评估，也无法指导居民采取时空精准的防控措施，甚至可能造成居民对疫情防控过于松懈或过度紧张。

2）行为与时空资源交互研究

在突发公共事件的影响下，居民与时空资源的交互受到诸多制约，主要包括能力制约、组合制约、权威制约等。例如，新冠肺炎疫情对居民的时空行为即是一种制约，居民为了规避感染病毒的风险，不得不减少不必要的家外活动。此外，疫情还派生出诸多制约，导致居民的日常活动安排、活动空间和时间节奏都发生了很大变化。例如，政府对部分小区采取封闭式管理限制了小区居民的外出活动，这就是一种权威制约；部分超市、餐馆等生活设施关闭限制了个人的基本生活服务需求，这就是一种组合制约；没有口罩的公众将被限制进出公共场所，这就是一种能力制约。这些制约在很大程度上影响了公众行为与时空资源的交互。同时，信息不对称可能造成公众和资源供给的不匹配。时空行为研究通过对不同群体和个人的时空风险感知、时空行为规律、时空资源需求的综合分析，利用手机、LED 显示屏等终端进行个性化的信息发布，为居民提供时空制约下的次序行为选择等，从而实现居民行为与时空资源的匹配（柴彦威等，2012）。

公众也通过调整自己的时空行为来对设施关闭和物资供应紧张做出响应，具体表现为增加、减少、替换原计划的时空行为，从而保障在规避风险的情况下，最大限度地满足自己对于资源的需求。譬如，疫情期间公众购物行为一般有如下的调整：减少不必要的购物需求；以网购取代实体店购物；选择更近距离的购物地点；避免去人流较为密集的商场（Sheth，2020）。公众时空行为的调整重构了行为与时空资源的交互特征，这要求政府和市场对资源的时空布局做出响应的调整，实现时空资源的供需匹配。总之，把握突发公共事件下公众与时空资源的相互作用关系，将有助于对居民的时空行为进行引导，有助于对设施的运营、物资的调配进行优化，从而将突发公共事件对人们日常生活的影响降到最小。

15.3 时空行为与新冠肺炎疫情应急管理

2020 年，新冠肺炎疫情在中国和全球大规模蔓延。新冠肺炎疫情不仅严重威胁到居民的生命健康，而且极大地扰乱了公众正常的生活秩序，造成了社会的恐慌情绪。因此，如何做好防控工作来减少疫情对生命健康的危害以及对人们生活的影响，已经成为政府和公众关切的重要问题。

面向新冠肺炎疫情精准防控的重大需求，需要对居民个体的风险感知和时空行为开展研究。应对新冠肺炎疫情，一些地理学者从宏观时空尺度开展了相关研究，主要包括以下方面：疫情发展的时空格局研究（刘郑倩等，2020）、空间风险评估和分区分级防控研究（刘勇等，2020）、跨区域人员流动的动态估算研究（刘张等，2020）、医疗资源供需匹配的研究（Zhou et al.，2020）、防控措施的效果评价研究（Tian et al.，2020）。这些研究为中央和地方政府以及国际社会做好疫情防控工作提供了有力支撑。但是，从地理学的视角来看，精准防控要体现时间精准和空间精准，否则防控效果将大打折扣。因此，应对疫情防控的需求，地理学不仅要立足宏观尺度来揭示疫情的时空扩散，而且要基于人们的风险认知和时空行为来研究城市内部、社区尺度疫情扩散的格局，并且要提出时空精准防控的对策。

时空行为地理学是透视人的行为与时空互动的方法论，通过对微观尺度下不同主体时空行为和环境的交互分析，利用高时空精度的行为数据，有助于深入揭示人的行为、疫情、设施等在时空上的复杂关系，并将研究成果应用于疫情发展不同阶段的应急管理和服务，对实现疫情的精准防控具有独特价值。例如，确诊患者的活动轨迹信息对于精准识别风险区域、风险时段具有重要价值，可辅助居民进行时空行为风险自查；通过对时空行为需求、时空资源和时空风险的交互分析，可指导应急态下的居民时空行为规划和引导；通过对居民行为的情绪反应特征分析，可精准干预其消极情绪。

15.3.1 基于时空行为的风险评估与区划

根据各地风险等级，实施分区分级差异化防控，是中国防控新冠肺炎疫情的重要策略。2020 年 2 月 17 日，国务院联防联控机制印发《关于科学防治精准施策分区分级做好新冠肺炎疫情防控工作的指导意见》，要求各地制定差异化的县域防控和恢复经济社会秩序的措施。要以县（市、区、旗）为单位，依据人口、发病情况综合研判，科学划分疫情风险等级，明确分级分类的防控策略。实施分区分级差异化防控，可以一手抓实疫情防控，一手抓紧恢复经济社会秩序，避免过度防疫。风险等级的划分也为人员流动管理提供依据，各地对来自不同风险区的人员实施差异化的管理，避免造成疫情扩散。而自北京新发地市场聚集性疫情发生以来，北京市政府更是将疫情风险等级评估落实到乡镇和街道的空间尺度，力求在控制疫情扩散的基础上，将疫情对社会的影响降至最低。

风险等级评估不能忽视人的移动性特征，因为人在城市空间中的活动和移动是疫情传播的直接或间接诱因，会造成城市内部风险格局的差异。各地风险等级评估的主要依据是区、县的病例数量，有没有发生聚集性疫情等指标。这种方法的优点是易于操作，但是不足之处一是风险评估的时空精度较为粗糙。简单按照区、县等行政单元来评估风险等级，容易抹平了区、县空间单元内疫情风险的差异性，而且有时候容易导致一街之隔的两个地方出现风险等级差距悬殊的情况。二是忽视了人口流动会加剧不同地方的潜在风险。例如，当确诊患者与密切接触者流入低风险等级的地区，该地区健康人口感染病毒的概率会显著增加，区域风险等级也会提升。图 15-2 展示了两种风险等级评估方法的结果差异，一种是基于评估单元内确诊患者人数的风险等级评估方法，另一种是基于确诊患者移动性的风险等级评估方法，可以看出第一种方法忽视人的移动性特征，可能低估了某些地方的风险，并降低了人们对疫情的警惕性。

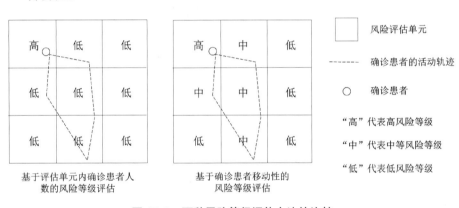

基于评估单元内确诊患者人   基于确诊患者移动性的
数的风险等级评估   风险等级评估

风险评估单元

- - - - 确诊患者的活动轨迹

○ 确诊患者

"高"代表高风险等级

"中"代表中等风险等级

"低"代表低风险等级

图 15-2　两种风险等级评估方法的比较

将高精度的时空轨迹数据和地理空间数据进行叠加分析，可以提高时空风险评估的精细度。这种方法的基本思路是，依法获取确诊患者和密切接触者的手机信令数据，并对其个人信息脱敏，只保留其活动轨迹的经纬度信息。叠加区域人口密度和流动速度、公共交通设施位置、商业设施位置等数据。划分 500 m 或 1 000 m 网格单元，计算单元格潜在的风险指数，再划分风险等级，最终生成全市的潜在风险等级地图，并对其进行每日更新。该方法最大的特点是基于人的移动性特征进行风险评估，大大提高了风险评估的时空精度，可以为公众的活动和出行提供精准引导，也可以为不同风险地区人员的流入和流出管理提供更为准确的依据。利用该方法评估和监测风险时段和风险区域需要政府主导，即整合公安和交通等政府部门、通信运营商、互联网公司的数据，并保护公众的个人隐私。

15.3.2　基于时空行为的个人风险自查

疫情期间居民时空行为的风险性大大增加，有必要帮助居民评估个人的时空行为风险。例如，新冠肺炎具有人传人的风险，不只限于在长时间的密切接触者之间传播，也存在在短时间的密切接触者之间传播，甚至通过感染者触碰过的物体进行间接接触传播。在缺乏安全措施防护的情况下，任何人的时空行为均有感染上病毒的风险。居民难免会担心自己已经发生的时空行为是否安全、实时的时空行为是否安全、即将发生的时空行为是否有风险。因此，有必要建构评估居民时空行为风险的方法。

时空行为方法为个体精准的风险自查提供了机会（图 15-3）。通过比对确诊患者与非确诊居民的时空行为轨迹，依据二者轨迹的时空临近性，可以计算非确诊居民传染病患病风险的高低。

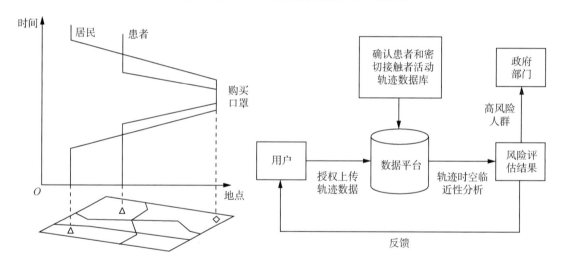

图 15-3　居民时空行为风险评估流程图

该方法的数据来源分为两类：第一，政府多部门联合运营商采集确诊患者的时空轨迹，包括实名制搭乘的公共交通、手机信令标识前往的区域等，同时，卫生疾控部门和医院应尽可能询问患者发病前去过的公共场所与对应时间，再与之前的数据结合构建确诊患者完整的时空行为轨迹。第二，非确诊居民通过填写问卷或手机 GPS 定位等方式，自愿主动上传行为轨迹至特定平台。平台通过已设定好的算法自动计算确诊患者与居民轨迹的时空临近程度，并根据上传数据实时更新，实现动态监测居民的患病风险。

这种方法的优势：一是得益于高精度的轨迹数据，该方法可为公众提供更为精准的时空行为风险评估。二是能够实现动态监测以及实时报告潜在的风险,超过风险阈限会自动发出警报,亦可评估企划活动路径的风险,帮助公众选择最优的出行线路。同时,确诊患者与非确诊居民的时空轨迹数据均在后台进行运算,免去了直接公布高精度的时空轨迹所带来的隐私问题。

15.3.3 居民时空行为引导

通过将活动需求与设施可利用性进行匹配,可以为居民家外活动安排提供引导(图 15-4)。在基于居民时空行为规律和偏好的基础上,将居民活动需求与商业设施的营业时间或公共设施的开放时间进行匹配,为居民提供个性化、精细化的交通出行和活动方案,最终实现提高居民生活便利度和减少感染风险的目标。譬如,在疫情严重的地区,居民购买紧缺物资的行为决策缺乏依据,有可能导致大家一起疯抢物资而增加交叉感染的风险,或导致个人购买不到物资而增加额外的出行。通过将行为企划和商业设施进行匹配,可以引导居民应该前往何处购买物资、如何前往以及何时前往。例如,大参林医药集团股份有限公司在广东上线的"口罩预约小程序",市民通过该程序授权手机定位、填写身份证等个人信息即可预约购买。预约成功与否将通过摇号的方式决定,中签的市民即可以凭借预约码在预约的时间段内前往指定的门店购买。时空行为方法的优势在于,通过综合分析公众的时空活动需求、活动受到的时空制约、活动可能面临的时空风险等,引导居民做出更加高效、安全、智慧的家外活动安排,尽可能避免因人群集聚造成交叉感染的风险,也避免居民因信息不对称导致活动企划失败。

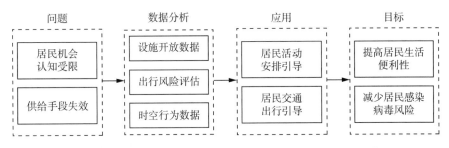

图 15-4 疫情期间居民交通出行和活动安排引导的分析思路

15.4 时空行为研究应用于应急管理的未来方向

中国正处于突发公共事件的多发期,各类突发公共事件给经济社会发展带来了巨大的危害，应急管理的理论和应用研究需求也大大增加。虽然时空行为研究在应急管理中的应用已经有了一些初步的探索，但是这一领域研究的深度和广度还需要进一步加强。

15.4.1 立足人本主义价值取向的应急管理研究

未来时空行为地理学应该立足人本主义的价值取向，为提升城市常态下和应急态下的居民生活福祉而努力。当前中国城市进入高质量发展阶段，城市发展的核心目标正由空间扩张、经济增长等逐步转变为强调以人为本的城市精细化管理、居民生活质量提升等。未来时空行为地理学要发挥在人本城市建设中的学科价值，就应该切实从人的感受和需求出发，研究不同家庭成员、不同类型社区的居民、弱势群体在疫情发展不同阶段下的时空资源需求及时空行为特征的变化，特别是老人、小孩、女性等群体。不同生命历程的家庭、不同类型的社区都要有专项的时空行为研究，为制定从常态向应急态转变阶段、从应急态恢复至常态阶段的城市管理和居民服务措施提供科学决策的依据，尽可能保障突发公共事件在发展到不同阶段时行为与设施、资源的匹配，将突发公共事件对居民生活的影响降至最低，为提升居民的生活质量做出学科应有的贡献。

15.4.2 促进时空行为研究与其他学科的交叉

未来时空行为研究应用于应急管理时，既要坚持时空行为的研究视角，也要汲取其他学科的学术营养，特别是要关注其他学科对于突发公共事件下人的行为研究。突发公共事件具有综合性、复杂性等特点，突发公共事件影响下个体的行为、感知、情绪等要素是紧密联系在一起并且相互影响的，仅仅依靠经典的时空行为地理学的知识未必能够应对错综复杂的突发公共事件的挑战。应急管理是多学科共同参与的研究领域，不同学科有自己独特的研究视角，如心理学侧重于关注人的行为和情绪之间的相互作用，社会学则从社会关系的视角来理解人类行为，新闻传播学主要关注媒介对行为的影响，城市规划则从空间规划的视角来引导突发公共事件下的人类行为，计算机科学则为研究和模拟人类行为提供了扎实的技术和方法。此外，传感器技术、实时定位技术、移动互联网技术的快速发展与普及，使得获取海量的、高时空精度的、长时间序列的个体移动轨迹成为可能，也为研究突发公共事件下的人类行为提供了数据支撑。因此，未来需要进一步促进时空行为研究与其他学科的交叉和融合，创新时空行为研究应用于应急管理的理论和技术。

15.4.3　推动时空行为数据采集和服务平台的建设

数据平台建设是时空行为研究应用于应急管理的重要保障。近年来，国家高度重视智慧城市建设，将城市数据平台作为智慧城市建设的重要抓手。一些城市也在相继建设和运营城市数据平台，以支撑城市精细化治理，譬如，杭州打造了"城市大脑"平台。城市数据平台主要是融合各类地理空间数据，但缺少时空行为数据。考虑到时空行为数据对于应急管理和服务、常态下的城市精细化管理和服务、城市和社区规划具有重要的价值，因此，有必要推动时空行为数据采集和服务平台建设作为国家的一项重大基础设施来建设。

平台可采用被动和主动相结合的方式来采集时空行为数据，设置"常态服务"和"应急服务"两种模式。被动式数据采集方式就是采用感知器等技术来捕捉居民个体时空行为信息，主动式数据采集方式则是引导居民自愿上传其时空行为信息到数据平台。这要求学术研究需要进一步探索更加快捷、精准、成本低的居民时空行为数据采集技术，解决多源时空行为数据关联、加载和融合的技术难题，研发时空行为数据海量存储和动态更新技术。"常态服务"模式侧重于引导居民日常的活动安排。"应急服务"模式根据应急管理事件本身的特点，针对居民应急管理期间的需要，提供个性化的、有效的服务方案。这要求我们进一步厘清居民在应急管理时期的不同阶段时空行为的变化，以及居民服务需求的变化，才能为平台的建设提供理论支撑。

15.5　本章小结

本章梳理了时空行为地理学在应急管理中的应用。时空行为地理学是透视微观个体的人的行为与时空互动的方法论，结合高时空精度的行为数据，有助于深入揭示突发公共事件影响下的居民感知、行为、情绪等方面与时空资源、设施、风险的复杂关系，可以为各级政府部门、社区管理者的应急管理提供支撑，为社会公众应对突发公共事件提供引导。展望未来，时空行为研究的学术共同体应该立足人本主义价值取向开展研究，同时应该促进时空行为研究与其他学科的交叉，并且努力推动时空行为数据采集和服务平台的建设，从而更加充分地挖掘时空行为方法论之于应急管理的潜在价值。

16 时空行为规划研究展望

时空行为规划的发展一直以来根植于行为地理学、时间地理学、城乡规划学等学科的理论思想，其实践应用探索为以人为本的城市发展与可持续的城市建设提供了有力支持。不同于经济、制度、文化等城市研究视角，以时空行为作为导向的规划研究基于个体与个体之间、个体与城市空间之间的交互作用，更加注重理解各类型环境对个体行为的决策和制约过程（柴彦威等，2017）。在这些理念下，时空行为规划强调通过改造和优化自然、社会、经济与建成环境来满足个体与群体对美好生活质量的动态需求，支撑以人为核心的可持续发展目标。

时空行为视角把对"以人为核心"的强调具体化为"以人的日常行为为核心"，在我国新时期面临城镇建设方式转变、促进社会和谐公正、提高居民生活质量和保护生态环境等要求的背景下，具有广阔的规划应用前景。时空行为规划理念的核心价值在于注重居民个体的行为特征和多样化的需求及其动态性，关注城市发展变化过程中所形成的与人有关的问题和现象。

随着时空行为理论的不断发展和完善，以及我国城市化进程已经进入相对稳定的阶段，城市的可持续发展成为全社会共同追逐的目标。客观地讲，时空行为理论的形成和发展远早于相应实践与规划方案的出现。一方面，我国在过去增量发展的时代，虽然粗放式的发展模式通常带来的边际收益十分有限，但是较低的发展成本依然可以保证发展的基本需求，而存量发展时代迫使规划不得不走向对精细化发展的追求；另一方面，随着物质水平和教育水平的增长，每个个体对美好生活的向往更加趋于多样化和差异化，以人为本，注重个体需求和利益，迫切需要被切实地考虑到发展过程当中，而时空行为规划研究恰巧符合了当前我国城市发展的上述需求。因此，时空行为规划将个体行为过程作为关联各种类型规划实践的纽带，通过时空粒度更精细的过程分析，在关注个体需求满足的同时，以期实现个体利益与群体利益在规划中的平衡，这一发展理念将会适应并促进我国由过去的增量规划时代向未来存量规划时代的转变。

16.1 时空行为规划的应用方向

进入 21 世纪以来,时空行为规划的内涵日渐丰富。由于规划实践在空间尺度、时间尺度、行为类型、行为主体类型以及发展导向方面的差异,时空行为规划的理念日渐渗透并影响到各个规划领域。归纳而言,本书主要聚焦在四个规划应用方向,包括空间规划、时间规划、移动性规划与社会规划。

1) 时空行为与空间规划

近年来,城市规划的发展导向发生了一定的变化,从强调城市经济的生产空间建设转向注重生活空间规划。这一变化的背后是发展理念从关注"物"转向重视"人",其核心是从关注数量规模的增加转向重视内涵质量的提升(柴彦威,2014)。与此同时,互联网技术与移动通信技术的快速发展,以及社交网络的迅速壮大,为城市规划的研究带来了海量的、长时间序列的、具有精准时空定位信息的个体数据。上述大数据的出现为微观个体的生活空间和生活质量的研究与规划提供了重要的契机和数据基础。

空间是一切规划实施的载体,而不同的空间尺度是空间规划最主要的切入视角。特别是随着国土空间规划体系的逐步建立和不断完善,时空行为研究在不同尺度上的空间规划实践所扮演的角色值得深入探讨。具体在空间范围上,时空行为规划涉及社区、城市和区域等不同的空间尺度。其中,以社区尺度的空间规划最为丰富,包含社区规划、商业区规划、TOD 站区规划、村镇规划、社区生活圈规划等。该类型规划通常以优化社区土地利用结构和设施配置为抓手,以满足不同社区中的个体在购物、交通、医疗、教育和就业等不同方面的需求。考虑到个体行为的规律性和空间局限性,在一定程度上,社区尺度也是时空行为在空间规划中应用最为直接、最为广泛的尺度。同时,部分研究开始将时空行为考虑到城市尺度上的总体规划,通过对个体行为的集计数据来量化城市整体的发展规模。此外,在区域尺度上,时空行为分析也开始被应用于不同城市群,以及像粤港澳大湾区等巨型区域的协调发展规划研究中,如为跨市(跨境)人口流动和货物流动等方面提供了新的视角和方法。

2) 时空行为与时间规划

时间规划以时间地理学为基础,是一种以生活时间供需匹配为核心的规划模式。通常来说,时间规划可分为近期规划和远期规划。对于近期而言，城市生活时间规划大多强调对传统规划进行完善，在空间规划中加入对生活时间特征的关注，丰富空间规划的实际操作手段，增强规划的时空弹性。对于远期而言，在对城市生活时间配置的需求不断增加的背景下，可直接制定面向生活时间的新型规划，通过综合调控各类生活时间安排，实现生活时间资源的公平配置与日常生活活动的高效开展等目标。目前，国内主要建立的时间规划措施包括工作时间、服务设施运营时间、公共交通时刻表等具有常态化特征的活动。而现有针对工作时间的规划措施主要为实施弹性工时制，旨在减少工作时间对个人日常活动的时空制约，增加居民非工作活动的时间预算，同时改变居民工作和通勤的时空决策，以引导居民错峰出行和减少不必要的出行。城市服务设施的时间规划可以对商业、教育、医疗、政府服务等各类公共服务设施的运营时间进行引导与优化，以增加城市居民在时空制约下使用服务设施的机会，推动生活时间资源的公平配置。城市公共交通时间规划是指对城市各类公共交通服务的时刻表、发车频次、运营时段划分等进行合理调整，以减少公共交通出行及等候的时间，提升公共交通时间安排与城市居民生活时间节奏的适配性。此外，未来也可以将时间规划应用于对短期突发公共事件的应急态管理之中。例如，在新冠肺炎疫情期间，部分城市施行的基于社区的出入时间和频次管理措施实质上与时间规划的理念不谋而合。

3）时空行为与移动性规划

所谓移动性规划，是一种包含时间效率、可支付成本和安全性的交通选择的权利，可以依靠它来到达不同活动需求所需要去的地方。可持续的城市移动性规划的核心目标是改善城市区域的可达性，提供高质量和可持续的移动性工具和基础设施，以及优化城市与区域内的运输状况。从实践应用的角度来划分，移动性规划涉及城市交通规划、旅游规划、通学规划和物流规划等多个方面。其中，城市交通规划既是移动性规划的出发点，也是实践的核心。相较于传统的交通规划，可持续城市移动性规划是在以提升城市居住和生活场所的可达性与生活品质为目标的基础上，同时考虑政府、企业、规划师、市民等多个利益相关者的共同参与，基于可度量的城市出行规划绩效目标，并通过建立一整套指标体系来监测和评估绩效目标的实现程度，由此对规划目标提出修正措施，最终实现对个体出行的关注。此外，针对旅游规划，将旅游者行为纳入旅游规划与产品设计，由于旅游者在时间预算固定、移动能力有限的前提下可达的活动空间是有限的，描绘和刻画景区内部旅游者时空行为模式，能够有助于研究者更好地理解旅游者在景区内部的游览活动和需求情况。这对于景区设施的改善和管理水平的提升具有实际的指导意义，最终有助于提升旅游者旅游体验的质量。基于时空行为的通学规划将通学圈视为城市空间与日常活动的一个组成部分，规划的目标在于通过设施、主体及行为等的组织协调，实现通学出行的低耗费、高效益及通学圈整体的社会效益最大化。此外，物流规划与时空行为的结合可以强调从物流的内部网络拓展到物流与人口流动网络之间相互融合的重要过程。

4）时空行为与社会规划

社会规划强调社会的可持续发展，内容涉及广泛，包含健康、安全、社会融合和社会公平等多个方面。时空行为研究通过了解居民，尤其是特定群体（儿童、女性、老年人口和低收入者等）的行为制约因素及家庭内部成员的互动关系，可以进一步挖掘居民的实际需求，从而兼顾效率与公平，合理配置城市设施及各类资源的布局与开放时间，弥补现有的静态城市设施配置方法对人类日常活动考虑不足的弊端。将时空行为的理念引入社会规划，一方面，有助于从时间和空间过程理解社会问题的形成过程，从而尝试从根源上应对社会问题的形成；另一方面，特定人群除了受到自身属性的影响，通常也会受到行为过程和环境的制约，而时空行为理论对分析这些制约的形成具有重要意义。虽然社会规划的内涵十分丰富，但是由于它在我国发展起步较晚，关于社会规划的探讨大多还局限在学界内部，在实践中起步较早的主要涉及对老年人口的健康和贫困人口的社会融合等方面的关注。其中，时空行为在老年人口的健康规划中强调通过建成环境的优化，引导老年人拓展出行范围与结构，加强体力活动，削弱慢性病的影响；而时空行为对贫困人口的社会融合更趋向于通过构建公共空间，改善可达性和提升资源配置水平，以期实现减轻社会分异的目标。

此外，除上述四个应用方向之外，时空行为还开始被应用于其他规划实践中，包括在环境规划方面为应对污染暴露而构建生态规划，加强资源的整合利用等；在经济规划上进行辅助产业规划布局，优化生产空间和人口规划配置等。

16.2 时空行为规划的研究展望

时空行为研究经过长期以来的发展，已经建立了丰富的理论体系和实证基础，然而其实践与规划应用仍然处于探索阶段，尤其是在我国。因此，本章在回顾了时空行为规划当下主要的应用方向，并指出时空行为研究在规划领域富有应用前景之后，在数据、方法和理论上提出以下几点时空行为规划的研究展望：

第一，时空粒度更精细的数据的出现为时空行为的准确刻画提供了机会。相关研究在西方的快速发展得益于 20 世纪 90 年代以来个体行为数据的采集增加及社区尺度的建成环境数据的公开与丰富。然而，国内对于时空行为数据和周围环境数据的收集较为缺乏，也缺少官方获取渠道。例如，个体时空行为数据大多依赖于日志调查或者基于 GPS 的行为调查，数据获取成本高、样本量十分有限。而人口密度数据大多还依赖于 10 年一次的人口普查进行估算，就业密度数据则更不准确，多依赖于空间精度较低的企业普查数据来估计，土地利用类型数据则更难以获得。面对这些数据获取的困难，新数据的出现可能会为相关研究提供新的思路。例如，手机信令大数据可以被用来定量化地刻画人口移动轨迹，百度地图热力图、腾讯热力图等可以被用来估算空间精度较高的人口密度、就业密度和日常活动密度等，而兴趣点（POI）等数据则可以被用来估计土地利用类型和多样性，也可以替代测度就业可达性和设施可达性等指标。此外，开源的路网数据、街景图像和高精度的遥感图像等可为规划设计要素的测度提供新的数据来源。

第二，规划研究的方法从统计学模型到机器学习模型的发展。虽然统计学模型经过上百年的发展，已经可以很好地解释小样本数据的结构特征和多元关系。但是统计学模型在被应用于大数据分析时，往往也难以自如应对。例如，随着样本量的增加，具有复杂结构的回归模型的估算过程极大地延长了数据分析的时间，甚至难以估算出结果；样本数量的增加可能带来回归模型拟合优势度的增加，从而导致估算结果的失真。机器学习模型的出现为大数据分析提供了很好的解决方案。例如，相较于统计学模型，决策树等机器学习模型可以快速完成对海量样本的估算，虽然可能会牺牲掉一定的估算精度，但也极大地缩短了数据处理的时间，模型具有很好的灵活性，可以更适应实时动态的规划实践。此外，由于机器学习模型从样本数据结构出发，并非遵循统计学逻辑，反而在应对大样本量的数据时能够更好地反映出数据结构关系，估算精度不易受到数据量膨胀的影响。

第三，规划研究的视角从个体间的交互过程到基于网络分析的转变。在行为主义和人本主义的影响下，研究的基本单元从粗粒度的空间单元转变为个体，时空行为规划研究体现了个体之间的差异，以及群体内部的分异规律，极大地推动了不同领域对于时空行为的认知。然而，目前对个体之间交互过程的分析大多局限于特定背景，难以实现对整体过程的识别，且无法突破静态分析的局限。例如，已有的研究主要关注个体与个体之间的交互，或者个体与环境之间的交互，缺乏对整个交互网络全面的分析。针对上述现象，基于网络的交互分析视角可能会提供新的方向。例如，通过同时构建个体之间以及个体与环境之间的多层交互网络，以及在网络交互过程中考虑时间序列的变化，为从根本上解决上述问题提供了可能；同时，在网络分析的视角下，从宏观、中观和微观等不同角度的分析视角可以更加全面地反映出社会本身的组成结构、互动关系，为规划决策支持提供更为有效的理论基础与应用基础。

虽然学界对于这些新的数据、方法和视角的出现是否会引发新的研究范式和理论的变革仍存在争议，但可以肯定的是，研究数据、研究方法和研究视角不断变化的背后是社会的高速发展和结构性的变革所带来的。正如曾经计量革命引发了社会科学的大转向，这些微小的变革不断累加在一起，终将为时空行为规划新理论的出现奠定基石。

参考文献

·中文文献·

IBM 商业价值研究院，2009. 智慧地球 [M]. 上海：东方出版社.

《城市规划学刊》编辑部，2020. 概念·方法·实践："15 分钟社区生活圈规划"的核心要义辨析学术笔谈 [J]. 城市规划学刊 (1)：1-8.

保继刚，楚义芳，1999. 旅游地理学 [M]. 北京：高等教育出版社.

保继刚，徐红罡，李丽梅，等，2001. 香港迪斯尼乐园对珠江三角洲的影响 [J]. 旅游学刊，16 (4)：34-38.

保罗·诺克斯，史蒂文·平奇，2005. 城市社会地理学导论 [M]. 柴彦威，张景秋，等译. 北京：商务印书馆.

鲍小莉，2011. 自然景观旅游建筑设计与旅游、环境的共生 [D]. 广州：华南理工大学.

北京晨报，2015. 中国"财神爷"春节境外游 [N]. 北京晨报，2015-02-24 (A09).

北京市质量技术监督局，2011. 城市道路交通运行评价指标体系 (DB11/T 785—2011) [S]. 北京：北京市质量技术监督局.

曹阳，甄峰，席广亮，2019. 大数据支撑的智慧化城市治理：国际经验与中国策略 [J]. 国际城市规划，31 (3)：71-77.

柴彦威，1996. 以单位为基础的中国城市内部生活空间结构：兰州市的实证研究 [J]. 地理研究，15 (1)：30-38.

柴彦威，1998. 时间地理学的起源、主要概念及其应用 [J]. 地理科学，18 (1)：65-72.

柴彦威，1999. 中日城市结构比较研究 [M]. 北京：北京大学出版社.

柴彦威，2014. 人本视角下新型城镇化的内涵解读与行动策略 [J]. 北京规划建设 (6)：34-36.

柴彦威，等，2014a. 空间行为与行为空间 [M]. 南京：东南大学出版社.

柴彦威，端木一博，2016. 时间地理学视角下城市规划的时间问题 [J]. 城市建筑 (16)：21-24.

柴彦威，郭文伯，2015a. 中国城市社区管理与服务的智慧化路径 [J]. 地理科学进展，34 (4)：466-472.

柴彦威，李春江，2019a. 城市生活圈规划：从研究到实践 [J]. 城市规划，43 (5)：9-16，60.

柴彦威，李春江，夏万渠，等，2019b. 城市社区生活圈划定模型：以北京

市清河街道为例 [J]. 城市发展研究, 26 (9): 1-8, 68.

柴彦威, 刘伯初, 刘瑜, 等, 2018. 基于多源大数据的城市体征诊断指数构建与计算: 以上海市为例 [J]. 地理科学, 38 (1): 1-10.

柴彦威, 刘天宝, 塔娜, 2013. 基于个体行为的多尺度城市空间重构及规划应用研究框架 [J]. 地域研究与开发, 32 (4): 1-7, 14.

柴彦威, 刘志林, 李峥嵘, 等, 2002. 中国城市的时空间结构 [M]. 北京: 北京大学出版社.

柴彦威, 龙瀛, 申悦, 2014b. 大数据在中国智慧城市规划中的应用探索 [J]. 国际城市规划, 29 (6): 9-11.

柴彦威, 申悦, 陈梓烽, 2014c. 基于时空间行为的人本导向的智慧城市规划与管理 [J]. 国际城市规划, 29 (6): 31-37, 50.

柴彦威, 申悦, 塔娜, 2014d. 基于时空间行为研究的智慧出行应用 [J]. 城市规划, 38 (3): 83-89.

柴彦威, 申悦, 肖作鹏, 等, 2012. 时空间行为研究动态及其实践应用前景 [J]. 地理科学进展, 31 (6): 667-675.

柴彦威, 沈洁, 2008a. 基于活动分析法的人类空间行为研究 [J]. 地理科学, 28 (5): 594-600.

柴彦威, 塔娜, 2013. 中国时空间行为研究进展 [J]. 地理科学进展, 32 (9): 1362-1373.

柴彦威, 谭一洺, 申悦, 等, 2017. 空间—行为互动理论构建的基本思路 [J]. 地理研究, 36 (10): 1959-1970.

柴彦威, 颜亚宁, 冈本耕平, 2008b. 西方行为地理学的研究历程及最新进展 [J]. 人文地理, 23 (6): 1-6, 59.

柴彦威, 张文佳, 2020. 时空间行为视角下的疫情防控: 应对 2020 新型冠状病毒肺炎突发事件笔谈会 [J]. 城市规划, 44 (2): 120.

柴彦威, 张文佳, 张艳, 等, 2009a. 微观个体行为时空数据的生产过程与质量管理: 以北京居民活动日志调查为例 [J]. 人文地理, 24 (6): 1-9.

柴彦威, 张雪, 孙道胜, 2015b. 基于时空行为的城市生活圈规划研究: 以北京市为例 [J]. 城市规划学刊 (3): 61-69.

柴彦威, 赵莹, 2009b. 时间地理学研究最新进展 [J]. 地理科学, 29 (4): 593-600.

柴彦威, 赵莹, 马修军, 等, 2010a. 基于移动定位的行为数据采集与地理应用研究 [J]. 地域研究与开发, 29 (6): 1-7.

柴彦威, 赵莹, 张艳, 2010b. 面向城市规划应用的时间地理学研究 [J]. 国际城市规划, 25 (6): 3-9.

常恩予, 甄峰, 2017. 智慧社区的实践反思及社会建构策略: 以江苏省国家智慧城市试点为例 [J]. 现代城市研究, 32 (5): 1-8.

陈海松, 2019. 城市网格精细化管理困境与深化路径: 以上海市闵行区为例

［J］. 上海城市管理，28（6）：27-32.

陈家刚，2010. 社区治理网格化建设的现状、问题及对策思考：以上海市杨浦区殷行街道为例［J］. 兰州学刊（11）：35-40.

陈晋，李强，辜智慧，等，2000. 灾害避难行为的模拟模型研究（I）：基本模型的建立与计算机实现［J］. 自然灾害学报，9（4）：65-70.

陈明星，叶超，付承伟，2007. 我国城市化水平研究的回顾与思考［J］. 城市规划学刊（6）：54-59.

陈培阳，2015. 中国城市学区绅士化及其社会空间效应［J］. 城市发展研究，22（8）：55-60.

陈培阳，2019. 大城市基础教育设施空间不均衡特征及成因：以南京都市区为例［J］. 中国名城（1）：74-78.

陈伟东，李雪萍，2003. 社区治理与公民社会的发育［J］. 华中师范大学学报（人文社会科学版），42（1）：27-33.

陈晓亮，朱竑，2018. 中国大陆社会与文化地理学研究领域综观［J］. 地理研究，37（10）：2024-2038.

陈岩，2007. 社区建设中的人本理念与实践［J］. 前沿（7）：201-203.

陈志强，张红，2007. 构建和谐社会的社区视角：以上海社区网格化管理为例［J］. 湖北社会科学（1）：51-53.

陈梓烽，柴彦威，2014. 通勤时空弹性对居民通勤出发时间决策的影响：以北京上地—清河地区为例［J］. 城市发展研究，21（12）：65-76.

戴斌，蒋依依，杨丽琼，等，2013. 中国出境旅游发展的阶段特征与政策选择［J］. 旅游学刊，28（1）：39-45.

戴政安，李泳龙，姚志廷，2014. 都市防灾生活圈服务潜力之区位问题研究［J］. 建筑与规划学报，15（2&3）：83-110.

但俊，阴劼，2017. 流动人口迁移距离与其城镇化影响的区域差异［J］. 北京大学学报（自然科学版），53（3）：487-496.

丁新军，吴佳雨，粟丽娟，等，2016. 国际基于时间地理学的旅游者行为研究探索与实践［J］. 经济地理，36（8）：183-188.

丁元竹，2007. 社区与社区建设：理论、实践与方向［J］. 学习与实践（1）：16-27.

董观志，刘萍，梁增贤，2010. 主题公园游客满意度曲线研究：以深圳欢乐谷为例［J］. 旅游学刊，25（2）：42-46.

董玉萍，刘合林，齐君，2020. 城市绿地与居民健康关系研究进展［J］. 国际城市规划，35（5）：70-79.

端木一博，柴彦威，2018. 社区设施供给与居民需求的时空匹配研究：以北京清上园社区为例［J］. 地域研究与开发，37（6）：76-81.

段义孚，2006. 人本主义地理学之我见［J］. 地理科学进展，25（2）：1-7.

樊杰，2014. 人地系统可持续过程、格局的前沿探索［J］. 地理学报，69

（8）：1060-1068.

樊立惠，蔺雪芹，王岱，2015. 北京市公共服务设施供需协调发展的时空演化特征：以教育医疗设施为例 [J]. 人文地理，30（1）：90-97.

方创琳，2019. 中国新型城镇化高质量发展的规律性与重点方向 [J]. 地理研究，38（1）：13-22.

费晨仪，姜洋，赵旭阳，等，2020. 中小学校周边交通环境整治：以北京市副中心两所学校为例 [J]. 城市交通，18（2）：37-45，14.

费孝通，2002. 居民自治：中国城市社区建设的新目标 [J]. 江海学刊（3）：15-18.

风笑天，2007. 生活质量研究：近三十年回顾及相关问题探讨 [J]. 社会科学研究（6）：1-8.

冯建喜，黄旭，汤爽爽，2017. 客观与主观建成环境对老年人不同体力活动影响机制研究：以南京为例 [J]. 上海城市规划（3）：17-23.

冯健，叶宝源，2013. 西方社会空间视角下的郊区化研究及其启示 [J]. 人文地理，28（3）：20-26.

冯健，周一星，2004. 郊区化进程中北京城市内部迁居及相关空间行为研究：基于千份问卷调查的分析 [J]. 地理研究，23（2）：227-242.

傅伯杰，2018. 新时代自然地理学发展的思考 [J]. 地理科学进展，37（1）：1-7.

高德地图，2020.2019 年度中国主要城市交通分析报告 [Z]. 北京：高德软件有限公司.

高更和，李小建，2005. 区域可持续发展评估的公众参与视角：以地方 21 世纪议程南阳试点为例 [J]. 地理科学进展，24（5）：97-104.

高小平，刘一弘，2009. 我国应急管理研究述评（上）[J]. 中国行政管理（8）：29-33.

高晓路，吴丹贤，许泽宁，等，2015. 中国老龄化地理学综述和研究框架构建 [J]. 地理科学进展，34（12）：1480-1494.

高晓明，2009. 城市社区防灾指标体系的研究与应用 [D]. 北京：北京工业大学.

龚迪嘉，张嘉慧，2020. 学区外小学生通学定制接送车交通模式研究：以浙江省金华市环城小学为例 [J]. 城市交通，18（2）：46-57.

龚胜生，谢海超，陈发虎，2020. 2200 年来我国瘟疫灾害的时空变化及其与生存环境的关系 [J]. 中国科学（地球科学），50（5）：719-722.

顾朝林，2011. 转型发展与未来城市的思考 [J]. 城市规划，35（11）：23-34.

郭春侠，杜秀秀，储节旺，2019. 大数据应急决策研究评述与发展思考 [J]. 情报理论与实践，42（1）：153-160.

郭继孚，刘莹，余柳，2011. 对中国大城市交通拥堵问题的认识 [J]. 城市交通，9（2）：8-14.

郭剑英，熊明均，2014. 大陆公民出境旅游的时空变化特征研究 [J]. 重庆与世界（学术版），31（6）：1-4.

海骏娇，辛晓睿，曾刚，2018. 中国城市环境可持续性的决策机制影响因素研究 [J]. 经济经纬，35（3）：16-22.

韩高峰，秦杨，2013. 需求与供给分析视角下教育设施布局规划指标体系构建：以南康市中心城区中小学布局专项规划为例 [J]. 规划师，29（12）：104-109.

韩增林，谢永顺，刘天宝，等，2018. 大连市初中教育消费者的社会空间结构研究 [J]. 地理科学，38（7）：1129-1138.

郝京京，张玲，吴小龙，等，2020. 考虑定制出行的儿童通学方式选择行为研究 [J]. 交通运输系统工程与信息，20（1）：111-116.

浩飞龙，施响，白雪，等，2019. 多样性视角下的城市复合功能特征及成因探测：以长春市为例 [J]. 地理研究，38（2）：247-258.

何海兵，2003. 我国城市基层社会管理体制的变迁：从单位制、街居制到社区制 [J]. 管理世界（6）：52-62.

何峻岭，李建忠，2007. 武汉市中小学生上下学交通特征分析及改善建议 [J]. 城市交通，5（5）：87-91.

何玲玲，林琳，2017. 学校周边建成环境对学龄儿童上下学交通方式的影响：以上海市为例 [J]. 上海城市规划（3）：30-36.

赫磊，戴慎志，解子昂，等，2019. 全球城市综合防灾规划中灾害特点及发展趋势研究 [J]. 国际城市规划，34（6）：92-99.

胡述聚，李诚固，张婧，等，2019. 教育绅士化社区：形成机制及其社会空间效应研究 [J]. 地理研究，38（5）：1175-1188.

胡小明，2011. 智慧城市的思维逻辑 [J]. 信息化建设（6）：11-16.

黄建中，吴萌，2015. 特大城市老年人出行特征及相关因素分析：以上海市中心城为例 [J]. 城市规划学刊（2）：93-101.

黄建中，张芮琪，胡刚钰，2019. 基于时空间行为的老年人日常生活圈研究：空间识别与特征分析 [J]. 城市规划学刊（3）：87-95.

黄圣凯，2009. 应用空间资讯技术探讨社区防灾安全度及自动化评估程序之研究 [D]. 台北：中国文化大学.

黄潇婷，2009. 基于时间地理学的景区旅游者时空行为模式研究：以北京颐和园为例 [J]. 旅游学刊，24（6）：82-87.

黄潇婷，2011. 旅游者时空行为研究 [M]. 北京：中国旅游出版社.

黄潇婷，2014. 旅游时间规划概念框架研究 [J]. 旅游学刊，29（11）：73-79.

黄潇婷，2015. 基于时空路径的旅游情感体验过程研究：以香港海洋公园为例 [J]. 旅游学刊，30（6）：39-45.

黄潇婷，朱树未，赵莹，2016. 产品跟随行为：旅游时间产品规划方法 [J].
　　旅游学刊，31 (5)：36-44.

姜晓萍，张璇，2017. 智慧社区的关键问题：内涵、维度与质量标准 [J].
　　上海行政学院学报，18 (6)：4-13.

蒋宇阳，2020. 从"半工半耕"到"半工伴读"：教育驱动下的县域城镇化新
　　特征 [J]. 城市规划，44 (1)：35-43，71.

蒋宗彩，2016. 国内外公共危机管理研究现状及评述 [J]. 电子科技大学学
　　报（社会科学版），18 (2)：23-28.

焦健，2019. 促进儿童步行与骑车通学：欧美安全上学路计划的成功经验与
　　启示 [J]. 上海城市规划 (3)：90-95.

金凤君，2014. 论人类可持续发展的空间福利 [J]. 地理研究，33 (3)：
　　582-588.

康春鹏，2012. 智慧社区在社会管理中的应用 [J]. 北京青年政治学院学报，
　　21 (2)：72-76.

康艳红，张京祥，2006. 人本主义城市规划反思 [J]. 城市规划学刊 (1)：
　　56-59.

孔翠翠，刘静，朱青，等，2016. 社会资本的地理学研究进展 [J]. 地理科
　　学进展，35 (8)：1039-1048.

雷平，施祖麟，2008. 我国出境旅游发展水平的国际比较研究 [J]. 旅游科
　　学，22 (2)：33-37.

雷洋，黄承锋，2018. 城市交通拥堵治理的研究综述和建议 [J]. 综合运输，
　　40 (4)：8-11，42.

黎巎，2014. 基于 Agent 的景区游客行为仿真建模与应用：以颐和园为例
　　[J]. 旅游学刊，29 (11)：62-72.

李东泉，2013. 中国社区发展历程的回顾与展望 [J]. 中国行政管理 (5)：
　　77-81.

李国青，李毅，2015. 我国智慧社区建设的困境与出路 [J]. 广州大学学报
　　（社会科学版），14 (12)：67-71.

李军，吕庆海，2018. 村镇综合防灾减灾规划方法研究：以神农架林区木鱼
　　镇为例 [J]. 西部人居环境学刊，33 (4)：107-114.

李蕾蕾，张晗，卢嘉杰，等，2005. 旅游表演的文化产业生产模式：深圳华
　　侨城主题公园个案研究 [J]. 旅游科学，19 (6)：44-51.

李鹏，魏涛，2011. 我国城市网格化管理的研究与展望 [J]. 城市发展研究，
　　18 (1)：中彩页 4-中彩页 6.

李庭洋，栾新，彭正洪，2013. 决策树学习算法在交通方式选择模型中的应
　　用 [J]. 武汉大学学报（工学版），46 (3)：354-358.

李雪铭，田深圳，2015. 中国人居环境的地理尺度研究 [J]. 地理科学，35
　　(12)：1495-1501.

李郇，吴康，龙瀛，等，2017. 局部收缩：后增长时代下的城市可持续发展争鸣 [J]. 地理研究，36（10）：1997-2016.

李尧远，曹蓉，2015. 我国应急管理研究十年（2004—2013）：成绩、问题与未来取向 [J]. 中国行政管理（1）：83-87.

李玉恒，武文豪，刘彦随，2020. 近百年全球重大灾害演化及对人类社会弹性能力建设的启示 [J]. 中国科学院院刊，35（3）：345-352.

李渊，丁燕杰，王德，2016. 旅游者时间约束和空间行为特征的景区旅游线路设计方法研究 [J]. 旅游学刊，31（9）：50-60.

李云新，王振兴，2017. 城乡一体化视角下的智慧城市建设：解读、困境与路径 [J]. 智慧城市评论（2）：8-14.

李志刚，陈宏胜，2019. 城镇化的社会效应及城镇化中后期的规划应对 [J]. 城市规划，43（9）：31-36.

李志刚，杜枫，2012. 中国大城市的外国人"族裔经济区"研究：对广州"巧克力城"的实证 [J]. 人文地理，27（6）：1-6.

梁丽，2016. 北京市智慧社区发展现状与对策研究 [J]. 电子政务（8）：119-125.

梁增贤，保继刚，2012. 主题公园黄金周游客流季节性研究：以深圳华侨城主题公园为例 [J]. 旅游学刊，27（1）：58-65.

林梅花，甄峰，朱寿佳，2017. 南京城市居民活动多样性特征及其影响因素 [J]. 热带地理，37（3）：400-408.

林焘宇，2016. 中小学生上学交通特征及规划对策：以深圳为例 [J]. 交通与运输（学术版）（Z2）：136-141.

林文棋，蔡玉蘅，李栋，等，2019. 从城市体检到动态监测：以上海城市体征监测为例 [J]. 上海城市规划（3）：23-29.

林雄斌，杨家文，2015. 城市交通拥堵特征与治理策略的多维度综合评述 [J]. 综合运输，37（8）：55-61.

林震，杨浩，2002. 出行者心理与交通信息系统存在问题分析 [J]. 公路，47（12）：90-93.

刘吉祥，周江评，肖龙珠，等，2019. 建成环境对步行通勤通学的影响：以中国香港为例 [J]. 地理科学进展，38（6）：807-817.

刘萌伟，黎夏，2010. 基于 Pareto 多目标遗传算法的公共服务设施优化选址研究：以深圳市医院选址为例 [J]. 热带地理，30（6）：650-655.

刘梦茹，陈湖梅，孟祥磊，等，2019. 步行巴士对儿童通学出行的影响与优化初探 [C] //中国城市规划学会. 活动城乡　美好人居：2019 中国城市规划年会论文集. 北京：中国建筑工业出版社：265-277.

刘沛林，廖柳文，刘春腊，2013. 城镇人居环境舒适指数及其组合因子研究：以湖南省长沙县为例 [J]. 地理科学进展，32（5）：769-776.

刘强，阮雪景，付碧宏，2010. 特大地震灾害应急避难场所选址原则与模型研究［J］. 中国海洋大学学报（自然科学版），40（8）：129-135.

刘天宝，郑莉文，杜鹏，2018. 市域义务教育资源均衡水平的空间特征与分布模式：以大连市小学为例［J］. 经济地理，38（7）：67-74.

刘卫东，唐志鹏，夏炎，等，2019. 中国碳强度关键影响因子的机器学习识别及其演进［J］. 地理学报，74（12）：2592-2603.

刘晓，2010. 关于城市交通拥堵问题研究的文献综述［J］. 经济研究导刊（4）：102-103.

刘彦随，严镔，王艳飞，2016. 新时期中国城乡发展的主要问题与转型对策［J］. 经济地理，36（7）：1-8.

刘勇，杨东阳，董冠鹏，等，2020. 河南省新冠肺炎疫情时空扩散特征与人口流动风险评估：基于 1243 例病例报告的分析［J］. 经济地理，40（3）：24-32.

刘瑜，2016. 社会感知视角下的若干人文地理学基本问题再思考［J］. 地理学报，71（4）：564-575.

刘玉亭，何微丹，2016. 广州市保障房住区公共服务设施的供需特征及其成因机制［J］. 现代城市研究，31（6）：2-10.

刘云刚，侯璐璐，2016. 基于生活圈的城乡管治理论研究［J］. 上海城市规划（2）：1-7.

刘张，千家乐，杜云艳，等，2020. 基于多源时空大数据的区际迁徙人群多层次空间分布估算模型：以 COVID-19 疫情期间自武汉迁出人群为例［J］. 地球信息科学学报，22（2）：147-160.

刘振宾，2003. 对主题公园的思考：兼议主题公园的生存条件、文娱表演及存在问题［J］. 北京规划建设（5）：24-28.

刘郑倩，叶玉瑶，张虹鸥，等，2020. 珠海市新型冠状病毒肺炎聚集发生的时空特征及传播路径［J］. 热带地理，40（3）：422-431.

刘志林，王茂军，2011. 北京市职住空间错位对居民通勤行为的影响分析：基于就业可达性与通勤时间的讨论［J］. 地理学报，66（4）：457-467.

刘治彦，岳晓燕，赵睿，2011. 我国城市交通拥堵成因与治理对策［C］// 首都经济贸易大学，北京市社会科学界联合会. 2011 城市国际化论坛：全球化进程中的大都市治理论文集. 北京：首都经济贸易大学：323-334.

龙瀛，张昭希，李派，等，2019. 北京西城区城市区域体检关键技术研究与实践［J］. 北京规划建设（S2）：180-188.

陆锋，刘康，陈洁，2014. 大数据时代的人类移动性研究［J］. 地球信息科学学报，16（5）：665-672.

陆化普，2014. 城市交通拥堵机理分析与对策体系［J］. 综合运输，36（3）：10-19.

陆化普，王继峰，张永波，2009. 城市交通规划中交通可达性模型及其应用

[J]. 清华大学学报（自然科学版），49（6）：781-785.

陆化普，张永波，王芳，2014. 中小学周边交通拥堵对策与通学路系统规划设计研究 [J]. 城市发展研究，21（5）：91-95，116.

马奔，李继朋，卢慧梅，2013. 我国应急管理文献述评的质量评价：基于Meta 的分析 [J]. 公共管理评论（2）：121-134.

马奔，毛庆铎，2015. 大数据在应急管理中的应用 [J]. 中国行政管理（3）：136-141.

马贵侠，2013. 社区服务管理创新模式与路径选择 [J]. 理论月刊（3）：166-170.

马静，柴彦威，符婷婷，2017. 居民时空行为与环境污染暴露对健康影响的研究进展 [J]. 地理科学进展，36（10）：1260-1269.

马向明，2014. 健康城市与城市规划 [J]. 城市规划，38（3）：53-55.

毛嘉莉，金澈清，章志刚，等，2017. 轨迹大数据异常检测：研究进展及系统框架 [J]. 软件学报，28（1）：17-34.

宁越敏，2012. 中国城市化特点、问题及治理 [J]. 南京社会科学（10）：19-27.

潘海啸，2010. 中国城市绿色交通：改善交通拥挤的根本性策略 [J]. 现代城市研究，25（1）：6-10.

齐兰兰，周素红，2018. 邻里建成环境对居民外出型休闲活动时空差异的影响：以广州市为例 [J]. 地理科学，38（1）：31-40.

钱宁，陈新保，黄鹏，等，2014. 城市运行体征评价体系研究：以北京、上海、广州和深圳为例 [J]. 大众科技，16（6）：249-252.

秦红岭，2019. 城市体检：城市总体规划评估与落实的制度创新 [J]. 城乡建设（13）：12-15.

秦萧，甄峰，2017. 论多源大数据与城市总体规划编制问题 [J]. 城市与区域规划研究，9（4）：136-155.

秦玉友，2017. 教育城镇化的异化样态反思及积极建设思路 [J]. 教育发展研究，37（6）：1-7.

仇保兴，2003. 我国城镇化高速发展期面临的若干挑战 [J]. 城市发展研究，10（6）：1-15.

仇保兴，2012. 新型城镇化：从概念到行动 [J]. 行政管理改革（11）：11-18.

单卓然，黄亚平，2013. "新型城镇化"概念内涵、目标内容、规划策略及认知误区解析 [J]. 城市规划学刊（2）：16-22.

上海社会科学院信息研究所，电子政府研究中心，2015. 上海智慧城市建设发展报告（2015 年）：智慧社区的建设与发展 [M]. 上海：上海社会科学院出版社.

申雪璟，吴继荣，2013. 城市防灾避险绿地系统规划布局构建研究 [C] //

中国城市规划学会. 城市时代　协同规划：2013 中国城市规划年会论文集. 青岛：青岛出版社.

申悦，柴彦威，2013a. 基于 GPS 数据的北京市郊区巨型社区居民日常活动空间［J］. 地理学报，68（4）：506-516.

申悦，柴彦威，2018. 基于日常活动空间的社会空间分异研究进展［J］. 地理科学进展，37（6）：853-862.

申悦，柴彦威，郭文伯，2013b. 北京郊区居民一周时空间行为的日间差异［J］. 地理研究，32（4）：701-710.

申悦，柴彦威，马修军，2014. 人本导向的智慧社区的概念、模式与架构［J］. 现代城市研究，29（10）：13-17.

申悦，塔娜，柴彦威，2017. 基于生活空间与活动空间视角的郊区空间研究框架［J］. 人文地理，32（4）：1-6.

宋伟轩，陈培阳，胡咏嘉，2015. 中西方城市内部居住迁移研究述评［J］. 城市规划学刊（5）：45-49.

宋小冬，陈晨，周静，等，2014. 城市中小学布局规划方法的探讨与改进［J］. 城市规划，38（8）：48-56.

孙斌栋，但波，2015. 上海城市建成环境对居民通勤方式选择的影响［J］. 地理学报，70（10）：1664-1674.

孙澄，王燕语，范乐，2008. 基于疏散模拟的东北地区居住区路网结构优化策略研究［J］. 建筑学报（2）：38-43.

孙道胜，柴彦威，2017. 城市社区生活圈体系及公共服务设施空间优化：以北京市清河街道为例［J］. 城市发展研究，24（9）：7-14，25.

孙道胜，柴彦威，张艳，2016. 社区生活圈的界定与测度：以北京清河地区为例［J］. 城市发展研究，23（9）：1-9.

孙九霞，周尚意，王宁，等，2016. 跨学科聚焦的新领域：流动的时间、空间与社会［J］. 地理研究，35（10）：1801-1818.

孙中亚，甄峰，2013. 智慧城市研究与规划实践述评［J］. 规划师，29（2）：32-36.

塔娜，柴彦威，2010. 时间地理学及其对人本导向社区规划的启示［J］. 国际城市规划，25（6）：36-39.

塔娜，柴彦威，2015. 北京市郊区居民汽车拥有和使用状况与活动空间的关系［J］. 地理研究，34（6）：1149-1159.

塔娜，柴彦威，2017. 基于收入群体差异的北京典型郊区低收入居民的行为空间困境［J］. 地理学报，72（10）：1776-1786.

汤优，张蕊，杨静，等，2017. 北京市学龄儿童通学出行行为特征分析［J］. 交通工程，17（2）：53-57，64.

陶印华，申悦，2018. 医疗设施可达性空间差异及其影响因素：基于上海市户籍与流动人口的对比［J］. 地理科学进展，37（8）：1075-1085.

田莉，李经纬，欧阳伟，等，2016. 城乡规划与公共健康的关系及跨学科研究框架构想 [J]. 城市规划学刊（2）：111-116.

童曙泉，袁云儿，刘威，2015.《北京市养老服务设施专项规划》发布 [EB/OL].（2015-11-26）[2020-12-16]. http：//www. gov. cn/xinwen/2015-11/26/content _ 5017132. htm.

涂唐奇，闫东升，陈江龙，等，2019. 南京城市义务教育设施空间演化 [J]. 地理科学，39（3）：433-441.

汪德根，2013. 武广高速铁路对湖北省区域旅游空间格局的影响 [J]. 地理研究，32（8）：1555-1564.

王承云，王越，朱弈希，2019. 地理学视角的中日友好城市时空演化过程研究 [J]. 地理研究，38（12）：2985-2996.

王德，傅英姿，2019. 手机信令数据助力上海市社区生活圈规划 [J]. 上海城市规划（6）：23-29.

王德，张晋庆，2001. 上海市消费者出行特征与商业空间结构分析 [J]. 城市规划，25（10）：6-14.

王丰龙，王冬根，2015. 主观幸福感度量研究进展及其对智慧城市建设的启示 [J]. 地理科学进展，34（4）：482-493.

王江波，陈晨，苟爱萍，2019. 网格化视角下小城市防灾公共设施布局研究：以河南省西平县为例 [J]. 防灾科技学院学报，21（4）：55-65.

王姣娥，胡浩，2012. 基于空间距离和时间成本的中小文化旅游城市可达性研究 [J]. 自然资源学报，27（11）：1951-1961.

王京春，高斌，类延旭，等，2012. 浅析智慧社区的相关概念及其应用实践：以北京市海淀区清华园街道为例 [J]. 理论导刊（11）：13-15.

王轲，2019. 中国城市社区治理创新的特征、动因及趋势 [J]. 城市问题（3）：67-76.

王兰，李潇天，杨晓明，2020. 健康融入 15 分钟社区生活圈：突发公共卫生事件下的社区应对 [J]. 规划师，36（6）：102-106，120.

王鹏龙，高峰，黄春林，等，2018. 面向 SDGs 的城市可持续发展评价指标体系进展研究 [J]. 遥感技术与应用，33（5）：784-792.

王萍，刘诗梦，2017. 从智能管理迈向智慧治理：以杭州市西湖区三墩镇"智慧社区"为观察样本 [J]. 中共杭州市委党校学报（1）：75-81.

王蓉，2018. 中国教育新业态发展报告（2017）：基础教育 [M]. 北京：社会科学文献出版社.

王天华，2016. 基于改进的 GBDT 算法的乘客出行预测研究 [D]. 大连：大连理工大学.

王婷杨，2016. 城市防灾生活圈绿地空间研究 [D]. 广州：华南理工大学.

王侠，陈晓键，2018a. 西安城市小学通学出行的时空特征与制约分析 [J]. 城市规划，42（11）：142-150.

王侠，焦健，2018b. 基于通学出行的建成环境研究综述 [J]. 国际城市规划，33（6）：57-62，109.

王义保，杨婷惠，2019. 城市安全研究知识图谱的可视化分析 [J]. 城市发展研究，26（3）：116-124.

王宇凡，冯健，2013. 基于生命历程视角的郊区居民迁居行为重构：以北京回龙观居住区为例 [J]. 人文地理，28（3）：34-41，50.

王志弘，朱政骐，2007. 风险地理、恐惧地景与病理化他者台湾 SARS 治理之空间/权力分析 [J]. 中国地理学会会刊（38）：23-43.

王志涛，王晓卓，2019. 新形势下城市综合防灾规划转型的若干思考 [J]. 城市与减灾（6）：14-18.

韦佼，赵龙，韩凤春，2013. 学校周边道路交通管理设施设置研究 [J]. 西部交通科技（12）：63-66.

魏娜，2003. 我国城市社区治理模式：发展演变与制度创新 [J]. 中国人民大学学报，17（1）：135-140.

温宗勇，2016. 北京"城市体检"的实践与探索 [J]. 北京规划建设（2）：70-73.

温宗勇，丁燕杰，关丽，等，2019. 舌尖上的城市体检：北京西城区月坛街道菜市场专项体检 [J]. 北京规划建设（1）：154-160.

巫细波，杨再高，2010. 智慧城市理念与未来城市发展 [J]. 城市发展研究，17（11）：56-60.

吴必虎，黄琢玮，马小萌，2004. 中国城市周边乡村旅游地空间结构 [J]. 地理科学，24（6）：757-763.

吴迪，2016. 北京市交通拥堵问题与治理对策研究 [D]. 北京：中央民族大学.

吴炆佳，钱俊希，朱竑，2015. 商品化民族节日中表演者的角色认同与管理：以西双版纳傣族园泼水节为例 [J]. 旅游学刊，30（5）：55-64.

吴旭红，2012. 智慧社区建设何以可能：基于整合性行动框架的分析 [J]. 公共管理学报，17（4）：110-125，173.

吴越菲，2019. 迈向流动性治理：新地域空间的理论重构及其行动策略 [J]. 学术月刊，51（2）：86-95.

吴志强，李德华，2010. 城市规划原理 [M]. 4 版. 北京：中国建筑工业出版社.

武利亚，2008. 奥运城市运行监测中心："数字化"城市管理系统发展新方向 [J]. 城市管理与科技，10（4）：12-15.

武田艳，何芳，2011. 城市社区公共服务设施规划标准设置准则探讨 [J]. 城市规划，35（9）：13-18.

夏晓敬，关宏志，2013. 北京市老年人出行调查与分析 [J]. 城市交通，11（5）：44-52.

夏学銮，2002. 中国社区建设的理论架构探讨 [J]. 北京大学学报（哲学社会科学版），39（1）：127-134.

肖作鹏，柴彦威，2012. 从个人出行规划到个人行为规划 [J]. 规划师，28（1）：5-11.

谢翠容，代侦勇，许广青，2016. 基于公路交通网的旅游景区时间可达性分析：以武汉市为例 [J]. 测绘与空间地理信息，39（8）：173-176,185.

谢慧，李沁，2005. 武汉市普通中小学校布局规划探索 [J]. 规划师，21（11）：50-53.

邢月潭，2008. 上海市社区网格化管理研究 [D]. 上海：华东师范大学.

修春亮，2018. 安全与韧性：新时期我国城市规划的理论与实践 [J]. 城市建筑（35）：3.

徐菊凤，1998. 中国主题公园及其文娱表演研讨会综述 [J]. 旅游学刊，13（5）：18-22.

徐可，2019. 健康城市背景下老年人出行特征研究 [D]. 北京：北京大学.

徐勤政，何永，甘霖，等，2018. 从城市体检到街区诊断：大栅栏城市更新调研 [J]. 北京规划建设（2）：142-148.

徐怡珊，周典，刘柯琚，2019. 老年人时空间行为可视化与社区健康宜居环境研究 [J]. 建筑学报（S1）：90-95.

许晓霞，柴彦威，2011. 城市女性休闲活动的影响因素及差异分析：基于休息日与工作日的对比 [J]. 城市发展研究，18（12）：95-100.

许晓霞，柴彦威，颜亚宁，2010. 郊区巨型社区的活动空间：基于北京市的调查 [J]. 城市发展研究，17（11）：41-49.

薛德升，曾献君，2016. 中国人口城镇化质量评价及省际差异分析 [J]. 地理学报，71（2）：194-204.

闫岩，温婧，2020. 新冠疫情早期的媒介使用、风险感知与个体行为 [J]. 新闻界（6）：50-61.

杨婕，陶印华，柴彦威，2019. 邻里建成环境与社区整合对居民身心健康的影响：交通性体力活动的调节效应 [J]. 城市发展研究，26（9）：17-25.

杨俊宴，史北祥，史宜，等，2020. 高密度城市的多尺度空间防疫体系建构思考 [J]. 城市规划，44（3）：17-24.

杨亮洁，杨永春，2017. 石羊河流域土地利用变化对区域碳排放和碳吸收的影响 [J]. 兰州大学学报（自然科学版），53（6）：749-756，763.

杨林生，2019. 面向生态文明建设的健康地理研究 [R]. 北京：2019 年中国地理学大会.

杨庆媛，王兆林，鲁春阳，等，2007. 生态足迹研究方法在土地资源可持续利用评价中应用：以重庆市为例 [J]. 西南大学学报（自然科学版），29（8）：134-138.

杨文越，曹小曙，2019. 多尺度交通出行碳排放影响因素研究进展 [J]. 地理科学进展，38（11）：1814-1828.

杨永春，渠涛，2006. 兰州城市环境污染效应研究 [J]. 干旱区资源与环境，20（3）：48-53.

杨振山，丁悦，李娟，2016. 城市可持续发展研究的国际动态评述 [J]. 经济地理，36（7）：9-18.

杨振山，吴笛，杨定，2019. 迁居意愿、地方依赖和社区认同：北京中关村地区居住选择调查分析 [J]. 地理科学进展，38（3）：417-427.

姚士谋，张平宇，余成，等，2014. 中国新型城镇化理论与实践问题 [J]. 地理科学，34（6）：641-647.

叶超，2019. 空间正义与新型城镇化研究的方法论 [J]. 地理研究，38（1）：146-154.

叶乃静，2003. SARS流行期间民众健康资讯行为研究 [J]. 图书信息学刊，1（2）：95-110.

于一凡，2019. 从传统居住区规划到社区生活圈规划 [J]. 城市规划，43（5）：17-22.

余柳，刘莹，2011. 北京市小学生通学交通特征分析及校车开行建议 [J]. 交通运输系统工程与信息，11（5）：193-199.

袁振杰，郭隽万果，杨韵莹，等，2020. 中国优质基础教育资源空间格局形成机制及综合效应 [J]. 地理学报，75（2）：318-331.

约翰斯顿，2004. 人文地理学词典 [M]. 柴彦威，等译. 北京：商务印书馆.

张纯，柴彦威，陈零极，2009. 从单位社区到城市社区的演替：北京同仁堂的案例 [J]. 国际城市规划，24（5）：33-36.

张杰，吕杰，2003. 从大尺度城市设计到"日常生活空间" [J]. 城市规划，27（9）：40-45.

张景秋，刘欢，齐英茜，等，2015. 北京城市老年人居住环境及生活满意度分析 [J]. 地理科学进展，34（12）：1628-1636.

张雷，2003. 经济发展对碳排放的影响 [J]. 地理学报，58（4）：629-637.

张田，2019. 基于防灾生活圈理论的社区防灾规划方法：以潍坊高新区为例 [D]. 济南：山东建筑大学.

张文佳，柴彦威，2008. 基于家庭的城市居民出行需求理论与验证模型 [J]. 地理学报，63（12）：1246-1256.

张文佳，柴彦威，2009. 时空制约下的城市居民活动—移动系统：活动分析法的理论和模型进展 [J]. 国际城市规划，24（4）：60-68.

张文佳，鲁大铭，2019. 影响时空行为的建成环境测度与实证研究综述 [J]. 城市发展研究，26（12）：9-16，26.

张文佳，王梅梅，2021. 交通拥堵治理的空间与基础设施政策综述 [J]. 人文地理，36（2）：20-26.

张文佳，朱彩澄，朱建成，2020. 行为网络视角下区域空间结构研究进展
[J]. 地理科学进展，41（8）. 等待见刊.

张文忠，2016. 宜居城市建设的核心框架 [J]. 地理研究，35（2）：
205-213.

张晓玲，2018. 可持续发展理论：概念演变、维度与展望 [J]. 中国科学院
院刊，33（1）：10-19.

张艳，柴彦威，2009. 基于居住区比较的北京城市通勤研究 [J]. 地理研究，
28（5）：1327-1340.

张艳，柴彦威，2013. 生活活动空间的郊区化研究 [J]. 地理科学进展，32
（12）：1723-1731.

张扬，何承，张祎，等，2016. 上海市道路交通状态指数简介及应用案例
[J]. 交通与运输，32（3）：16-18.

张影莎，苏勤，胡兴报，等，2012. 基于排队论的方特欢乐世界主题公园容
量研究 [J]. 旅游学刊，27（1）：66-72.

张永明，甄峰，2019. 建成环境对居民购物模式选择的影响：以南京为例
[J]. 地理研究，38（2）：182-194.

赵树凯，2000. 边缘化的基础教育：北京外来人口子弟学校的初步调查 [J].
管理世界（5）：70-78.

赵莹，柴彦威，桂晶晶，2016. 中国城市休闲时空行为研究前沿 [J]. 旅游
学刊，31（9）：30-40.

甄峰，秦萧，王波，2014. 大数据时代的人文地理研究与应用实践 [J]. 人
文地理，29（3）：1-6.

甄峰，秦萧，席广亮，2015. 信息时代的地理学与人文地理学创新 [J]. 地
理科学，35（1）：11-18.

郑骞，2013. 学校片区交通拥堵改善方案研究：以武汉市育才小学片区为例
[J]. 交通与运输（学术版）（Z2）：83-86.

郑淑鉴，杨敬锋，2014. 国内外交通拥堵评价指标计算方法研究 [J]. 公路
与汽运（1）：57-61.

郑思齐，于都，孙聪，等，2017. 基于供需匹配的城市基础教育设施配置问
题研究：以合肥市为例 [J]. 华东师范大学学报（哲学社会科学版），
49（1）：133-138，176.

郑童，吕斌，张纯，2011. 北京流动儿童义务教育设施的空间不均衡研究：
以丰台区为例 [J]. 城市发展研究，18（10）：115-123.

中共中央，国务院，2014. 国家新型城镇化规划（2014—2020 年）[M]. 北
京：人民出版社.

中国新闻网，2014. 中方：赴美入境签证有效期延长，助各领域交流合作
[EB/OL].（2014-11-10）[2020-12-16]. http：//www. chinanews.

com/gn/2014/11-10/6765636. shtml.

周春山，叶昌东，2013. 中国城市空间结构研究评述 [J]. 地理科学进展，32 (7)：1030-1038.

周洪建，张卫星，2013. 社区灾害风险管理模式的对比研究：以中国综合减灾示范社区与国外社区为例 [J]. 灾害学，28 (2)：120-126.

周江评，2010. 交通拥挤收费：最新国际研究进展和案例 [J]. 城市规划，34 (11)：47-54.

周素红，何嘉明，2017. 郊区化背景下居民健身活动时空约束对心理健康影响：以广州为例 [J]. 地理科学进展，36 (10)：1229-1238.

周艳妮，姜涛，宋晓杰，等，2016. 英国年度规划实施评估的国际经验与启示 [J]. 国际城市规划，31 (3)：98-104.

朱竑，高权，2015. 西方地理学"情感转向"与情感地理学研究述评 [J]. 地理研究，34 (7)：1394-1406.

祝付玲，2006. 城市道路交通拥堵评价指标体系研究 [D]. 南京：东南大学.

·外文文献·

ADAM B，1994. Time and social theory [M]. Combridge：Polity Press.

ADKINS A，MAKAREWICZ C，SCANZE M，et al，2017. Contextualizing walkability：do relationships between built environments and walking vary by socioeconomic context [J]. Journal of the American planning association，83 (3)：296-314.

ADLER M W，VAN OMMEREN J N，2016. Does public transit reduce car travel externalities？ Quasi-natural experiments' evidence from transit strikes [J]. Journal of urban economics，92：106-119.

AFTABUZZAMAN M，2007. Measuring traffic congestion：a critical review [C]. Melbourne：30th Australasian Transport Research Forum：1-16.

AFTABUZZAMAN M，MAZLOUMI E，2011. Achieving sustainable urban transport mobility in post peak oil era [J]. Transport policy，18 (5)：695-702.

AHAS R，AASA A，SILM S，et al，2007. Mobile positioning in space-time behaviour studies：social positioning method experiments in Estonia [J]. Cartography and geographic information science，34 (4)：259-273.

AHLFELDT G M，PIETROSTEFANI E，2019. The economic effects of density：a synthesis [J]. Journal of urban economics，111：93-107.

ALBALATE D，FAGEDA X，2019. Congestion，road safety，and the effectiveness of public policies in urban areas [J]. Sustainability，11

(18): 5092.

ALDERSON A S, BECKFIELD J, 2004. Power and position in the world city system [J]. American journal of sociology, 109 (4): 811-851.

ALEXANDER B, DIJST M, ETTEMA D, 2010. Working from 9 to 6? An analysis of in – home and out – of – home working schedules [J]. Transportation, 37 (3): 505-523.

ALLEN T D, 2001. Family – supportive work environments: the role of organizational perceptions [J]. Journal of vocational behavior, 58 (3): 414-435.

AMIN A, THRIFT N, 2002. Cities: reimagining the urban [M]. Oxford: Blackwell.

AN L, TSOU M H, CROOK S E S, et al, 2015. Space – time analysis: concepts, quantitative methods, and future directions [J]. Annals of the association of American geographers, 105 (5): 891-914.

ANAS A, LINDSEY R, 2011. Reducing urban road transportation externalities: road pricing in theory and in practice [J]. Review of environmental economics and policy, 5 (1): 66-88.

ANAS A, RHEE H J, 2006. Curbing excess sprawl with congestion tolls and urban boundaries [J]. Regional science and urban economics, 36 (4): 510-541.

ANDERSON M L, 2014. Subways, strikes, and slowdowns: the impacts of public transit on traffic congestion [J]. American economic review, 104 (9): 2763-2796.

ANDRESEN M, 2016. Health geography III: old ideas, new ideas or new determinisms [J]. Progress in human geography (27): 1-11.

ANNEAR M J, CUSHMAN G, GIDLOW B, 2009. Leisure time physical activity differences among older adults from diverse socioeconomic neighborhoods [J]. Health & place, 15 (2): 482-490.

ANTIPOVA A, WILMOT C, 2012. Alternative approaches for reducing congestion in Baton Rouge, Louisiana [J]. Journal of transport geography, 24: 404-410.

APPEL R, FUCHS T, DOLLÁR P, et al, 2013. Quickly boosting decision trees-pruning underachieving features early [C]. Atlanta: International Conference on Machine Learning: 594-602.

ARNOTT R J, 1979. Unpriced transport congestion [J]. Journal of economic theory, 21 (2): 294-316.

ASAKURA Y, HATO E, 2004. Tracking survey for individual travel behaviour using mobile communication instruments [J]. Transportation research part C: emerging technologies, 12 (3-4): 273-291.

ÅSLUND O, SKANS O N, 2010. Will I see you at work? Ethnic workplace segregation in Sweden, 1985-2002 [J]. ILR review, 63 (3): 471-493.

BARTON H, GRANT M, 2013. Urban planning for healthy cities [J]. Journal of urban health, 90 (1): 129-141.

BATEL S, DEVINE-WRIGHT P, TANGELAND T, 2013. Social acceptance of low carbon energy and associated infrastructures: a critical discussion [J]. Energy policy, 58: 1-5.

BATTY M, AXHAUSEN K W, GIANNOTTI F, et al, 2012. Smart cities of the future [J]. The European physical journal special topics, 214 (1): 481-518.

BAUERNSCHUSTER S, HENER T M, RAINER H, 2017. When labor disputes bring cities to a standstill: the impact of public transit strikes on traffic, accidents, air pollution, and health [J]. American economic journal: economic policy, 9 (1): 1-37.

BEAUDOIN J, FARZIN Y H, LIN LAWELL C Y C, 2015. Public transit investment and sustainable transportation: a review of studies of transit's impact on traffic congestion and air quality [J]. Research in transportation economics, 52: 15-22.

BEAUDOIN J, LAWELL C Y C L, 2017. The effects of urban public transit investment on traffic congestion and air quality [M] //YAGHOUBI H. Urban transport systems. Vienna: IntechOpen: 111-123.

BERKE E M, KOEPSELL T D, MOUDON A V, et al, 2007. Association of the built environment with physical activity and obesity in older persons [J]. American journal of public health, 97 (3): 486-492.

BERNARDO C, PALETI R, HOKLAS M, et al, 2015. An empirical investigation into the time-use and activity patterns of dual-earner couples with and without young children [J]. Transportation research part A: policy and practice, 76: 71-91.

BHAT C R, 1998. A model of post home-arrival activity participation behavior [J]. Transportation research part B : methodological, 32 (6): 387-400.

BIAN C Z, YUAN C W, KUANG W B, et al, 2016. Evaluation, classification, and influential factors analysis of traffic congestion in Chinese cities using the online map data [J]. Mathematical problems in engineering, 2016: 1-10.

BIE Y M, GONG X L, LIU Z Y, 2015. Time of day intervals partition for bus schedule using GPS data [J]. Transportation research part C: emerging technologies, 60: 443-456.

BIGNÉ J E, ANDREU L, 2004. Emotions in segmentation: an empirical study [J]. Annals of tourism research, 31 (3): 682-696.

BIRENBOIM A, ANTON CLAVÉ S A, RUSSO A P, et al, 2013. Temporal activity patterns of theme park visitors [J]. Tourism geographies, 15 (4): 601-619.

BIRENBOIM A, REINAU K H, SHOVAL N, et al, 2015. High-resolution measurement and analysis of visitor experiences in time and space: the case of Aalborg zoo in Denmark [J]. The professional geographer, 67 (4): 620-629.

BLASCHKE T, 2006. The role of the spatial dimension within the framework of sustainable landscapes and natural capital [J]. Landscape and urban planning, 75 (3/4): 198-226.

BOISJOLY G, EL-GENEIDY A, 2016. Daily fluctuations in transit and job availability: a comparative assessment of time-sensitive accessibility measures [J]. Journal of transport geography, 52: 73-81.

BONFIGLIOLI S, 1997. Urban time policies in Italy: an overview of time-oriented research [J]. Transfer: European review of labour and research, 3 (4): 700-722.

BONSALL P, WARDMAN M, NASH C, et al, 1992. Development of a survey instrument to measure subjective valuations of non-use benefits of local public transport services [M]. Victoria: Eucalyputs Press.

BORINS S F, 1988. Electronic road pricing: an idea whose time may never come [J]. Transportation research part A: general, 22 (1): 37-44.

BORST H C, DE VRIES S I, GRAHAM J M A, et al, 2009. Influence of environmental street characteristics on walking route choice of elderly people [J]. Journal of environmental psychology, 29 (4): 477-484.

BOSCHMANN E E, BRADY S A, 2013. Travel behaviors, sustainable mobility, and transit-oriented developments: a travel counts analysis of older adults in the Denver, Colorado metropolitan area [J]. Journal of transport geography, 33: 1-11.

BOTERMAN W, MUSTERD S, PACCHI C, et al, 2019. School segregation in contemporary cities: socio-spatial dynamics, institutional context and urban outcomes [J]. Urban studies, 56 (15): 3055-3073.

BOUTON S, KNUPFER S M, MIHOV I, et al, 2015. Urban mobility at a tipping point [M]. New York: McKinsey and Company.

BRADDOCK J H, 1980. The perpetuation of segregation across levels of education: a behavioral assessment of the contact-hypothesis [J]. Sociology of education, 53 (3): 178-186.

BRADFORD M，1990. Education，attainment and the geography of choice [J]. Geography，75 (1)：3-16.

BRAWLEY L R，REJESKI W J，KING A C，2003. Promoting physical activity for older adults：the challenges for changing behavior [J]. American journal of preventive medicine，25 (3)：172-183.

BRICKA S G，2008. Trip chaining：linking the influences and implications [D]. Texas：University of Texas at Austin.

BRIDA J G，DEIDDA M，PULINA M，2014. Tourism and transport systems in mountain environments：analysis of the economic efficiency of cableways in South Tyrol [J]. Journal of transport geography，36：1-11.

BRONFENBRENNER U，1977. Toward an experimental ecology of human development [J]. American psychologist，32 (7)：513.

BROWN R，HEWSTONE M，2005. An integrative theory of intergroup contact [J]. Advances in experimental social psychology，37：255-343.

BRUECKNER J K，2007. Urban growth boundaries：an effective second-best remedy for unpriced traffic congestion [J]. Journal of housing economics，16 (3/4)：263-273.

BUHALIS D，2000. Marketing the competitive destination of the future [J]. Tourism management，21 (1)：97-116.

BURNETT P，HANSON S，1982. The analysis of travel as an example of complex human behavior in spatially-constrained situations：definition and measurement issues [J]. Transportation research part A：general，16 (2)：87-102.

BURTON E，2000. The compact city：just or just compact? A preliminary analysis [J]. Urban studies，37 (11)：1969-2001.

BUTLER T，HAMNETT C，2007. The geography of education：introduction [J]. Urban studies，44 (7)：1161-1174.

BYRNE G E，MULHALL S M，1995. Congestion management data requirements and comparisons [J]. Transportation research record：journal of the transportation research board，1499：28-36.

CAMPBELL S，1996. Green cities，growing cities，just cities：urban planning and the contradictions of sustainable development [J]. Journal of the American planning association，62 (3)：296-312.

CANTER D，1980. Fires and human behaviour：emerging issues [J]. Fire safety journal，3 (1)：41-46.

CAO X Y，MOKHTARIAN P L，HANDY S L，2007. Cross-sectional and quasi-panel explorations of the connection between the built environment and auto ownership [J]. Environment and planning A: economy and space, 39 (4): 830-847.

CASTELLS M, 1996. The space of flows [J]. The rise of the network society, 1: 376-482.

CERVERO R, 2002. Induced travel demand: research design, empirical evidence, and normative policies [J]. Journal of planning literature, 17 (1): 3-20.

CERVERO R, DUNCAN M, 2006. Which reduces vehicle travel more: jobs-housing balance or retail-housing mixing [J]. Journal of the American planning association, 72 (4): 475-490.

CERVERO R, GUERRA E, AL S, 2017. Beyond mobility: planning cities for people and places [M]. Washington, DC: Island Press.

CERVERO R, KOCKELMAN K, 1997. Travel demand and the 3Ds: density, diversity, and design [J]. Transportation research part D: transport and environment, 2 (3): 199-219.

CHAI Y W, 2013. Space-time behavior research in China: recent development and future prospect [J]. Annals of the association of American geographers, 103 (5): 1093-1099.

CHAI Y W, CHEN Z F, 2018. Towards mobility turn in urban planning: smart travel planning based on space-time behavior in Beijing, China [M] //SHEN Z J, LI M Y. Big data support of urban planning and management: the experience in China. Berlin: Springer.

CHAI Y W, TA N, MA J, 2016. The socio-spatial dimension of behavior analysis: frontiers and progress in Chinese behavioral geography [J]. Journal of geographical sciences, 26 (8): 1243-1260.

CHAPIN F S JR, 1974. Human activity patterns in the city: things people do in time and in space [M]. New York: John Wiley & Sons, Inc.

CHEN J, SHAW S L, YU H B, et al, 2011. Exploratory data analysis of activity diary data: a space-time GIS approach [J]. Journal of transport geography, 19 (3): 394-404.

CHEN Z F, YEH A G O, 2021. Socioeconomic variations and disparity in space-time accessibility in suburban China: a case study of Guangzhou [J]. Urban studies, 58 (4): 750-768.

CHOIÃ T-M, LIU S-C, PANG K-M, et al, 2008. Shopping behaviors of individual tourists from the Chinese Mainland to Hong Kong [J]. Tourism management, 29 (4): 811-820.

CHUDYK A M, WINTERS M, MONIRUZZAMAN M, et al, 2015. Destinations matter: the association between where older adults live and their travel behavior [J]. Journal of transport & health, 2 (1): 50-57.

CLARK D, 2020. Flexible working in the UK: statistics & facts [EB/OL]. (2020-06-02) [2020-12-17]. https://www. statista. com/topics/ 6419/flexible-working-in-the-uk/.

COLEMAN J S, 1988. Social capital in the creation of human capital [J]. American journal of sociology, 94: 95-120.

COLLIA D V, SHARP J, GIESBRECHT L, 2003. The 2001 national household travel survey: a look into the travel patterns of older Americans [J]. Journal of safety research, 34 (4): 461-470.

COMBS S, 2010. Analysis of alternative work schedules [M]. Austin, Texas: Texas Comptroller of Public Accounts.

Communications ICF, 2011. The smart community concept [EB/OL]. (2011-11-01) [2020-12-20]. http://www. smartcommunities. org/.

COOKSON G, 2018. INRIX global traffic scorecard [R]. Kirkland: INRIX Research.

COOMBES M G, DIXON J S, GODDARD J B, et al, 1979. Daily urban systems in Britain: from theory to practice [J]. Environment and planning A: economy and space, 11 (5): 565-574.

COTTRELL W D, 1991. Measurement of the extent and duration of freeway congestion in urbanized areas [C]. Wisconsin: Institute of Transportation Engineers Meeting.

CROOKS V A, ANDREWS G J, PEARCE J, 2018. Routledge handbook of health geography [M]. London: Routledge.

CUNNINGHAM G O, MICHAEL Y L, 2004. Concepts guiding the study of the impact of the built environment on physical activity for older adults: a review of the literature [J]. American journal of health promotion, 18 (6): 435-443.

CURRIE G, DELBOSC A, 2010. Modelling the social and psychological impacts of transport disadvantage [J]. Transportation, 37 (6): 953-966.

CUTSINGER J, GALSTER G, WOLMAN H, et al, 2005. Verifying the multi-dimensional nature of metropolitan land use: advancing the understanding and measurement of sprawl [J]. Journal of urban affairs, 27 (3): 235-259.

DELAFONTAINE M, NEUTENS T, SCHWANEN T, et al, 2011. The impact of opening hours on the equity of individual space-time accessibility [J]. Computers, environment and urban systems, 35 (4): 276-288.

DEMPSEY N, BRAMLEY G, POWER S, et al, 2011. The social dimension of sustainable development: defining urban social sustainability [J]. Sustainable development, 19 (5): 289-300.

DEMSAR U, VIRRANTAUS K, 2010. Space-time density of trajectories: exploring spatio-temporal patterns in movement data [J]. International journal of geographical information science, 24 (10): 1527-1542.

DE'ATH G, 2007. Boosted trees for ecological modeling and prediction [J]. Ecology, 88 (1): 243-251.

DIETVORST A, 1955. Tourist behavior and the importance of time-space analysis [C] //ASHWORTH G J, DIETVORST A G J. Tourism and spatial transformation: implications for policy and planning. Wallingford: CABI International: 163-181.

DIJST M, DE JONG T, VAN ECK J R, 2002. Opportunities for transport mode change: an exploration of a disaggregated approach [J]. Environment and planning B: planning and design, 29 (3): 413-430.

DING C, CAO X Y, NAESS P, 2018. Applying gradient boosting decision trees to examine non-linear effects of the built environment on driving distance in Oslo [J]. Transportation research part A: policy and practice, 110: 107-117.

DING D, GEBEL K, 2012. Built environment, physical activity, and obesity: what have we learned from reviewing the literature [J]. Health & place, 18 (1): 100-105.

DING J X, JIN F J, LI Y J, et al, 2013. Analysis of transportation carbon emissions and its potential for reduction in China [J]. Chinese journal of population resources and environment, 11 (1): 17-25.

DONG G P, MA J, KWAN M P, et al, 2018. Multi-level temporal autoregressive modelling of daily activity satisfaction using GPS-integrated activity diary data [J]. International journal of geographical information science, 32 (11): 2189-2208.

DORSEY D N, 2013. Segregation 2.0: the new generation of school segregation in the 21st century [J]. Education and urban society, 45 (5): 533-547.

DOWLING R, SKABARDONIS A, CARROLL M, et al, 2004. Methodology for measuring recurrent and nonrecurrent traffic congestion [J]. Transportation research record: journal of the transportation research board, 1867 (1): 60-68.

DOWNS A, 1962. The law of peak-hour expressway congestion [J]. Traffic quarterly, 16 (3): 347-362.

DOWNS A, 2002. Have housing prices risen faster in Portland than elsewhere

［J］. Housing policy debate，13（1）：7-31.

DOWNS A，2004. Stuck in traffic：coping with peak-hour traffic congestion ［M］. Washington，DC：Brookings Institution Press.

DUNCAN D T，REGEN S D，2015. Mapping multi-day GPS data：a cartographic study in NYC ［J］. Journal of maps，12（4）：668-670.

DUQUE J C，ANSELIN L，REY S J，2012. The max-p-regions problem ［J］. Journal of regional science，52（3）：397-419.

DURANTON G，TURNER M A，2011. The fundamental law of road congestion：evidence from US cities ［J］. American economic review，101（6）：2616-2652.

DYKES J A，MOUNTAIN D M，2003. Seeking structure in records of spatio-temporal behaviour：visualization issues，efforts and applications ［J］. Computational statistics & data analysis，43（4）：581-603.

D'ESTE G M，ZITO R，TAYLOR M A P，1999. Using GPS to measure traffic system performance ［J］. Computer-aided civil and infrastructure engineering，14（4）：255-265.

EGER J M，2011. The creative community：forging the linx between art culture commerce & community ［EB/OL］.（2011-11-01）［2020-04-02］. http：//www. smartcommunities. org/concept. php.

ELIASSON J，2014. The role of attitude structures，direct experience and reframing for the success of congestion pricing ［J］. Transportation research part A：policy and practice，67：81-95.

ELLEGÅRD K，2018. Thinking time geography：concepts，methods and applications ［M］. London：Routledge.

ELLEGÅRD K，HÄGERSTRAND T，LENNTORP B，1977. Activity organization and the generation of daily travel：two future alternatives ［J］. Economic geography，53（2）：126-152.

EWING R，1993. Transportation service standards：as if people matter ［J］. Transportation research record：journal of the transportation research board，1400：10-17.

EWING R，1997. Is Los Angeles-style sprawl desirable ［J］. Journal of the American planning association，63（1）：107-126.

EWING R，CERVERO R，2010. Travel and the built environment ［J］. Journal of the American planning association，76（3）：265-294.

EWING R，CERVERO R，2017. "Does compact development make people drive less？" The answer is yes ［J］. Journal of the American planning association，83（1）：19-25.

EWING R，DEANNA M B，LI S C，1996. Land use impacts on trip

generation rates [J]. Transportation research record: journal of the transportation research board, 1518 (1): 1-6.

EWING R, GREENWALD M, ZHANG M, et al, 2011. Traffic generated by mixed-use developments: six-region study using consistent built environmental measures [J]. Journal of urban planning and development, 137 (3): 248-261.

EWING R, TIAN G, LYONS T, 2018. Does compact development increase or reduce traffic congestion [J]. Cities, 72: 94-101.

EWING R H, PENDALL R, CHEN D D T, 2002. Measuring sprawl and its impact [R]. Washington, DC: Smart Growth America.

FARBER S, MORANG M Z, WIDENER M J, 2014. Temporal variability in transit-based accessibility to supermarkets [J]. Applied geography, 53: 149-159.

FAST J E, FREDERICK J A, 1996. Working arrangements and time stress [J]. Canadian social trends, 45: 14-19.

FENG J X, DIJST M, WISSINK B, et al, 2013. The impacts of household structure on the travel behaviour of seniors and young parents in China [J]. Journal of transport geography, 30: 117-126.

FENNELL D A, 1996. A tourist space-time budget in the Shetland Islands [J]. Annals of tourism research, 23 (4): 811-829.

FIGUEROA M J, NIELSEN T A S, SIREN A, 2014. Comparing urban form correlations of the travel patterns of older and younger adults [J]. Transport policy, 35: 10-20.

FISCHER M M, 1980. Regional taxonomy: a comparison of some hierarchic and non-hierarchic strategies [J]. Regional science and urban economics, 10 (4): 503-537.

FISHMAN E, WASHINGTON S, HAWORTH N, et al, 2014. A review of public bike research [J]. Urban transport of China, 2: 84-94.

FLOWERDEW R, MANLEY D J, SABEL C E, 2008. Neighbourhood effects on health: does it matter where you draw the boundaries [J]. Social science & medicine , 66 (6): 1241-1255.

FOSGERAU M, FREJINGER E, KARLSTROM A, 2013. A link based network route choice model with unrestricted choice set [J]. Transportation research part B: methodological, 56: 70-80.

FRANK L D, ENGELKE P, 2005. Multiple impacts of the built environment on public health: walkable places and the exposure to air pollution [J]. International regional science review, 28 (2): 193-216.

FRANK L D, KAVAGE S, GREENWALD M, et al, 2009. I-PLACES

health and climate enhancements and their application in King County [Z]. Seattle, WA: King County Health Scape.

FRANK L D, PIVO G, 1994. Impacts of mixed used and density on utilization of three modes of travel: single-occupant vehicle, transit, and walking [J]. Transportation research record: journal of the transportation research board, 1466: 44-52.

FRANK L D, SAELENS B E, POWELL K E, et al, 2007. Stepping towards causation: do built environments or neighborhood and travel preferences explain physical activity, driving, and obesity [J]. Social science and medicine, 65 (9): 1898-1914.

FRANKLIN B A, SWAIN D P, SHEPHARD R J, 2003. New insights in the prescription of exercise for coronary patients [J]. The journal of cardio-vascular nursing, 18 (2): 116-123.

FRIEDMAN J, HASTIE T, TIBSHIRANI R, 2000. Additive logistic regression: a statistical view of boosting (with discussion and a rejoinder by the authors) [J]. The annals of statistics, 28 (2): 337-407.

FRUIN J J, 1971. Pedestrian planning and design [Z]. New York: Metropolitan Association of Urban Designers and Environmental Planners.

FUSCO C, MOOLA F, FAULKNER G, et al, 2012. Toward an understanding of children's perceptions of their transport geographies: (non) active school travel and visual representations of the built environment [J]. Journal of transport geography, 20 (1): 62-70.

GAHEGAN M, 2000. The case for inductive and visual techniques in the analysis of spatial data [J]. Journal of geographical systems, 2 (1): 77-83.

GALSTER G, HANSON R, RATCLIFFE M R, et al, 2001. Wrestling sprawl to the ground: defining and measuring an elusive concept [J]. Housing policy debate, 12 (4): 681-717.

GAN LP, RECKER W, 2008. A mathematical programming formulation of the household activity rescheduling problem [J]. Transportation research part B: methodological, 42 (6): 571-606.

GAO S, 2015. Spatio - temporal analytics for exploring human mobility patterns and urban dynamics in the mobile age [J]. Spatial cognition & computation, 15 (2): 86-114.

GARCIA-LOPEZ M A, PASIDIS I, VILADECANS-MARSAL E, 2017. The fundamental law of highway congestion and air pollution in Europe's cities [R]. Barcelona: Institut d'Economia de Barcelona.

GEURS K T, VAN WEE B V, 2004. Accessibility evaluation of land-use and transport strategies: review and research directions [J]. Journal of transport geography, 12 (2): 127-140.

GIANNOTTI F, PEDRESCHI D, 2008. Mobility, data mining and privacy: geographic knowledge discovery [M]. Berlin: Springer.

GIDDENS A, 1984. The constitution of society: outline of the theory of structuration [M]. Berkeley, CA: University of California Press.

GILES-CORTI B, DONOVAN R J, 2002. The relative influence of individual, social and physical environment determinants of physical activity [J]. Social science and medicine (1982), 54 (12): 1793-1812.

GILES-CORTI B, VERNEZ-MOUDON A, REIS R, et al, 2016. City planning and population health: a global challenge [J]. The lancet, 388 (10062): 2912-2924.

GILLHAM O, 2002. The limitless city: a primer on the urban sprawl debate [M]. Washington, DC: Island Press.

GIULIANO G, SMALL K A, 1991. Subcenters in the Los Angeles region [J]. Regional science and urban economics, 21 (2): 163-182.

GLAESER E L, KOLKO J, SAIZ A, 2001. Consumer city [J]. Journal of economic geography, 1 (1): 27-50.

GOLLEDGE R G, STIMSON R J, 1997. Spatial behavior: a geographical perspective [M]. New York: The Guilford Press.

GOLOB T F, HENSHER D A, 2007. The trip chaining activity of Sydney residents: a cross-section assessment by age group with a focus on seniors [J]. Journal of transport geography, 15 (4): 298-312.

GOLOB T F, MCNALLY M G, 1997. A model of activity participation and travel interactions between household heads [J]. Transportation research part B: methodological, 31 (3): 177-194.

GONZALEZ M C, HIDALGO C A, BARABASI A L, 2008. Understanding individual human mobility patterns [J]. Nature, 453 (7196): 779-782.

GOODCHILD M F, 2018. A GIScience perspective on the uncertainty of context [J]. Annals of the American association of geographers, 108 (6): 1476-1481.

GORDON P, RICHARDSON H W, 1997. Are compact cities a desirable planning goal [J]. Journal of the American planning association, 63 (1): 95-106.

GORDON P, WONG H L, 1985. The costs of urban sprawl: some new evidence [J]. Environment and planning A: economy and space, 17 (5): 661-666.

GOULIAS K G, 1999. Longitudinal analysis of activity and travel pattern dynamics using generalized mixed Markov latent class models ［J］. Transportation research part B: methodological, 33 (8): 535-558.

GREGG E W, GERZOFF R B, CASPERSEN C J, et al, 2003. Relationship of walking to mortality among US adults with diabetes ［J］. Archives of internal medicine, 163 (12): 1440-1447.

GRIFFITH D A, 2018. Uncertainty and context in geography and GIScience: reflections on spatial autocorrelation, spatial sampling, and health data ［J］. Annals of the American association of geographers, 108 (6): 1499-1505.

GROSS K L, 1982. The impact of flexible working hours: an empirical investigation ［D］. Oklahoma: The University of Oklahoma.

GU Y, FU X, LIU Z, et al, 2018. Measuring connectivity of multi-modal transit networks with customized bus services: an activity-based approach ［C］. Reston, VA: CICTP 2018: Intelligence, Connectivity, and Mobility: 2724-2732.

GUIHAIRE V, HAO J K, 2008. Transit network design and scheduling: a global review ［J］. Transportation research part A: policy and practice, 42 (10): 1251-1273.

HABIB K M N, HUI V, 2017. An activity-based approach of investigating travel behaviour of older people ［J］. Transportation, 44 (3): 555-573.

HÄGERSTRAND T, 1970. What about people in human geography ［J］. Papers of the regional science association, 24 (1): 6-21.

HALL C M, 2005. Reconsidering the geography of tourism and contemporary mobility ［J］. Geographical research, 43 (2): 125-139.

HALL P, TEWDWR-JONES M, 2010. Urban and regional planning ［M］. London: Routledge.

HALLAL P C, ANDERSEN L B, BULL F C, et al, 2012. Global physical activity levels: surveillance progress, pitfalls, and prospects ［J］. Lancet (London, England), 380 (9838): 247-257.

HAMAD K, KIKUCHI S, 2002. Developing a measure of traffic congestion: fuzzy inference approach ［J］. Transportation research record: journal of the transportation research board, 1802 (1): 77-85.

HAN F, XIE R, LAI M Y, 2018. Traffic density, congestion externalities, and urbanization in China ［J］. Spatial economic analysis, 13 (4): 400-421.

HANDY S, 1993. Regional versus local accessibility: implications for nonwork travel ［Z］. Berkeley: University of California Transportation Center.

HANEFORS M，2010. Contemporary tourist behaviour. Yourself and others as tourists [J]. Tourism management，31（6）：962-963.

HANKS J W，LOMAX T J，1989. Roadway congestion in major urban areas，1982 to 1987 [Z]. Washington，DC：Texas Transportation Institute.

HANSLA A，HYSING E，NILSSON A，et al，2017. Explaining voting behavior in the Gothenburg congestion tax referendum [J]. Transport policy，53：98-106.

HANSON S，HANSON P，1981. The travel-activity patterns of urban residents：dimensions and relationships to sociodemographic characteristics [J]. Economic geography，57（4）：332-347.

HARDING C，MILLER E J，PATTERSON Z，et al，2015. Multiple purpose tours and efficient trip chaining：an analysis of the effects of land use and transit on travel behaviour in Switzerland [C]. Windsor：14th International Conference on Travel Behaviour Research：4515-4551.

HAWKINS M S，SEVICK M A，RICHARDSON C R，et al，2011. Association between physical activity and kidney function：national health and nutrition examination survey [J]. Medicine and science in sports and exercise，43（8）：1457-1464.

HAWTHORNE T L，KWAN M P，2012. Using GIS and perceived distance to understand the unequal geographies of healthcare in lower-income urban neighbourhoods [J]. The geographical journal，178（1）：18-30.

HE S Y，2013. Does flexitime affect choice of departure time for morning home-based commuting trips? Evidence from two regions in California [J]. Transport policy，25：210-221.

HEARNSHAW H M，UNWIN D，1994. Visualization in geographical information systems [M]. Chichester：John Wiley & Sons，Inc.

HEDMAN Å，SEPPONEN M，VIRTANEN M，2014. Energy efficiency rating of districts，case Finland [J]. Energy policy，65：408-418.

HEELAN K A，ABBEY B M，DONNELLY J E，et al，2009. Evaluation of a walking school bus for promoting physical activity in youth [J]. Journal of physical activity & health，6（5）：560-567.

HENSHER D A，REYES A J，2000. Trip chaining as a barrier to the propensity to use public transport [J]. Transportation，27（4）：341-361.

HODGE G，2008. The geography of aging：preparing communities for the surge in seniors [M]. Montreal：McGill-Queen's Press.

HOLLOWAY S L，HUBBARD P，JONS H，et al，2010. Geographies of education and the significance of children，youth and families [J].

Progress in human geography, 34 (5): 583-600.

HONES G H, RYBA R H, 1972. Why not a geography of education [J]. Journal of geography, 71 (3): 135-139.

HORTON F, HULTQUIST J, 1971. Urban household travel patterns: definition and relationship of household characteristics [J]. East lakes geography, 7: 37-48.

HSU W T, ZHANG H L, 2014. The fundamental law of highway congestion revisited: evidence from national expressways in Japan [J]. Journal of urban economics, 81: 65-76.

HUANG A, LEVINSON D, 2015. Axis of travel: modeling non-work destination choice with GPS data [J]. Transportation research part C: emerging technologies, 58: 208-223.

HUANG A, LEVINSON D, 2017. A model of two-destination choice in trip chains with GPS data [J]. Journal of choice modelling, 24: 51-62.

HUGHES S L, LEITH K H, MARQUEZ D X, et al, 2011. Physical activity and older adults: expert consensus for a new research agenda [J]. The gerontologist, 51 (6): 822-832.

HUI E C, LI X, CHEN T T, et al, 2018. Deciphering the spatial structure of China's megacity region: a new bay area—The Guangdong-Hong Kong-Macao Greater Bay Area in the making [J]. Cities, 105: 102168.

HYMEL K M, SMALL K A, VAN DENDER K, 2010. Induced demand and rebound effects in road transport [J]. Transportation research part B: methodological, 44 (10): 1220-1241.

HYSING E, ISAKSSON K, 2015. Building acceptance for congestion charges: the Swedish experiences compared [J]. Journal of transport geography, 49: 52-60.

IBARRA-ROJAS O J, GIESEN R, RIOS-SOLIS Y A, 2014. An integrated approach for timetabling and vehicle scheduling problems to analyze the trade-off between level of service and operating costs of transit networks [J]. Transportation research part B: methodological, 70: 35-46.

ICF, 2011. The smart community concept [EB/OL]. (2011-11-01) [2020-04-02]. http: //www. smartcommunities. org/.

ISA N, YUSOFF M, MOHAMED A, 2014. A review on recent traffic congestion relief approaches [C]. Kota Kinabalu: 4th International Conference on Artificial Intelligence with Applications in Engineering and Technology: 121-126.

ISRAELI Y, MANSFELD Y, 2003. Transportation accessibility to and within tourist attractions in the old city of Jerusalem [J]. Tourism geographies, 5 (4): 461-481.

JABAREEN Y R, 2016. Sustainable urban [J]. Journal of planning education & research, 26 (1): 38-52.

JAYANTHA W M, LAM S O, 2015. Capitalization of secondary school education into property values: a case study in Hong Kong [J]. Habitat international, 50: 12-22.

JONES P M, DIX M C, CLARKE M I, et al, 1983. Understanding travel behavior [M]. Aldershot: Gower Publishing Company Limited.

KAMIYA H, 1999. Day care services and activity patterns of women in Japan [J]. GeoJournal, 48 (3): 207-215.

KANSKY K J, 1967. Travel patterns of urban residents [J]. Transportation science, 1 (4): 261-285.

KAPLER T, WRIGHT W, 2004. GeoTime information visualization [C]. Austin: IEEE Symposium on Information Visualization: 25-32.

KATES R W, CLARK W C, CORELL R, et al, 2001. Environment and development sustainability science [J]. Science, 292 (5517): 641-642.

KE G, MENG Q, FINLEY T, et al, 2017. LightGBM: a highly efficient gradient boosting decision tree [C]. Long Beach: Advances in Neural Information Processing Systems 30 Annual Conference on Neural Information Processing Systems 2017: 3146-3154.

KEMPERMAN A D A M, TIMMERMANS H J P, 2008. Influence of socio-demographics and residential environment on leisure activity participation [J]. Leisure sciences, 30 (4): 306-324.

KIM C, 2008. Commuting time stability: a test of a co-location hypothesis [J]. Transportation research part A: policy and practice, 42 (3): 524-544.

KIM H M, KWAN M P, 2003. Space-time accessibility measures: a geocomputational algorithm with a focus on the feasible opportunity set and possible activity duration [J]. Journal of geographical systems, 5 (1): 71-91.

KIM J, KWAN M P, 2019. Beyond commuting: ignoring individuals' activity-travel patterns may lead to inaccurate assessments of their exposure to traffic congestion [J]. International journal of environmental research and public health, 16 (1): 89.

KIMINAMI L, BUTTON K J, NIJKAMP P, 2006. Public facilities planning [M]. Massachusetts: Edward Elgar Publishing: 13-15.

KING A C, SALLIS J, F, FRANK L D, et al, 2011. Aging in neighborhoods differing in walkability and income: associations with physical activity and obesity in older adults [J]. Social science & medicine, 73 (10): 1525-1533.

KING L, 2014. Medical thinking: a historical preface [M]. Princeton: Princeton University Press.

KINGHAM S, USSHER S, 2007. An assessment of the benefits of the walking school bus in Christchurch, New Zealand [J]. Transportation research part A: policy and practice, 41 (6): 502-510.

KITAMURA R, YAMAMOTO T, SUSILO Y O, et al, 2006. How routine is a routine? An analysis of the day-to-day variability in prism vertex location [J]. Transportation research part A: policy and practice, 40 (3): 259-279.

KLAPKA P, HALÁS M, 2016. Conceptualising patterns of spatial flows: five decades of advances in the definition and use of functional regions [J]. Moravian geographical reports, 24 (2): 2-11.

KOCKELMAN K M, 1997. Travel behavior as function of accessibility, land use mixing, and land use balance: evidence from San Francisco Bay Area [J]. Transportation research record: journal of the transportation research board, 1607 (1): 116-125.

KONG A S, SUSSMAN A L, NEGRETE S, et al, 2009. Implementation of a walking school bus: lessons learned [J]. The journal of school health, 79 (7): 319-325.

KONO T, JOSHI K K, KATO T, et al, 2012. Optimal regulation on building size and city boundary: an effective second-best remedy for traffic congestion externality [J]. Regional science and urban economics, 42 (4): 619-630.

KOU L, TAO Y, KWAN M P, et al, 2020. Understanding the relationships among individual-based momentary measured noise, perceived noise, and psychological stress: a geographic ecological momentary assessment (GEMA) approach [J]. Health & place, 64: 102285.

KUZMYAK R, 2009. Estimates of point elasticities [Z]. Phoenix, AZ: Maricopa Association of Governments.

KWAN M P, 1998. Space-time and integral measures of individual accessibility: a comparative analysis using a point-based framework [J]. Geographical analysis, 30 (3): 191-216.

KWAN M P, 1999. Gender and individual access to urban opportunities: a study using space-time measures [J]. The professional geographer, 51 (2): 210-227.

KWAN M P, 2000a. Gender differences in space-time constraints [J]. Area, 32 (2): 145-156.

KWAN M P, 2000b. Interactive geovisualization of activity-travel patterns using three-dimensional geographical information systems: a methodological exploration with a large data set [J]. Transportation research part C: emerging technologies, 8 (1): 185-203.

KWAN M P, 2001. Cyberspatial cognition and individual access to information: the behavioral foundation of cybergeography [J]. Environment and planning B: planning and design, 28 (1): 21-37.

KWAN M P, 2008. From oral histories to visual narratives: re-presenting the post-September 11 experiences of the Muslim women in the USA [J]. Social & cultural geography, 9 (6): 653-669.

KWAN M P, 2012. The uncertain geographic context problem [J]. Annals of the association of American geographers, 102 (5): 958-968.

KWAN M P, 2015. Beyond space (as we knew it): toward temporally integrated geographies of segregation, health, and accessibility: space-time integration in geography and GIScience [J]. Annals of the association of American geographers, 103 (5): 1078-1086.

KWAN M P, 2018a. The limits of the neighborhood effect: contextual uncertainties in geographic, environmental health, and social science research [J]. Annals of the American association of geographers, 108 (6): 1482-1490.

KWAN M P, 2018b. The neighborhood effect averaging problem (NEAP): an elusive confounder of the neighborhood effect [J]. International journal of environmental research and public health, 15 (9): 1841.

KWAN M P, GENDER, 1999. The home-work link, and space-time patterns of nonemployment activities [J]. Economic geography, 75 (4): 370-394

KWAN M P, SCHWANEN T, 2016. Geographies of mobility [J]. Annals of the American association of geographers, 106 (2): 243-256.

KWAN M P, WEBER J, 2003. Individual accessibility revisited: implications for geographical analysis in the twenty-first century [J]. Geographical analysis, 35 (4): 341-353.

KWAN M P, XIAO N C, DING G X, 2014. Assessing activity pattern similarity with multidimensional sequence alignment based on a multiobjective optimization evolutionary algorithm [J]. Geographical analysis, 46 (3): 297-320.

LAKSHMANAN T R, 2011. The broader economic consequences of transport infrastructure investments [J]. Journal of transport geography, 19 (1): 1-12.

LAMBERT V D L, SCHALKE R, 2001. Reality versus policy: the delineation and testing of local labour market and spatial policy areas [J]. European planning studies, 9 (2): 201-221.

LAWRENCE P, HEARNSHAW H M, UNWIN D J, 1996. Visualization in geographical information systems [J]. Geographical journal, 162 (1): 110.

LEE C, ZHU X M, YOON J, et al, 2013. Beyond distance: children's school travel mode choice [J]. Annals of behavioral medicine, 45 (1): 55-67.

LEE J E, LEMYRE L, 2009. A social-cognitive perspective of terrorism risk perception and individual response in Canada [J]. Risk analysis, 29 (9): 1265-1280.

LEE J Y, KWAN M P, 2011. Visualisation of socio-spatial isolation based on human activity patterns and social networks in space-time [J]. Tijdschrift voor economische en sociale geografie, 102 (4): 468-485.

LEE J Y, MILLER H J, 2018. Measuring the impacts of new public transit services on space-time accessibility: an analysis of transit system redesign and new bus rapid transit in Columbus, Ohio, USA [J]. Applied geography, 93: 47-63.

LEFEBVRE H, 2004. Rhythmanalysis: space, time and everyday life [M]. London: Continuum.

LENNTORP B, 1977. Paths in space-time environments: a time-geographic study of movement possibilities of individuals [J]. Environment and planning A: economy and space, 9 (8): 961-972.

LENNTORP B, 1978. A time-geographic simulation model of individual activity programs [M] // CARLSTEIN T, PARKES D, THRIFT N. Timing space and spacing time. Human activity and time geography. London: Edward Arnold: 162-180.

LENNTORP B, 2004. Path, prism, project, pocket and population: an introduction [J]. Geografiska annaler: series B, human geography, 86 (4): 223-226.

LEPPIN A, ARO A R, 2009. Risk perceptions related to SARS and avian influenza: theoretical foundations of current empirical research [J]. International journal of behavioral medicine, 16 (1): 7-29.

LEVINE J, 2006. Zoned out: regulation, markets, and choices in transportation and metropolitan land — use [M]. Washington, DC:

Resources for the Future.

LEW A, MCKERCHER B, 2006. Modeling tourist movements: a local destination analysis [J]. Annals of tourism research, 33 (2): 403-423.

LEW A, NG P T, 2012. Using quantile regression to understand visitor spending [J]. Journal of travel research, 51 (3): 278-288.

LI F Z, FISHER K J, BROWNSON R C, et al, 2005. Multilevel modelling of built environment characteristics related to neighbourhood walking activity in older adults [J]. Journal of epidemiology and community health, 59 (7): 558-564.

LI X (ROBERT), HARRILL R, UYSAL M, et al, 2010. Estimating the size of the Chinese outbound travel market: a demand-side approach [J]. Tourism management, 31 (2): 250-259.

LI X (ROBERT), LAI C T, HARRILL R, et al, 2011a. When east meets west: an exploratory study on Chinese outbound tourists' travel expectations [J]. Tourism management, 32 (4): 741-749.

LI X (ROBERT), MENG F, UYSAL M, et al, 2013. Understanding China's long-haul outbound travel market: an overlapped segmentation approach [J]. Journal of business research, 66 (6): 786-793.

LI X, LU R X, LIANG X H, et al, 2011b. Smart community: an internet of things application [J]. IEEE communications magazine, 49 (11): 68-75.

LI Y C, XIONG W T, WANG X P, 2019. Does polycentric and compact development alleviate urban traffic congestion? A case study of 98 Chinese cities [J]. Cities, 88: 100-111.

LIN D, ALLAN A, CUI J Q, 2015. The impacts of urban spatial structure and socio-economic factors on patterns of commuting: a review [J]. International journal of urban sciences, 19 (2): 238-255.

LIN J J, CHANG H I, 2010. Built environment effects on children's school travel in Taipei: independence and travel mode [J]. Urban studies, 47 (4): 867-889.

LINDLEY J A, 1987. A methodology for quantifying urban freeway congestion [J]. Transportation research record: journal of the transportation research board (112): 1-7.

LITMAN T, 2007. Evaluating rail transit benefits: a comment [J]. Transport policy, 14 (1): 94-97.

LITMAN T, 2015a. Impacts of rail transit on the performance of a transportation system [J]. Transportation research record: journal of the transportation research board, 1930 (1): 23-29.

LITMAN T, 2015b. Rail transit in America: a comprehensive evaluation of benefits [R]. Victoria: Victoria Transport Policy Institute: 6-44.

LO S C, HALL R W, 2006. Effects of the Los Angeles transit strike on highway congestion [J]. Transportation research part A: policy and practice, 40 (10): 903-917.

LOGAN J R, ZHANG W W, OAKLEY D, 2017. Court orders, white flight, and school district segregation, 1970-2010 [J]. Social forces, 95 (3): 1049-1075.

LOMAX T J, 1988. Transportation corridor mobility estimation methodology interim report [R]. Washington, DC: Texas Transportation Institute.

LOMAX T J, SCHRANK D L, 2005. The 2005 urban mobility report [R]. Washington, DC: Texas Transportation Institute.

LOMAX T J, TURNER S, SHUNK G, et al, 1997. Quantifying congestion. Volume 2. user's guide [R]. Washington, DC: Transportation Research Board.

LONG L, 1988. Migration and residential mobility in the United States [Z]. New York: Russell Sage Foundation.

LOUAIL T, LENORMAND M, PICORNELL M, et al, 2015. Uncovering the spatial structure of mobility networks [J]. Nature communications, 6: 6007.

LUCAS K, 2012. Transport and social exclusion: where are we now [J]. Transport policy, 20: 105-113.

LYNCH K, 1972. What time is this place [M]. Cambridge: MIT Press.

MA J, LI C J, KWAN M P, et al, 2020a. Assessing personal noise exposure and its relationship with mental health in Beijing based on individuals' space-time behavior [J]. Environment international, 139: 105737.

MA J, TAO Y H, KWAN M P, et al, 2020b. Assessing mobility-based real-time air pollution exposure in space and time using smart sensors and GPS trajectories in Beijing [J]. Annals of the American association of geographers, 110 (2): 434-448.

MACERA C A, HOOTMAN J M, SNIEZEK J E, 2003. Major public health benefits of physical activity [J]. Arthritis care & research, 49: 122-128.

MAHMOODI NESHELI M, CEDER A A, LIU T, 2015. A robust, tactic-based, real-time framework for public-transport transfer synchronization [J]. Transportation research procedia, 9: 246-268.

MANNELL R C, ISO-AHOLA S E, 1987. Psychological nature of leisure and tourism experience [J]. Annals of tourism research, 14 (3): 314-331.

MAREGGI M, 2002. Innovation in urban policy: the experience of Italian urban time policies [J]. Planning theory & practice, 3 (2): 173-194.

MAREGGI M, 2013. Urban rhythms in the contemporary city [M] // HENCKEL D, THOMAIER S, KÖNECKE B, et al. Space-time design of the public city. Dordrecht: Springer Netherland: 3-20.

MARQUET O, MIRALLES-GUASCH C, 2015. Neighbourhood vitality and physical activity among the elderly: the role of walkable environments on active ageing in Barcelona, Spain [J]. Social science & medicine, 135: 24-30.

MARSAL-LLACUNA M L, COLOMER-LLINÀS J, MELÉNDEZ-FRIGOLA J, 2015. Lessons in urban monitoring taken from sustainable and livable cities to better address the smart cities initiative [J]. Technological forecasting and social change, 90: 611-622.

MARSHALL S J, BIDDLE S J H, 2001. The transtheoretical model of behavior change: a meta-analysis of applications to physical activity and exercise [J]. Annals of behavioral medicine, 23 (4): 229-246.

MASSER I, BROWN P B, 1975. Hierarchical aggregation procedures for interaction data [J]. Environment and planning A: economy and space, 7 (5): 509-523.

MASSEY D S, ROTHWELL J, DOMINA T, 2009. The changing bases of segregation in the United States [J]. The annals of the American academy of political and social science, 626 (1): 74-90.

MAZZUCCHELLI S, 2017. Flexibility and work-family balance: a win-win solution for companies? The case of Italy [J]. International review of sociology, 27 (3): 436-456.

MCDONALD N C, 2008. Household interactions and children's school travel: the effect of parental work patterns on walking and biking to school [J]. Journal of transport geography, 16 (5): 324-331.

MCDONALD N C, 2012. Is there a gender gap in school travel? An examination of US children and adolescents [J]. Journal of transport geography, 20 (1): 80-86.

MCDONALD N C, AALBORG A E, 2009. Why parents drive children to school: implications for safe routes to school programs [J]. Journal of the American planning association, 75 (3): 331-342.

MCDONALD N C, BROWN A L, MARCHETTI L M, et al, 2011. U.S. school travel, 2009 an assessment of trends [J]. American journal of preventive medicine, 41 (2): 146-151.

MCDONALD N C, DEAKIN E, AALBORG A E, 2010. Influence of the social environment on children's school travel [J]. Preventive medicine, 50: 65-68.

MCKERCHER B, SHOVAL N, NG E, et al, 2012. First and repeat visitor behaviour: GPS tracking and GIS analysis in Hong Kong [J]. Tourism geographies, 14 (1): 147-161.

MCMILLAN T E, 2005. Urban form and a child's trip to school: the current literature and a framework for future research [J]. Journal of planning literature, 19 (4): 440-456.

MCMILLAN T E, 2007. The relative influence of urban form on a child's travel mode to school [J]. Transportation research part A: policy and practice, 41 (1): 69-79.

MCMILLEN D P, 2001. Nonparametric employment subcenter identification [J]. Journal of urban economics, 50 (3): 448-473.

MCNEILL L H, WYRWICH K W, BROWNSON R C, et al, 2006. Individual, social environmental, and physical environmental influences on physical activity among black and white adults: a structural equation analysis [J]. Annals of behavioral medicine: 31 (1): 36-44.

MCQUOID J, DIJST M, 2012. Bringing emotions to time geography: the case of mobilities of poverty [J]. Journal of transport geography, 23: 26-34.

MEHDIZADEH M, MAMDOOHI A, NORDFJAERN T, 2017. Walking time to school, children's active school travel and their related factors [J]. Journal of transport & health, 6: 313-326.

MEIJERS E, 2008. Summing small cities does not make a large city: polycentric urban regions and the provision of cultural, leisure and sports amenities [J]. Urban studies, 45 (11): 2323-2342.

MEY M G, TER HEIDE H, 1997. Towards spatiotemporal planning: practicable analysis of day-to-day paths through space and time [J]. Environment and planning B: planning and design, 24 (5): 709-723.

MILLER H J, 1991. Modelling accessibility using space-time prism concepts within geographical information systems [J]. International journal of geographical information systems, 5 (3): 287-301.

MILLER H J, 2005. A measurement theory for time geography [J]. Geographical analysis, 37 (1): 17-45.

MILLER H J, 2006. Social exclusion in space and time [M] //AXHAUSEN K W. Moving through nets: the physical and social dimensions of travel.

Selected papers from the 10th international conference of travel behaviour research. New York: Elsevier Science Publishing Company: 353-380.

MILLER H J, 2017. Time geography and space-time prism [J]. International encyclopedia of geography: people, the earth, environment and technology (3): 1-19.

MITRA R, BULIUNG R N, ROORDA M J, 2010. Built environment and school travel mode choice in Toronto, Canada [J]. Transportation research record: journal of the transportation research board, 2156 (1): 150-159.

MOKHTARIAN P L, 2004. A conceptual analysis of the transportation impacts of B2C e-commerce [J]. Transportation, 31 (3): 257-284.

MONIRUZZAMAN M, PÁEZ A, 2016. An investigation of the attributes of walkable environments from the perspective of seniors in Montreal [J]. Journal of transport geography, 51: 85-96.

MORGAN K, 2009. Feeding the city: the challenge of urban food planning [J]. International planning studies, 14 (4): 341-348.

MOSER M A, 2011. What is smart about the smart communities movement [EB/OL]. (2011-11-01) [2020-03-28]. http://www.ucalgary.ca/ejournal/archive/v10-11/v10-11n1Moser-browse.html#A.

MOUDON A V, LEE C, 2003. Walking and bicycling: an evaluation of environmental audit instruments [J]. American journal of health promotion, 18 (1): 21-37.

MOUNTAIN D, 2005. Visualizing, querying and summarizing individual spatio-temporal behaviour [M] //DYKES J A, MACEACHREN A M, KRAAK M-J. Exploring geovisualization. Amsterdam: Elsevier: 181-200.

MÜCKENBERGER U, 2011. Local time policies in Europe [J]. Time & society, 20 (2): 241-273.

MUNSHI K, 2014. Community networks and the process of development [J]. Journal of economic perspectives, 28 (4): 49-76.

MUNTNER P, GU D, WILDMAN R P, et al, 2005. Prevalence of physical activity among Chinese adults: results from the international collaborative study of cardiovascular disease in Asia [J]. American journal of public health, 95 (9): 1631-1636.

MURPHY P E, 1992. Data gathering for community-oriented tourism planning: case study of Vancouver Island, British Columbia [J]. Leisure studies, 11 (1): 65-79.

MURPHY P E, ROSENBLOOD L, 1974. Tourism: an exercise in spatial search [J]. Canadian geographer, 18 (3): 201-210.

MURTAGH S, ROWE D A, ELLIOTT M A, et al, 2012. Predicting active school travel: the role of planned behavior and habit strength [J]. International journal of behavioral natrition and physical activity, 9 (1): 1-9.

MYERS J, PRAKASH M, FROELICHER V, et al, 2002. Exercise capacity and mortality among men referred for exercise testing [J]. The New England journal of medicine, 346 (11): 793-801.

NEIROTTI P, DE MARCO A, CAGLIANO A C, et al, 2014. Current trends in smart city initiatives: some stylised facts [J]. Cities, 38: 25-36.

NEUTENS T, DELAFONTAINE M, SCHWANEN T, et al, 2012a. The relationship between opening hours and accessibility of public service delivery [J]. Journal of transport geography, 25: 128-140.

NEUTENS T, DELAFONTAINE M, SCOTT D M, et al, 2012b. An analysis of day-to-day variations in individual space-time accessibility [J]. Journal of transport geography, 23 (2012): 81-91.

NEUTENS T, SCHWANEN T, WITLOX F, 2011. The prism of everyday life: towards a new research agenda for time geography [J]. Transport reviews, 31 (1): 25-47.

NEWBOLD K B, SCOTT D M, SPINNEY J E L, et al, 2005. Travel behavior within Canada's older population: a cohort analysis [J]. Journal of transport geography, 13 (4): 340-351.

NEWSOME T H, WALCOTT W A, SMITH P D, 1998. Urban activity spaces: illustrations and application of a conceptual model for integrating the time and space dimensions [J]. Transportation, 25 (4): 357-377.

NIEDZIELSKI M A, BOSCHMANN E E, 2014. Travel time and distance as relative accessibility in the journey to work [J]. Annals of the association of American geographers, 104 (6): 1156-1182.

NILSSON A, SCHUITEMA G, BERGSTAD C J, et al, 2016. The road to acceptance: attitude change before and after the implementation of a congestion tax [J]. Journal of environmental psychology, 46: 1-9.

NILSSON D, JOHANSSON A, 2009. Social influence during the initial phase of a fire evacuation: analysis of evacuation experiments in a cinema theatre [J]. Fire safety journal, 44 (1): 71-79.

NOLAND R B, 2001. Relationships between highway capacity and induced vehicle travel [J]. Transportation research part A: policy and practice, 35 (1): 47-72.

NOLAND R B，SMALL K A，1995. Travel-time uncertainty，departure time choice，and the cost of morning commutes ［J］. Transportation research record：journal of the transportation research board (1493)：150-158.

OAKIL A T M，2013. Temporal dependence in life trajectories and mobility decisions ［D］. Utrecht：Utrecht University.

OKULICZ-KOZARYN A，MAZELIS J M，2018. Urbanism and happiness：a test of Wirth's theory of urban life ［J］. Urban studies，55 (2)：349-364.

OLSSON G，2016. Inference problems in locational analysis ［M］//AITKEN SC. Go：on the geographies of Gunnar Olsson. London：Routledge：83-104.

OMRANI H，2015. Predicting travel mode of individuals by machine learning ［J］. Transportation research procedia，10：840-849.

OPPENHEIM N，1975. A typological approach to individual travel behavior prediction ［J］. Environment and planning A：economy and space，7 (2)：141-152.

PANG J，SHEN S，2017. Do subways reduce congestion? Evidence from US cities ［EB/OL］. (2017-07-19) ［2020-12-16］. https：//drive. google. com/file/d/0B7gPhmW3MkVAZXR5VDVLdWZDMlE/view.

PARK Y M，KWAN M P，2017. Individual exposure estimates may be erroneous when spatiotemporal variability of air pollution and human mobility are ignored ［J］. Health & place，43：85-94.

PARK Y M，KWAN M P，2018. Beyond residential segregation：a spatiotemporal approach to examining multi-contextual segregation ［J］. Computers，environment and urban systems，71：98-108.

PARKES D，THRIFT N，1980. Times，spaces and places：a chronogeographic perspective ［M］. New York：John Wiley & Sons，Inc.

PAS E I，1983. A flexible and integrated methodology for analytical classification of daily travel-activity behavior ［J］. Transportation science，17 (4)：405-429.

PENDYALA R M，KITAMURA R，CHEN C，et al，1997. An activity-based microsimulation analysis of transportation control measures ［J］. Transport policy，4 (3)：183-192.

PENDYALA R M，YAMAMOTO T，KITAMURA R，2002. On the formulation of time-space prisms to model constraints on personal activity-travel engagement ［J］. Transportation，29 (1)：73-94.

PINES D，SADKA E，1985. Zoning，first-best，second-best，and third-best criteria for allocating land for roads ［J］. Journal of urban economics，17

（2）：167-183.

PITOMBO C S, KAWAMOTO E, SOUSA A J, 2011. An exploratory analysis of relationships between socioeconomic, land use, activity participation variables and travel patterns [J]. Transport policy, 18 (2): 347-357.

QU H L, LAM S, 1997. A travel demand model for Mainland Chinese tourists to Hong Kong [J]. Research note, 18 (8): 593-597.

QUARANTELLI E L, 1954. The nature and conditions of panic [J]. American journal of sociology, 60 (3): 267-275.

RADOCCIA R, 2013. Time policies in Italy: the case of the middle Adriatic regions [M] // HENCKEL D, THOMAIER S, KÖNECKE B, et al. Space-time design of the public city. London: Springer: 245-253.

RAINHAM D, MCDOWELL I, KREWSKI D, et al, 2010. Conceptualizing the healthscape: contributions of time geography, location technologies and spatial ecology to place and health research [J]. Social science and medicine, 70 (5): 668-676.

RAO A M, RAO K R, 2012. Measuring urban traffic congestion: a review [J]. International journal for traffic and transport engineering, 2 (4): 286-305.

RAO M L, PRASAD S, ADSHEAD F, et al, 2007. The built environment and health [J]. The lancet, 370 (9593): 1111-1113.

RAPOPORT A, 1982. The meaning of the built environment: a nonverbal communication approach [M]. Tucson: The University of Arizona Press.

RAUBAL M, MILLER H J, BRIDWELL S, 2004. User-centered time geography for location-based services [J]. Geografiska annaler: series B, human geography, 86 (4): 245-265.

REARDON S F, GREWAL E T, KALOGRIDES D, et al, 2012. Brown fades: the end of court-ordered school desegregation and the resegregation of American public schools [J]. Journal of policy analysis and management, 31 (4): 876-904.

REARDON S F, OWENS A, 2014. 60 years after Brown: trends and consequences of school segregation [J]. Annual review of sociology, 40 (1): 199-218.

REN F, KWAN M P, 2007. Geovisualization of human hybrid activity-travel patterns [J]. Transactions in GIS, 11 (5): 721-744.

REYES M, PAEZ A, MORENCY C, 2014. Walking accessibility to urban parks by children: a case study of Montreal [J]. Landscape and urban planning, 125: 38-47.

RICHARDS M G, 2008. Road user charging in the UK: the policy prospects [M] //RICHARDSON H W, CHRISTINE BAE C H. Road congestion pricing in Europe: implications for the United States. Massachusetts: Edward Elgar Publishing: 118.

ROESS R P, PRASSAS E S, 2014. The highway capacity manual: a conceptual and research history [M]. Berlin: Springer.

ROSCIGNO V J, TOMASKOVIC-DEVEY D, CROWLEY M, 2006. Education and the inequalities of place [J]. Social forces, 84 (4): 2121-2145.

ROSENBLOOM S, 2001. Sustainability and automobility among the elderly: an international assessment [J]. Transportation, 28 (4): 375-408.

ROSENKRANTZ L, SCHUURMAN N, BELL N, et al, 2021. The need for GIScience in mapping COVID-19 [J]. Health & place, 67: 102389.

ROSWALL N, HØGH V, ENVOLD-BIDSTRUP P, et al, 2015. Residential exposure to traffic noise and health-related quality of life: a population-based study [J]. PLoS one, 10 (3): e0120199.

RUBENSTEIN R, SCHWARTZ A E, STIEFEL L, et al, 2007. From districts to schools: the distribution of resources across schools in big city school districts [J]. Economics of education review, 26 (5): 532-545.

RYFF C D, 2014. Psychological well-being revisited: advances in the science and practice of eudaimonia [J]. Psychotherapy and psychosomatics, 83 (1): 10-28.

SÁEZ D, CORTÉS C E, MILLA F, et al, 2012. Hybrid predictive control strategy for a public transport system with uncertain demand [J]. Transportmetrica, 8 (1): 61-86.

SANDER W, 1993. Expenditures and student achievement in Illinois. New evidence [J]. Journal of public economics, 52 (3): 403-416.

SANTOS G, 2005. Urban congestion charging: a comparison between London and Singapore [J]. Transport reviews, 25 (5): 511-534.

SARZYNSKI A, WOLMAN H L, GALSTER G, et al, 2006. Testing the conventional wisdom about land use and traffic congestion: the more we sprawl, the less we move [J]. Urban studies, 43 (3): 601-626.

SASSEN S, 2011. Talking back to your intelligent city [M]. Sydney: McKinsey.

SCHALLER B, 2010. New York City's congestion pricing experience and implications for road pricing acceptance in the United States [J]. Transport policy, 17 (4): 266-273.

SCHEINER J, 2017. Mobility biographies and mobility socialisation: new approaches to an old research field [M] //ZHANG J Y. Life-oriented behavioral research for urban policy. Tokyo: Springer: 385-401.

SCHIEFELBUSCH M, JAIN A, SCHÄFER T, et al, 2007. Transport and tourism: roadmap to integrated planning developing and assessing integrated travel chains [J]. Journal of transport geography, 15 (2): 94-103.

SCHMÖCKER J D, QUDDUS M A, NOLAND R B, et al, 2008. Mode choice of older and disabled people: a case study of shopping trips in London [J]. Journal of transport geography, 16 (4): 257-267.

SCHÖNFELDER S, AXHAUSEN K W, 2003. Activity spaces: measures of social exclusion [J]. Transport policy, 10 (4): 273-286.

SCHRANK D, LOMAX T J, 1997. Urban roadway congestion 1982-1994. Volume 2: methodology and urbanized area data [Z]. Washington, DC: Texas Transportation Institute.

SCHRANK D , LOMAX T J, 2005. The 2005 urban mobility report [Z]. Washington, DC: Texas Transportation Institute.

SCHRANK D, TURNER S M, LOMAX T J, 1993. Estimates of urban roadway congestion [Z]. Washington, DC: Texas Transportation Institute.

SCHUITEMA G, STEG L, FORWARD S, 2010. Explaining differences in acceptability before and acceptance after the implementation of a congestion charge in Stockholm [J]. Transportation research part A: policy and practice, 44 (2): 99-109.

SCHWANEN T, 2018. Thinking complex interconnections: transition, nexus and geography [J]. Transactions of the institute of British geographers, 43 (2): 262-283.

SCHWANEN T, DE JONG T, 2008a. Exploring the juggling of responsibilities with space-time accessibility analysis [J]. Urban geography, 29 (6): 556-580.

SCHWANEN T, KWAN M P, 2012a. Critical space-time geographies [J]. Environment and planning A: economy and space, 44 (9): 2043-2048.

SCHWANEN T, KWAN M P, REN F, 2008b. How fixed is fixed? Gendered rigidity of space-time constraints and geographies of everyday activities [J]. Geoforum, 39 (6): 2109-2121.

SCHWANEN T, MOKHTARIAN P L, 2004. The extent and determinants of dissonance between actual and preferred residential neighborhood type [J]. Environment and planning B: planning and design, 31 (5):

759-784.

SCHWANEN T, MOKHTARIAN P L, 2007. Attitudes toward travel and land use and choice of residential neighborhood type: evidence from the san francisco bay area [J]. Housing policy debate, 18 (1): 171-207.

SCHWANEN T, VAN AALST I, BRANDS J, et al, 2012b. Rhythms of the night: spatiotemporal inequalities in the nighttime economy [J]. Environment and planning A: economy and space, 44 (9): 2064-2085.

SCHWANEN T, WANG D G, 2014. Well-being, context, and everyday activities in space and time [J]. Annals of the association of American geographers, 104 (4): 833-851.

SCHWARZER R, 2008. Modeling health behavior change: how to predict and modify the adoption and maintenance of health behaviors [J]. Applied psychology, 57: 1-29.

SEN L, MAYFIELD S, 2004. Accessible tourism: transportation to and accessibility of historic buildings and other recreational areas in the city of Galveston, Texas [J]. Public works management & policy, 8 (4): 223-234.

SHARECK M, KESTENS Y, FROHLICH K L, 2014. Moving beyond the residential neighborhood to explore social inequalities in exposure to area-level disadvantage: results from the interdisciplinary study on inequalities in smoking [J]. Social science & medicine, 108: 106-14.

SHARP G, DENNEY J T, KIMBRO R T, 2015. Multiple contexts of exposure: activity spaces, residential neighborhoods, and self-rated health [J]. Social science & medicine, 146: 204-213.

SHAW S L, YU H B, BOMBOM L S, 2008. A space-time GIS approach to exploring large individual-based spatiotemporal datasets [J]. Transactions in GIS, 12 (4): 425-441.

SHEN Y, CHAI Y W, KWAN M P, 2015. Space-time fixity and flexibility of daily activities and the built environment: a case study of different types of communities in Beijing suburbs [J]. Journal of transport geography, 47: 90-99.

SHEN Y, KWAN M P, CHAI Y W, 2013. Investigating commuting flexibility with GPS data and 3D geovisualization: a case study of Beijing, China [J]. Journal of transport geography, 32: 1-11.

SHETH J, 2020. Impact of Covid-19 on consumer behavior: will the old habits return or die [J]. Journal of business research, 117: 280-283.

SHEVKY E, BELL W, 1955. Social area analysis [M]. California: Stanford University Press.

SHEVKY E, WILLIAMS M, 1949. The social areas of Los Angeles [M]. Berkeley: University of California Press.

SHI H, 2007. Best-first decision tree learning [D]. Hamilton: The University of Waikato.

SHOVAL N, AHAS R, 2016. The use of tracking technologies in tourism research: the first decade [J]. Tourism geographies, 18 (5): 587-606.

SHOVAL N, ISAACSON M, 2007. Tracking tourists in the digital age [J]. Annals of tourism research, 34 (1): 141-159.

SIME J D, 1983. Affiliative behaviour during escape to building exits [J]. Journal of environmental psychology, 3 (1): 21-41.

SIREN A, HAUSTEIN S, 2013. Baby boomers' mobility patterns and preferences: what are the implications for future transport [J]. Transport policy, 29: 136-144.

SKABARDONIS A, VARAIYA P, PETTY K F, 2003. Measuring recurrent and nonrecurrent traffic congestion [J]. Transportation research record: journal of the transportation research board, 2003, 1856 (1): 118-124.

SMALL K A, VERHOEF E T, 2007. The economics of urban transportation [M]. London: Routledge.

SMITH L, NORGATE S H, CHERRETT T, et al, 2015. Walking school buses as a form of active transportation for children: a review of the evidence [J]. Journal of school health, 85 (3): 197-210.

SMITH P S, TRYGSTAD P J, BANILOWER E R, 2016. Widening the gap: unequal distribution of resources for K-12 science instruction [J]. Education policy analysis archives, 24: 8.

SOLOW R M, 1972. Congestion, density and the use of land in transportation [J]. The Swedish journal of economics, 74 (1): 161-173.

SOUTH S J, CROWDER K D, 1997. Residential mobility between cities and suburbs: race, suburbanization, and back-to-the-city moves [J]. Demography, 34 (4): 525-538.

SPARKS B, PAN G W, 2009. Chinese outbound tourists: understanding their attitudes, constraints and use of information sources [J]. Tourism management, 30: 483-494.

SRINIVASAN K K, MAHMASSANI H S, 2002. Dynamic decision and adjustment processes in commuter behavior under real-time information [Z]. Austin: Southwest Region University Transportation Center, Center for Transportation Research, University of Texas.

STAMP L D, 1965. The geography of life and death [M]. Ithaca: Cornell University Press: 23-30.

STAPPERS N E H，VAN KANN D H H，ETTEMA D，et al，2018. The effect of infrastructural changes in the built environment on physical activity，active transportation and sedentary behavior：a systematic review ［J］. Health & place，53：135-149.

Statista Research Department，2014a. Percentage of U. S. employers allowing flex time to their employees in 2014 ［EB/OL］. （2014-04-29）［2020-12-17］. https：//www. statista. com/statistics/323484/us-employers-who-allow-flex-time/.

Statista Research Department，2014b. Total e-commerce value of U. S. retail trade sales from 2000 to 2012 ［EB/OL］. （2014-03-28）［2020-08-12］. http：//www. statista. com/statistics/185283/total-and-e-commerce-usretail-trade-sales-since-2000/.

Statista Research Department，2019. Flexible working in the UK-Statistics & Facts ［EB/OL］. （2019-12-02）［2020-06-02］. https：//www. statista. com/topics/6419/flexible-working-in-the-uk/.

STEVENS M R，2017. Does compact development make people drive less ［J］. Journal of the American planning association，83（1）：7-18.

SUBRAMANIAN S V，KUBZANSKY L，BERKMAN L，et al，2006. Neighborhood effects on the self-rated health of elders：uncovering the relative importance of structural and service-related neighborhood environments ［J］. The journals of gerontology：series B，61（3）：153-160.

SUGIARTO S，MIWA T，SATO H，et al，2017. Explaining differences in acceptance determinants toward congestion charging policies in Indonesia and Japan ［J］. Journal of urban planning and development，143（2）：04016033.

SUGIYAMA T，CARVER A，KOOHSARI M J，et al，2018. Advantages of public green spaces in enhancing population health ［J］. Landscape and urban planning，178：12-17.

SUN B D，YAN H，ZHANG T L，2017. Built environmental impacts on individual mode choice and BMI：evidence from China ［J］. Journal of transport geography，63：11-21.

SUSILO Y O，DIJST M，2010. Behavioural decisions of travel-time ratios for work，maintenance and leisure activities in the Netherlands ［J］. Transportation planning and technology，33（1）：19-34.

SUSILO Y O，MAAT K，2007. The influence of built environment to the trends in commuting journeys in the Netherlands ［J］. Transportation，34（5）：589-609.

TA N, LIU Z L, CHAI Y W, 2019. Help whom and help what? Intergenerational co-residence and the gender differences in time use among dual-earner households in Beijing, China [J]. Urban studies, 56 (10): 2058-2074.

TACKEN M, 1998. Mobility of the elderly in time and space in the Netherlands: an analysis of the Dutch national travel survey [J]. Transportation, 4 (25): 379-393.

TACZANOWSKA K, GONZÁLEZ L M, GARCIA-MASSÓ X, et al, 2014. Evaluating the structure and use of hiking trails in recreational areas using a mixed GPS tracking and graph theory approach [J]. Applied geography, 55: 184-192.

TAO Y H, CHAI Y W, KOU L R, et al, 2020a. Understanding noise exposure, noise annoyance, and psychological stress: incorporating individual mobility and the temporality of the exposure-effect relationship [J]. Applied geography, 125: 102283.

TAO Y H, YANG J, CHAI Y W, 2020b. The anatomy of health-supportive neighborhoods: a multilevel analysis of built environment, perceived disorder, social interaction and mental health in Beijing [J]. International journal of environmental research and public health, 17 (1): 13.

TAYLOR M A P, 1992. Exploring the nature of urban traffic congestion: concepts, parameters, theories and models [C]. Perth: 16th Arrb Conference.

TAYLOR P J, CATALANO G, WALKER D R F, 2002. Measurement of the world city network [J]. Urban studies, 39 (13): 2367-2376.

TER HUURNE D, ANDERSEN J, 2014. A quantitative measure of congestion in Stellenbosch using probe data [C]. Stellenbosch: Proceedings of the rst International Conference on the Use of Mobile Information and Communication Technology (ICT) in Africa UMICTA 2014.

THIEM C H, 2009. Thinking through education: the geographies of contemporary educational restructuring [J]. Progress in human geography, 33 (2): 154-173.

THILL J C, 1986. A note on multipurpose multi-stop shopping, sales and market areas of firms [J]. Journal of regional science, 28 (4): 775-784.

THILL J C, THOMAS I, 2010. Toward conceptualizing trip-chaining behavior: a review [J]. Geographical analysis, 19 (1): 1-17.

THOMPSON DORSEY D N, 2013. Segregation 2.0 [J]. Education and urban society, 45 (5): 533-547.

TIAN H Y, LIU Y H, LI Y D, et al, 2020. An investigation of transmission control measures during the first 50 days of the COVID-19 epidemic in China [J]. Science, 368 (6491): 638-642.

TIMMERMANS H, ARENTZE T, JOH C H, 2002. Analysing space-time behaviour: new approaches to old problems [J]. Progress in human geography, 26 (2): 175-190.

TITHERIDGE H, ACHUTHAN K, MACKETT R L, et al, 2009. Assessing the extent of transport social exclusion among the elderly [J]. Journal of transport and land use, 2 (2): 31-48.

TOH R S, PHANG S Y, 1997. Curbing urban traffic congestion in Singapore: a comprehensive review [J]. Transportation journal, 37 (2): 24-33.

TomTom, 2020. COVID-19 mobility report: the effect of the COVID-19 lockdown on mobility in Italy [EB/OL]. (2020-08-21) [2020-09-22]. https: //www. tomtom. com/covid-19/country/italy.

TÓTH G, DÁVID L, 2010. Tourism and accessibility: an integrated approach [J]. Applied geography, 30 (4): 666-677.

TRUONG L T, SOMENAHALLI S V C, 2015. Exploring frequency of public transport use among older adults: a study in Adelaide, Australia [J]. Travel behaviour and society, 2 (3): 148-155.

TURESKY M, WARNER M E, 2020. Gender dynamics in the planning workplace [J]. Journal of the American planning association, 86 (2): 157-170.

TURNER S M, 1992. Examination of indicators of congestion level [J]. Transportation research record: journal of the transportation research board (1360): 150-157.

TUTTLE R, GARR M, 2009. Self-employment, work: family fit and mental health among female workers [J]. Journal of family and economic issues, 30 (3): 282-292.

ULIJASZEK S, 2018. Physical activity and the human body in the (increasingly smart) built environment [J]. Obesity reviews, 19: 84-93.

UNNEVER J D, KERCKHOFF A C, ROBINSON T J, 2000. District variations in educational resources and student outcomes [J]. Economics of education review, 19 (3): 245-259.

URRY J, 2016. Mobilities: new perspectives on transport and society [M]. London: Routledge.

VALLÉE J, CADOT E, GRILLO F, et al, 2010. The combined effects of activity space and neighbourhood of residence on participation in preventive health - care activities: the case of cervical screening in the paris metropolitan area (France) [J]. Health & place, 16 (5): 838-852.

VAN ACKER V, VAN WEE B, WITLOX F, 2010. When transport geography meets social psychology: toward a conceptual model of travel behaviour [J]. Transport reviews, 30 (2): 219-240.

VAN CAUWENBERG J, DE BOURDEAUDHUIJ I, DE MEESTER F, et al, 2011. Relationship between the physical environment and physical activity in older adults: a systematic review [J]. Health & place, 17 (2): 458-469.

VAN DEN BERG P, ARENTZE T, TIMMERMANS H, 2011. Estimating social travel demand of senior citizens in the Netherlands [J]. Journal of transport geography, 19 (2): 323-331.

VAN SCHAICK J , 2011. Timespace matters: exploring the gap between knowing about activity patterns of people and knowing how to design and plan urban areas and regions [D]. Delft: Delft University.

VASQUEZ HEILIG J, HOLME J J, 2013. Nearly 50 years post-Jim Crow : persisting and expansive school segregation for African American, Latina/ o, and Ell Students in Texas [J]. Education and urban society, 45 (5): 609-632.

VERSICHELE M, DE GROOTE L, BOUUAERT M C, et al, 2014. Pattern mining in tourist attraction visits through association rule learning on bluetooth tracking data: a case study of Ghent, Belgium [J]. Tourism management, 44: 67-81.

VLACHOS M, KOLLIOS G, GUNOPULOS D, 2002. Discovering similar multidimensional trajectories [C]. Washington, DC: Proceedings of the 18th International Conference on Data Engineering.

WANG D G, CHAI Y W, LI F, 2011. Built environment diversities and activity-travel behaviour variations in Beijing, China [J]. Journal of transport geography, 19 (6): 1173-1186.

WANG D G, LI F, 2016. Daily activity space and exposure: a comparative study of Hong Kong's public and private housing residents' segregation in daily life [J]. Cities, 59: 148-155.

WANG D G, LI F, CHAI Y W, 2012. Activity spaces and sociospatial segregation in Beijing [J]. Urban geography, 33 (2): 256-277.

WANG D G, ZHOU M, 2017. The built environment and travel behavior in urban China: a literature review [J]. Transportation research part D: transport and environment, 52: 574-585.

WANG J, KWAN M P, 2018. An analytical framework for integrating the spatiotemporal dynamics of environmental context and individual mobility in exposure assessment: a study on the relationship between food environment exposures and body weight [J]. International journal of environmental research and public health, 15 (9): 2022.

WANG X, LIU Q M, REN Y J, et al, 2015. Family influences on physical activity and sedentary behaviours in Chinese junior high school students: a cross-sectional study [J]. BMC public health, 15 (1): 1-9.

WARBURTON D E R, NICOL C W, BREDIN S S D, 2006. Health benefits of physical activity: the evidence [J]. Canadian medical association journal, 174 (6): 801-809.

WASSERMAN S, FAUST K, 1994. Social network analysis: methods and applications [M]. Cambridge: Cambridge University Press.

WATERS J L, 2016. Education unbound? Enlivening debates with a mobilities perspective on learning [J]. Progress in human geography, 41 (3): 279-298.

WATTS N, AMANN M, ARNELL N, et al, 2018. The 2018 report of the Lancet countdown on health and climate change: shaping the health of nations for centuries to come [J]. The lancet, 392 (10163): 2479-2514.

WEBER J, KWAN M P, 2002. Bringing time back in: a study on the influence of travel time variations and facility opening hours on individual accessibility [J]. The professional geographer, 54 (2): 226-240.

WELLANDER C, LEOTTA K, 2000. Are high-occupancy vehicle lanes effective? Overview of high-occupancy vehicle facilities across North America [J]. Transportation research record: journal of the transportation research board, 1711 (1): 23-30.

WEN JIE LIA J, CARRB N, 2004. An analysis of Mainland Chinese tourists on the Australian gold coast [J]. International journal of hospitality & tourism administration, 5 (3): 31-48.

WHEELER S M, 2002. Constructing sustainable development/safeguarding our common future: rethinking sustainable development [J]. Journal of the American planning association, 68 (1): 110.

WIDENER M J, 2017. Comparing measures of accessibility to urban supermarkets for transit and auto users [J]. The professional geographer, 69 (3): 362-371.

WIDENER M J, FARBER S, NEUTENS T, et al, 2015. Spatiotemporal accessibility to supermarkets using public transit: an interaction potential approach in Cincinnati, Ohio [J]. Journal of transport geography, 42: 72-83.

WILSON W C, 1998. Activity pattern analysis by means of sequence-alignment methods [J]. Environment and planning A, 30 (6): 1017-1038.

WINSTON C, 2000. Government failure in urban transportation [J]. Fiscal studies, 21 (4): 403-425.

WOLCH J R, BYRNE J, NEWELL J P, 2014. Urban green space, public health, and environmental justice: the challenge of making cities "just green enough" [J]. Landscape and urban planning, 125: 234-244.

World Health Organization, 2010. Global recommendations on physical activity for health [M]. Geneva: WHO Press.

World Health Organization, 2015. China country assessment report on ageing and health [M]. Geneva: WHO Press.

WU F L, LOGAN J, 2016a. Do rural migrants "float" in urban China? Neighbouring and neighbourhood sentiment in Beijing [J]. Urban studies, 53 (14): 2973-2990.

WU G J, DING Y C, LI Y H, et al, 2017. Data-driven inverse learning of passenger preferences in urban public transits [C]. Melboume: IEEE 56th Annual Conference on Decision and Control (CDC): 5068-5073.

WU Q Y, EDENSOR T, CHENG J Q, 2018. Beyond space: spatial (re) production and middle-class remaking driven by jiaoyufication in Nanjing city, China [J]. International journal of urban and regional research, 42 (1): 1-19.

WU Q Y, ZHANG X L, WALEY P, 2016b. Jiaoyufication: when gentrification goes to school in the Chinese inner city [J]. Urban studies, 53 (16): 3510-3526.

XU Y Y, GARD MCGEHEE N, 2012. Shopping behavior of Chinese tourists visiting the United States: letting the shoppers do the talking [J]. Tourism management, 33 (2): 427-430.

YANG J, CHEN S, QIN P, et al, 2018a. The effect of subway expansions on vehicle congestion: evidence from Beijing [J]. Journal of environmental economics and management, 88: 114-133.

YANG J, SIRI J G, REMAIS J V, et al, 2018b. The Tsinghua-Lancet commission on healthy cities in china: unlocking the power of cities for a healthy China [J]. Lancet, 391 (10135): 2140-2184.

YANG J W, SHEN Q, SHEN J Z, et al, 2012. Transport impacts of clustered development in Beijing: compact development versus overconcentration [J]. Urban studies, 49 (6): 1315-1331.

YARLAGADDA A K, SRINIVASAN S, 2008. Modeling children's school travel mode and parental escort decisions [J]. Transportation, 35 (2): 201-218.

YI B K, JAGADISH H V, FALOUTSOS C, 1998. Efficient retrieval of similar time sequences under time warping [C]. Orlando: Proceedings 14th International Conference on Data Engineering: 201-208.

YING Z, NING L D, XIN L, 2015. Relationship between built environment, physical activity, adiposity, and health in adults aged 46-80 in Shanghai, China [J]. Journal of physical activity & health, 12 (4): 569-578.

YU H B, SHAW S L, 2008. Exploring potential human activities in physical and virtual spaces: a spatio-temporal GIS approach [J]. International journal of geographical information science, 22 (4): 409-430.

ZASTROW C, KIRST-ASHMAN K, 2004. Understanding human behavior and the social environment [M]. 6th ed. Belmont: Thomson Brooks Cole.

ZHAN C, GAN A, HADI M, 2011. Prediction of lane clearance time of freeway incidents using the M5P tree algorithm [J]. IEEE transactions on intelligent transportation systems, 12 (4): 1549-1557.

ZHANG R, YAO E, LIU Z, 2017a. School travel mode choice in Beijing, China [J]. Journal of transport geography, 62: 98-110.

ZHANG W J, 2015. Theoretical and empirical investigations of excessive congestion as a result of market and planning failures [D]. Austin: The University of Texas at Austin.

ZHANG W J, 2016. Does compact land use trigger a rise in crime and a fall in ridership? A role for crime in the land use-travel connection [J]. Urban studies, 53 (14): 3007-3026.

ZHANG W J, KOCKELMAN K M, 2016a. Congestion pricing effects on firm and household location choices in monocentric and polycentric cities [J]. Regional science and urban economics, 58: 1-12.

ZHANG W J, KOCKELMAN K M, 2016b. Optimal policies in cities with congestion and agglomeration externalities: congestion tolls, labor subsidies, and place-based strategies [J]. Journal of urban economics, 95: 64-86.

ZHANG W J, LU D M, CHEN Y Y, et al, 2021. Land use densification revisited: nonlinear mediation relationships with car ownership and use [J]. Transportation research part D: transport and environment, 98: 102985.

ZHANG W J, THILL J C F, 2017b. Detecting and visualizing cohesive activity-travel patterns: a network analysis approach [J]. Computers, environment and urban systems, 66: 117-129.

ZHANG W J, THILL J C F, 2019a. Mesoscale structures in world city networks [J]. Annals of the American association of geographers, 109 (3): 1-22.

ZHANG W J, WANG M, 2019b. Road infrastructure, congestion, and social welfare: does optimal road space exist in agglomeration — endogenized cities [C] //China Highway & Transportation Society. Compendium of the World Transport Convention-June 13-16, 2019 Beijing China. Beijing: China Highway & Transportation Society, 4: 182.

ZHANG W J, ZHANG M, 2015. Short-and long-term effects of land use on reducing personal vehicle miles of travel: longitudinal multilevel analysis in Austin, Texas [J]. Transportation research record: journal of the transportation research board, 2 (2500): 102-109.

ZHANG W J, ZHANG M, 2018a. Incorporating land use and pricing policies for reducing car dependence: analytical framework and empirical evidence [J]. Urban studies, 55 (13): 3012-3033.

ZHANG W J, ZHAO Y, CAO X J, et al, 2020. Nonlinear effect of accessibility on car ownership in Beijing: pedestrian-scale neighborhood planning [J]. Transportation research part D: transport and environment, 86: 102445.

ZHANG X, WANG J, KWAN M P, et al, 2019c. Reside nearby, behave apart? Activity-space-based segregation among residents of various types of housing in Beijing, China [J]. Cities, 88: 166-180.

ZHANG X J, GUO Q E, CHEUNG D M W, et al, 2018b. Evaluating the institutional performance of the Pearl River Delta integration policy through intercity cooperation network analysis [J]. Cities, 81: 131-144.

ZHANG X J, LI H, 2018c. Urban resilience and urban sustainability: what we know and what do not know [J]. Cities, 72: 141-148.

ZHAO J F, FORER P, HARVEY A S, 2008. Activities, ringmaps and geovisualization of large human movement fields [J]. Information visualization, 7 (3-4): 198-209.

ZHAO P J, LI P L, 2017. Rethinking the relationship between urban development, local health and global sustainability [J]. Current opinion in environmental sustainability, 25: 14-19.

ZHAO S C, HE N, LIU N, 2012a. An analysis of induced traffic effects in

China [J]. DISP-the planning review, 48 (3): 54-63.

ZHAO X, OU G, 2012b. Theoretical basis and policy analysis on congestion charge [J]. China industrial economics, 12: 18-30.

ZHENG Y, 2015. Trajectory data mining: an overview [J]. ACM transactions on intelligent systems and technology, 6 (3): 1-41.

ZHOU C H, SU F I, PEI T, et al, 2020. COVID-19: challenges to GIS with big data [J]. Geography and sustainability, 1 (1): 77-87.

ZHOU H G, YANG J D, HSU P, et al, 2010. Factors affecting students' walking/biking rates: initial findings from a safe route to school survey in Florida [J]. Journal of transportation safety & security, 2 (1): 14-27.

ZHOU P L, GRADY S C, CHEN G, 2017. How the built environment affects change in older people's physical activity: a mixed-methods approach using longitudinal health survey data in urban China [J]. Social science & medicine, 192: 74-84.

ZHOU P L, HUGHES A K, GRADY S C, et al, 2018. Physical activity and chronic diseases among older people in a mid-size city in China: a longitudinal investigation of bipolar effects [J]. BMC public health, 18 (1): 1-15.

ZIMRING C, JOSEPH A, NICOLL G L, et al, 2005. Influences of building design and site design on physical activity: research and intervention opportunities [J]. American journal of preventive medicine, 28 (22): 186-193.

ZUINDEAU B, 2006. Spatial approach to sustainable development: challenges of equity and efficacy [J]. Regional studies, 40 (5): 459-470.

池邊このみ, 1996. 東京都における防災まちづくりからみたオープンスペース整備の課題 [J]. ランドスケープ研究, 60 (2): 130-132.

大西宏治, 2013. 地域安全マップ作成と参加型 GIS ―富山県高岡市横田小学校区の事例 [J]. 日本地理学会発表要旨集, 8 (1): 198.

岡本耕平, 前田洋介, 2013. 防災分野における参加型 GIS の課題 [J]. 日本地理学会発表要旨集, 8 (1): 198.

髙井寿文, 2009. ハザードマップ基図の読図と地図表現との関わり [J]. 地図, 47 (3): 31-37.

荒井良雄, 1985. 圏域と生活行動の位相空間 [J]. 地域開発, 10: 45-56.

今井修, 2013. 日本における参加型 GIS の展開 [J]. 日本地理学会発表要旨集, 8 (1): 197.

里村亮, 2006. 仙台市における町内会防災マップの作成と住民の被害軽減行動への効果 [J]. 季刊地理学, 58 (1): 19-29.

若林芳樹，2016．地理空間情報のクラウドソーシングと参加型 GISの課題
　　　［J]．日本地理学会発表要旨集，11（1）：339.

小口千明，2016．近年の災害が提起したハザードマップの課題－工学と地
　　　理学の視点から－［J]．日本地理学会発表要旨集，11（1）：325.

齋藤貴史，糸井川栄一，2017．地区防災計画の策定が地域コミュニティの
　　　防災力に対する成果と課題に関する研究［J]．地域安全学会論文集，
　　　31：97-106.

佐藤雄哉，2019．防災都市づくり計画の活用と地域防災計画・都市計画マ
　　　スタープランとの連携の実態に関する研究［J]．都市計画論文集，54
　　　（2）：237-244.

佐野和彦，中林一樹，2001．都市域における震災用防災マップに関する研
　　　究-東京特別区を対象地域として．　［J]．地域安全学会論文集，3：
　　　223-232.

图片来源

图 3-2 源自：ZHANG W J, THILL J C, 2017. Detecting and visualizing cohesive activity-travel patterns: a network analysis approach [J]. Computers, environment and urban systems, 66: 117-129.

图 3-3 源自：DEMSAR U, VIRRANTAUS K, 2010. Space-time density of trajectories: exploring spatio-temporal patterns in movement data [J]. International journal of geographical information science, 24 (10): 1527-1542.

图 3-4 源自：GAO S, 2015. Spatio-temporal analytics for exploring human mobility patterns and urban dynamics in the mobile age [J]. Spatial cognition & computation, 15 (2): 86-114.

图 3-5 源自：YU H B, SHAW S L, 2008. Exploring potential human activities in physical and virtual spaces: a spatio-temporal GIS approach [J]. International journal of geographical information science, 22 (4): 409-430；CHEN J, SHAW S L, YU H B, et al, 2011. Exploratory data analysis of activity diary data: a space-time GIS approach [J]. Journal of transport geography, 19 (3): 394-404.

图 3-6 源自：ZHAO J F, FORER P, HARVEY A S, 2008. Activities, ringmaps and geovisualization of large human movement fields [J]. Information visualization, 7 (3-4): 198-209.

图 3-9 源自：作者绘制 [底图源自标准地图服务系统网站，审图号为 GS (2019) 4342 号].

图 3-11 源自：ZHANG W J, CHAI Y W, 2008. Theories and confirmed model of urban resident's travel demand: considering intra-household interaction [J]. Acta geographica sinica, 63 (12): 1246-1356.

图 4-1 源自：申悦，塔娜，柴彦威，2017. 基于生活空间与活动空间视角的郊区空间研究框架 [J]. 人文地理，32 (4): 1-6.

图 4-2 源自：柴彦威，刘天宝，塔娜，2013. 基于个体行为的多尺度城市空间重构及规划应用研究框架 [J]. 地域研究与开发，32 (4): 1-7, 14.

图 4-3 源自：申悦，塔娜，柴彦威，2017. 基于生活空间与活动空间视角的郊区空间研究框架 [J]. 人文地理，32 (4): 1-6.

图 4-4 至图 4-13 源自：柴彦威，张雪，孙道胜，2015. 基于时空间行为的城市生活圈规划研究：以北京市为例 [J]. 城市规划学刊 (3): 61-69.

图 4-14 源自：柴彦威，李春江，2019. 城市生活圈规划：从研究到实践

［J］. 城市规划，43（5）：9-16，60.

图 5-1 源自：ELLEGÅRD K，HÄGERSTRAND T，LENNTORP B，1977. Activity organization and the generation of daily travel：two future alternatives［J］. Economic geography，53（2）：126-152；ELLEGÅRD K，2018. Thinking time geography：concepts，methods and applications［M］. London：Routledge.

图 5-3 源自：MAREGGI M，2002. Innovation in urban policy：the experience of Italian urban time policies［J］. Planning theory & practice，3（2）：173-194.

图 6-3 源自：里村亮，2006. 仙台市における町内会防災マップの作成と住民の被害軽減行動への効果［J］. 季刊地理学，58（1）：19-29.

图 6-5 源自：王志涛，王晓卓，2019. 新形势下城市综合防灾规划转型的若干思考［J］. 城市与减灾（6）：14-18.

图 11-1 源自：黄潇婷，2011. 旅游者时空行为研究［M］. 北京：中国旅游出版社.

图 12-1 源自：PAS E I，1983. A flexible and integrated methodology for analytical classification of daily travel-activity behavior［J］. Transportation science，17（4）：405-429；KWAN M P，XIAO N C，DING G X，2014. Assessing activity pattern similarity with multidimensional sequence alignment based on a multiobjective optimization evolutionary algorithm［J］. Geographical analysis，46（3）：297-320.

图 12-5 源自：MA J，LI C J，KWAN M P，et al，2020. Assessing personal noise exposure and its relationship with mental health in Beijing based on individuals' space-time behavior［J］. Environment international，139：105737；KOU L，TAO Y，KWAN M P，et al，2020. Understanding the relationships among individual-based momentary measured noise，perceived noise，and psychological stress：a geographic ecological momentary assessment（GEMA）approach［J］. Health & place，64：102285；MA J，TAO Y H，KWAN M P，et al，2020. Assessing mobility-based real-time air pollution exposure in space and time using smart sensors and GPS trajectories in Beijing［J］. Annals of the American association of geographers，110（2）：434-448；TAO Y H，CHAI Y W，KOU L R，et al，2020. Understanding noise exposure，noise annoyance，and psychological stress：incorporating individual mobility and the temporality of the exposure-effect relationship［J］. Applied geography，125：102283.

图 13-1 至图 13-4 源自：徐可，2019. 健康城市背景下老年人出行特征研究

[D]. 北京：北京大学.

图 14-6 源自：柴彦威，刘伯初，刘瑜，等，2018. 基于多源大数据的城市体
　　　征诊断指数构建与计算：以上海市为例 [J]. 地理科学，38 (1)：1-10.

图 15-1 源自：陈晋，李强，辜智慧，等，2000. 灾害避难行为的模拟模型研
　　　究 (I)：基本模型的建立与计算机实现 [J]. 自然灾害学报，9
　　　(4)：65-70.

注：其他未明确指出来源的图片均来自各章节作者绘制。

表 4-1 至表 4-4 源自：柴彦威，等，2016. 北京城市社区公共设施时空配置
　　优化研究报告［Z］. 北京：北京市城市规划设计研究院.
表 10-1 源自：《城市居住区规划设计规范》（GB 50180—93）（2016 年版）.
表 14-1、表 14-2 源自：柴彦威，刘伯初，刘瑜，等，2018. 基于多源大数
　　据的城市体征诊断指数构建与计算：以上海市为例［J］. 地理科学，38
　　（1）：1-10.

注：其他未明确指出来源的表格均来自各章节作者绘制。

本书作者

张文佳，男，广东云浮人。美国得克萨斯大学奥斯汀分校社区与区域规划学博士、北卡罗来纳大学夏洛特分校博士后。北京大学深圳研究生院城市规划与设计学院副院长、研究员、博士生导师，国家级青年人才。兼任中国地理学会行为地理专业委员会秘书长、中国城市科学研究会城市大数据专业委员会委员、世界交通运输大会专业委员等，目前担任《人文与社会科学通讯》（*Humanities & Social Sciences Communications*）、《公共科学图书馆·综合》（*PLoS One*）等期刊的编委。主要研究方向为空间结构优化、时空行为系统、行为与空间智能、土地利用与交通规划等。迄今发表学术论文 70 余篇，参与撰写著作 3 部。曾获中国地理学会青年地理学者优秀论文奖、北美区域科学协会优秀论文奖、世界交通运输大会优秀论文奖等奖项。

柴彦威，男，甘肃会宁人。日本广岛大学文学博士，北京大学城市与环境学院教授、博士生导师，智慧城市研究与规划中心主任，中国地理学会常务理事及行为地理专业委员会主任，住房和城乡建设部科学技术委员会社区建设专业委员会委员，北京市人民政府特邀人员。主要研究方向为城市社会地理学、行为地理学、时间地理学、智慧城市规划与管理，积极建设中国城市研究与规划的时空行为学派。发表中外学术论文 400 余篇，出版专著及译著 20 余部。曾获中国地理学会青年地理科技奖、教育部高等学校优秀青年教师教学与科研奖等。